Animate CC

动画设计师创意实训教程

白 喆 著

電子工業出版社
Publishing House of Electronics Industry
北京·BEIJING

内容简介

本书是针对 Adobe Animate CC 2019 版本的软件而编写的动画设计师创意实训教程。全书共 10 个模块，涵盖了 Animate 的基础知识、工具面板、元件及其嵌套使用、图层、逐帧动画、运动补间动画、形状补间动画、遮罩层、引导层、骨骼动画、资源变形动画、摄像机、导入和导出、发布、ActionScript 语言交互入门等核心内容。本书针对快捷键、使用技巧、注意事项和相关概念，配有相应的提示，帮助读者快速进入动画设计师岗位角色。

本书可作为高等院校数字媒体、动漫设计、平面设计、广告设计等专业动画设计与制作课程的教材，也可供动画制作爱好者自学参考。

图书在版编目（CIP）数据

Animate CC 动画设计师创意实训教程/白喆著. —北京：电子工业出版社，2020.1

ISBN 978-7-121-37675-7

I. ①A… II. ①白… III. ①超文本标记语言－程序－设计－教材 IV. ①TP312.8

中国版本图书馆 CIP 数据核字（2019）第 246966 号

责任编辑：章海涛
文字编辑：张 鑫
印 刷：北京捷迅佳彩印刷有限公司
装 订：北京捷迅佳彩印刷有限公司
出版发行：电子工业出版社
北京市海淀区万寿路 173 信箱 邮编：100036
开 本：787×1092 1/16 印张：19.75 字数：506 千字
版 次：2020 年 1 月第 1 版
印 次：2023 年 7 月第 3 次印刷
定 价：88.00 元

凡所购买电子工业出版社图书有缺损问题，请向购买书店调换。若书店售缺，请与本社发行部联系，联系及邮购电话：（010）88254888，88258888。

质量投诉请发邮件至 zlts@phei.com.cn，盗版侵权举报请发邮件至 dbqq@phei.com.cn。

本书咨询联系方式：192910558（QQ 群）。

前　言 PREFACE

和 Animate 的缘分还要从 Flash 说起，因为 Animate 由 Flash 更名而来。2001 年大一上学期，通过朱凯学长了解了 Flash 4.0，当时很多人使用 Flash 做课件。学校图书馆里有一些 Flash 4.0 的图书，我就借来看，然后在计算机机房进行练习。到了大一下学期，学校组织了一次课件比赛。由于我是师范专业的，课件是以后讲课的好帮手，所以很想参加一下。之前我在朱凯学长家里看到了一个《田忌赛马》课件，只简单演示了三局赛马的过程，画面也比较粗糙。当时我想到安排赛马出场顺序和数学课里的优化问题有一些相似点，这样可以将语文的知识点和数学的知识点结合起来，然后我根据这个思路制作了《田忌赛马》课件，添加了课文全文朗读的情景再现动画，以及字词的知识点，又使用 ActionScript 2.0 编写了 5 匹赛马安排出场顺序的练习游戏。制作这个课件大概花了两周时间，终于在截止时间的前一天晚上完成了。在这段时间里，除了上课，我大部分时间都在计算机机房做课件，还使用 3.5 寸软盘保存文件，这个课件超过一张 3.5 寸软盘的 1.44MB 容量，需要用 WinZip 压缩成 2 个文件分别存储。当时每个小时上机费要 2 元钱，每天要花 10 元左右的上机费。在制作课件第二周的一天，我在食堂吃午饭，对面正好坐着一个不认识的学长，后来得知他叫范义方，不知道为什么我突然问他会不会 Flash。没想到这个学教育学的学长知道 Flash，我们聊得很开心，而且我们还住在同一个寝室楼。他知道我晚上回寝室后没有电脑制作课件，还让我去他的寝室用他的电脑。我的同学帮我录完配音，学长还帮我把录音机的录音转录到电脑上。后来我的课件进了决赛，在阶梯教室进行现场演示答辩，得了第一名。在参加工作后，有一次制作了《Flash 动画创作》的网络课程，获得了中央电教馆主办的多媒体教育软件大赛高校组的一等奖。看似不经意的一件小事，改变了我的人生轨迹。

本书根据我的学习经验和实践经验，再配合自行制作和指导学生制作的一些作品，设计出模拟任务。模拟任务尽量贴近实际应用，而不是单纯的技术展示，同时考虑了实际需求的频率、制作难度和知识点的分布。例如，模块 03 中的微信动态表情模拟任务是一个极简的逐帧动画应用，从我设计的“小白魔”微信表情（在微信表情商店里可以搜索到）里选取的一个表情制作成动态表情。之所以没有选取常规的角色行走作为模拟任务，是因为行走动画比较复杂，步骤描述占大量篇幅，而且微信表情可以作为单独的应用实例使用；模块 02 选择平面海报设计作为模拟任务，因为在平面海报设计中需要使用更多的工具。

在实际动画设计应用中，Animate 通常不会用来制作长篇动画，主要用来制作动画片及一些短小的动画应用。由于 ActionScript 的存在，Animate 也可以用于交互设计方面的应用。在 Flash 更名为 Animate 后，更加强化对 H5 和移动平台的支持，逐渐脱离了对 Flash Player 的依赖。本书共 10 个模块，每个模块包含 4 部分：模拟任务、拓展知识、实践任务和理论考核。模拟任务选取了贴近工作需求的常见商业应用案例，避免了学习与实际应用脱节的问题；拓展知识对当前模块出现的知识点进行详细讲解，并配合简洁的小实例；实践任务用于验证学习者对知识点的应用能力，即举一反三的能力，以灵活使用Animate制作动画；理论考核用于检测学习者对知识点的理解程度，强化对理论知识的理解。本书中还包含大量“提示”，帮助学习者深化理解，提高操作效率。

本书的建议课时为62课时，其中讲课26课时，实践36课时。作为教材使用时，推荐按照模拟任务的步骤进行模仿操作；认真研读拓展知识，以理解为主，无须死记硬背；实践任务和理论考核作为可选项，可根据个人情况进行练习。

本书主要由白喆编写。在编写本书过程中，章素静负责模块09的素材制作和前5个模块的校对工作，白振臣负责模块10的素材制作和后5个模块的校对工作。同时还要感谢在学习过程中给予过无私帮助的朱凯学长和范义方学长，感谢张鑫编辑的信任和支持，感谢所有关心我的朋友。希望这本书能够帮助更多的人学习Animate，以达到能够独立设计和制作动画的水平。

为了方便读者学习，本书配备了教学资源，包括案例素材与电子课件等，可从华信教育资源网（http://www.hxedu.com.cn）下载。另外，本书还提供了读者QQ群（群号：248979104，密码：teachol），加入的读者将获得更多的配套资料，交流学习过程中的相关问题。

由于水平有限，加之编写时间仓促，书中难免有不妥和疏漏之处，如有发现请通过邮箱 baizhe_22@qq.com 联系，欢迎大家批评指正，以便及时修正。

白　喆

2019年9月

目　录 CONTENTS

模块 01

了解 Animate

能力目标

1. 熟悉 Animate 的软件界面
2. 掌握 Animate 的启动和关闭方法
3. 掌握 Animate 文档的基本操作

知识目标

1. 了解 Animate 的发展历史
2. 了解 ActionScript 语言
3. 理解位图和矢量图的概念

学时分配

2 课时（讲课 1 课时，实践 1 课时）

模拟任务

任务 1　熟悉基本操作——创建文档及基本操作

任务背景

为《了解 Animate》宣传片创建动画文档，设置背景颜色。保存文档后，客户提出新的需求，要求能够跨平台使用，因此需要将文档类型转换为“HTML5 Canvas”。

任务要求

启动软件，创建文档，预设为“高清”，设置背景颜色为蓝色。掌握舞台和粘贴板的缩放、平移及撤销重做的操作。保存文档名称为“了解 Animate.fla”，然后将文档类型转换为“HTML5 Canvas”，最后关闭软件。

重点难点

1. 设置文档背景颜色
2. 撤销和重做的快捷键
3. 文档类型的转换

技术要领

使用“新建”命令创建文档，通过“属性”面板设置文档属性；撤销错误操作，还原不当的撤销操作；使用“手形工具”和“缩放工具”对舞台和粘贴板进行操作；使用标尺、网格和辅助线功能进行辅助操作。

解决问题

创建和保存文档，对文档类型进行转换。

任务分析

针对不同的应用环境创建相应的文档类型，当应用环境改变时及时转换文档类型。进行一段时间操作后，应及时对文档进行保存，以免出现断电、死机等情况丢失工作成果。

操作步骤

启动软件

01 在 Windows 操作系统中，双击桌面的“Animate 2019”图标或通过开始菜单选择“Animate 2019”启动软件，如图 1-1 所示。

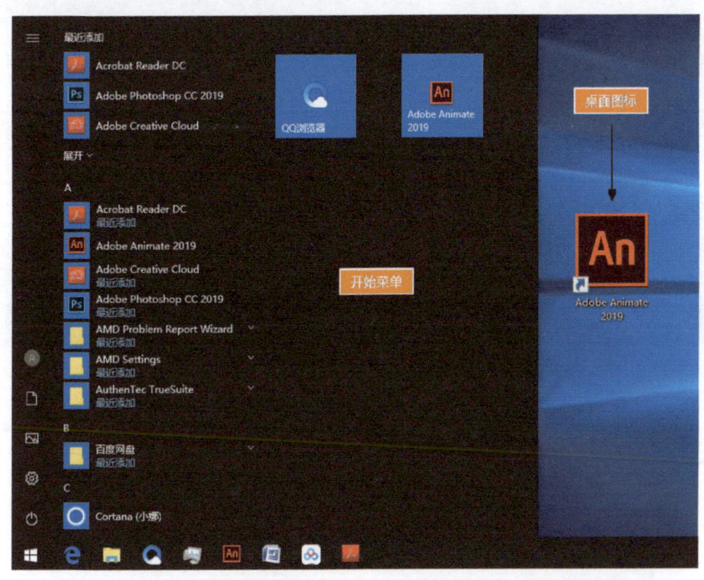

图 1-1　通过桌面图标和开始菜单启动软件

02 启动后出现加载界面，如图 1-2 所示。

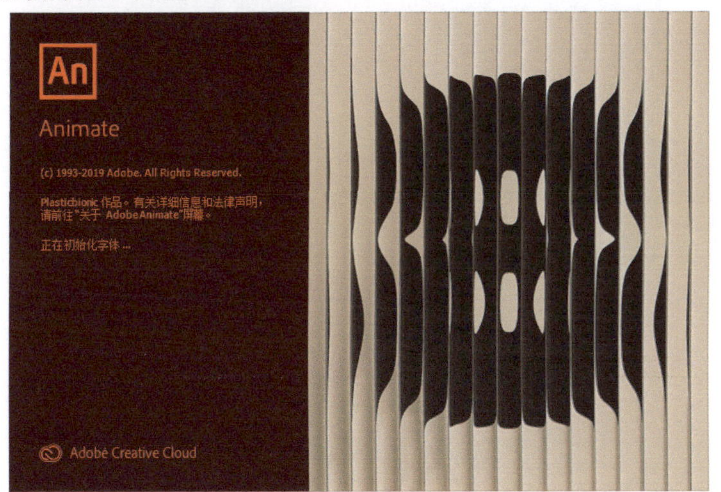

图 1-2　加载界面

创建文档

03 加载过程完成后，进入向导界面，如图 1-3 所示。界面右侧是预设的各种文档类型，默认预设为“角色动画”中的“高清”，尺寸为“1280×720”，帧速率为 30。单击“创建”按钮完成文档的创建，进入操作界面。

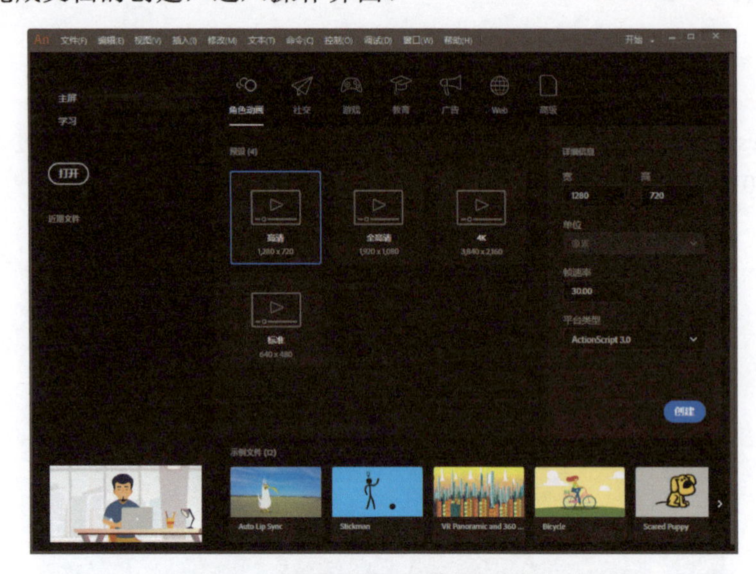

图 1-3　向导界面

04 在操作界面右侧的“属性”面板中单击“舞台”右侧的色块，在弹出的窗口中选择蓝色（#0099FF），如图 1-4 所示。

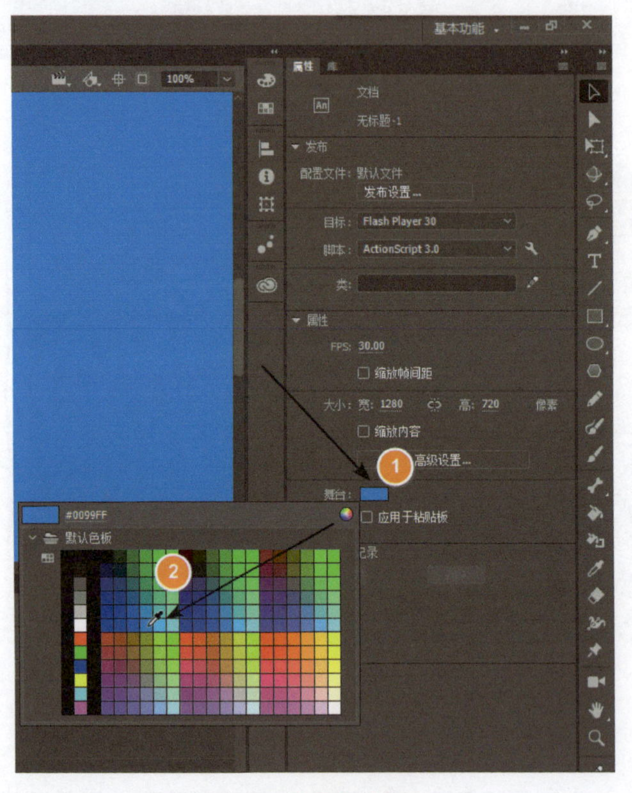

图 1-4　设置舞台颜色

撤销重做

05 选择“编辑”→“撤销修改 FLA 文档”[①]命令，如图 1-5 所示。执行“撤销”命令后，刚修改的舞台颜色恢复成白色。选择“编辑”→“重做”命令，将撤销的操作重新执行。

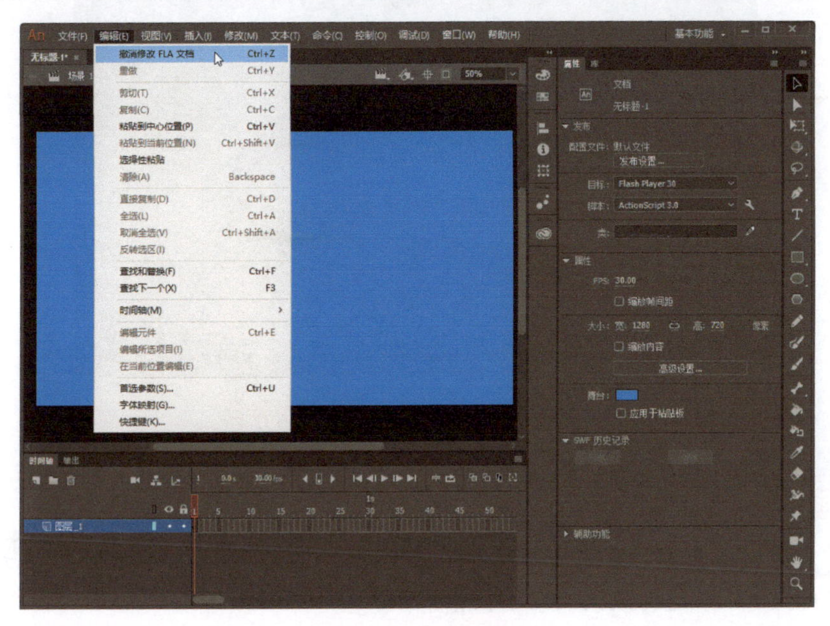

图 1-5　撤销重做

提示

“撤销”命令的快捷键是 Ctrl+Z，“重做”命令的快捷键是 Ctrl+Y。

缩放平移

06 单击“工具”面板中的缩放工具，默认选项是“放大”，如图 1-6 所示。此时鼠标指针变成放大镜形状，在舞台中单击可以放大显示舞台，如图 1-7 所示。单击“工具”面板中的“缩小”选项，再单击舞台可以缩小显示舞台。

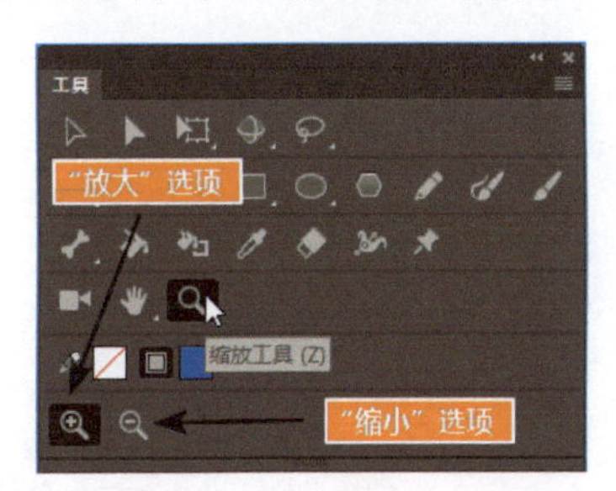

图 1-6　单击缩放工具

① 软件中“撤消”应为“撤销”。

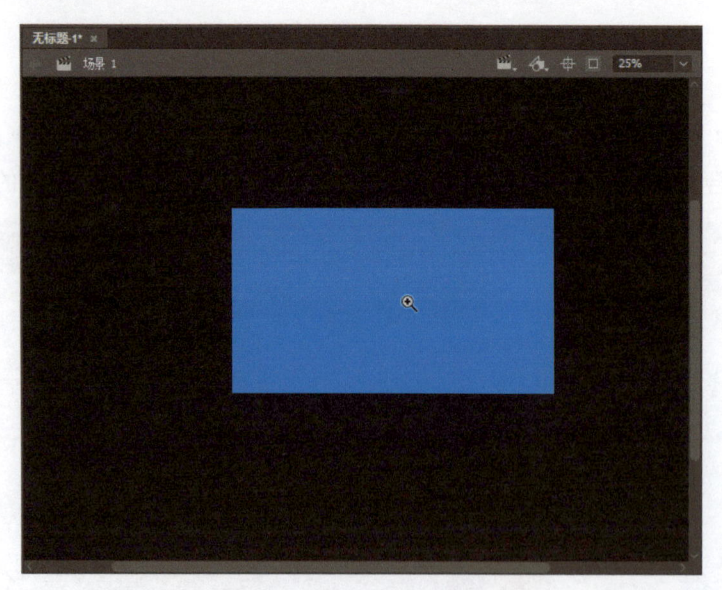

图 1-7　单击缩放工具放大显示舞台

提示

缩放工具对舞台进行缩放显示，并不改变舞台的实际尺寸。缩放显示可分别使用快捷键 Ctrl+=或 Ctrl+-进行放大或缩小操作。

07 单击“工具”面板中的手形工具，可以上下或左右拖曳平移舞台和粘贴板，如图 1-8 所示。

图 1-8　使用手形工具拖曳

手形工具的快捷键操作方式是按住 Space 键拖曳鼠标，无论当前是哪种工具该操作方式都可以进行。按住 Space 键后鼠标指针变成手形工具的形状，松开 Space 键后恢复为之前的鼠标指针。

标尺网格

08 选择“视图”→“标尺”命令显示标尺，在标尺上按住鼠标左键从左到右拖曳出一条辅助线，如图 1-9 所示。

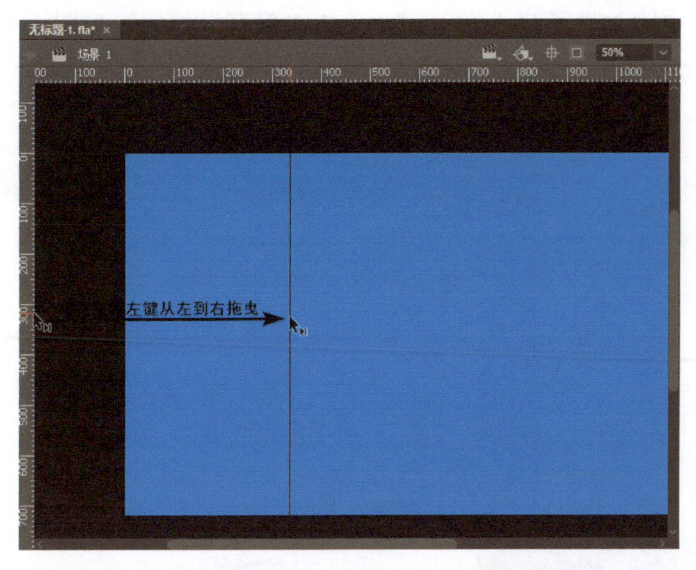

图 1-9　在标尺上拖曳出一条辅助线

09 选择“视图”→“网格”→“显示网格”命令，舞台显示网格，如图 1-10 所示。

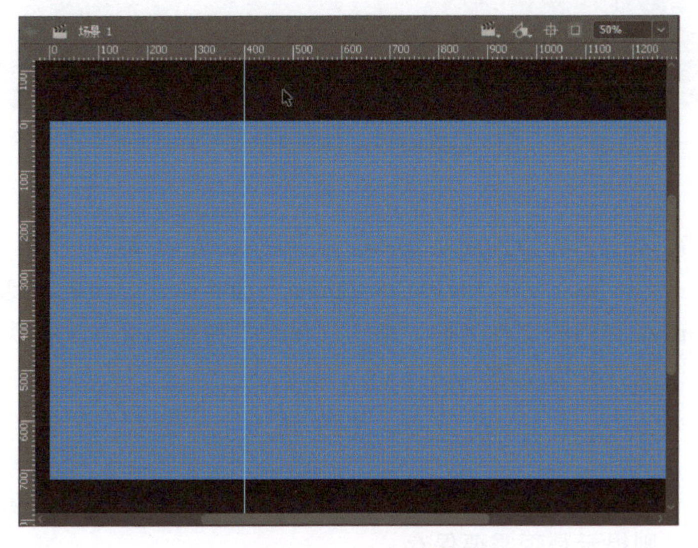

图 1-10　显示网格

提示

“标尺”命令的快捷键是 Ctrl+Alt+Shift+R，“显示网格”命令的快捷键是 Ctrl+`。

10 再次选择“视图”→“标尺”命令和“视图”→“网格”→“显示网格”命令，可隐藏标尺和网格。

保存文档

11 选择“文件”→“保存”命令，在弹出的“另存为”对话框中选择保存路径，在“文件名”文本框中输入“了解 Animate”，单击“保存”按钮，如图 1-11 所示。

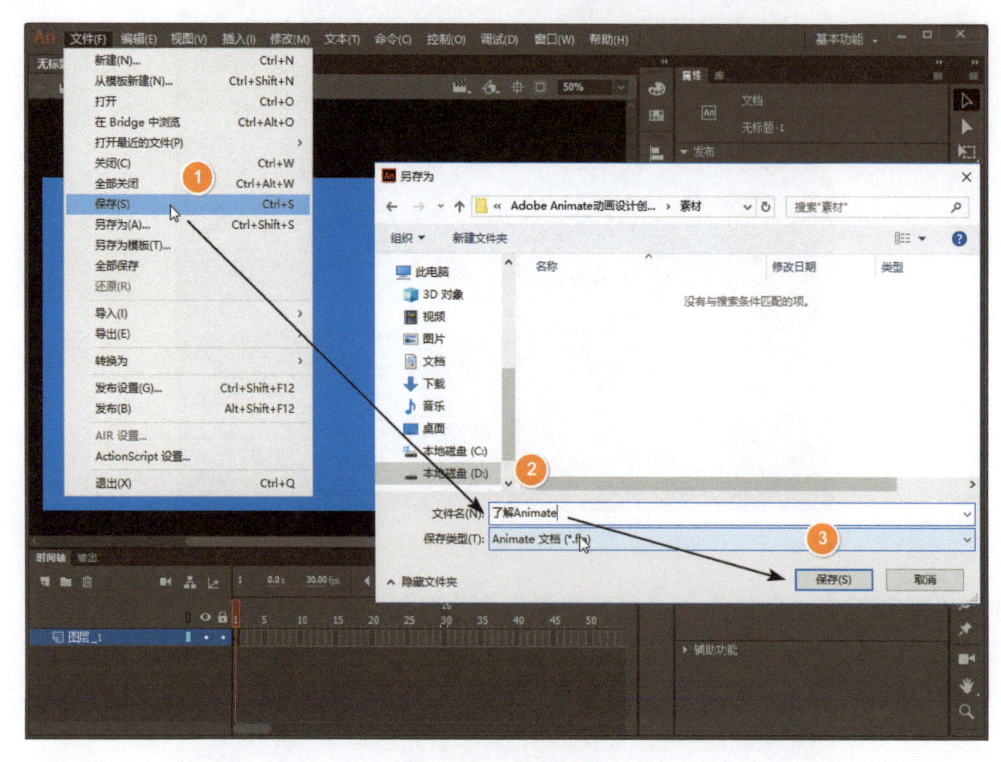

图 1-11　保存文档

转换文档类型

12 选择“文件”→“转换为”→“HTML5 Canvas”命令，在弹出的对话框中输入要转换为 HTML5 Canvas 文档的文件名称，单击“保存”按钮后完成文档类型的转换，并在一个新的选项卡中打开该文档。

关闭软件

13 选择“文件”→“退出”命令或单击窗口右上角的“关闭”按钮关闭软件。若此时有未保存的文档，则提示是否需要保存。

拓展知识

1．发展历史

Animate 是由 Adobe 公司出品的一款基于矢量的动画和交互软件，于 2016 年 1 月正式发布，缩写为 An。2015 年 12 月 2 日，Adobe 公司宣布将 Flash Professional CC 更名为 Animate CC，以适应时代发展趋势。其主要原因在于手机移动端的操作系统和浏览器对 swf 格式文件支持的弱化，以及 swf 格式存在执行效率低和安全性差的问题。更名后的软件虽然还可以支持 swf 格式文件的发布，但是将重点放在了 HTML5 格式文件的发布上。

Flash 的前身是 Future Wave 公司于 1995 年发布的 Future Splash，作为交互制作软件 Director 和 Authorware 的一个小型插件。1996 年，Future Wave 公司被 Macromedia 公司收购后推出 Flash 1.0，曾与 Dreamweaver（网页制作工具软件）和 Fireworks（图像处理软件）并称为“网页三剑客”，Flash 软件的使用者被称为“闪客”（Flasher）。1999 年，在 Flash 4.0 版本中加入了 ActionScript 语言，可以实现交互功能。当时 HTML 的功能十分有限，主流的浏览器通过内置插件的形式运行 swf 格式文件，极大地扩展了动画和交互功能。2007 年，Macromedia 公司被 Adobe 公司收购，发布了 Flash CS3 Professional，将 ActionScript 语言升级到了 3.0 版本，同时保留了 2.0 版本。当时商用网页游戏十分流行，大多数商用网页游戏都是 swf 格式的，这些商用网页游戏很多都是使用 Flex Builder 开发的。2009 年 6 月 1 日，由于 Flash 的火爆，Adobe 宣布 Flex Builder 4 更名为 Flash Builder 4。2014 年发布的 Flash Professional CC 2014 提供了 HTML5 发布功能，可以将动画和交互发布为 HTML5 格式。

2．软件界面

Animate 的软件界面主要包括菜单栏、编辑栏、“时间轴”面板、舞台、“工具”面板、“属性”面板和折叠面板组，如图 1-12 所示。

（1）菜单栏

菜单栏包含 11 个命令菜单和 1 个工作区布局下拉菜单，菜单的快捷键是 Alt+括号内的字母，菜单内命令的快捷键显示在命令右侧，右侧空白则表示该命令没有设置快捷键，如图 1-13 所示。

（2）编辑栏

编辑栏包含返回、当前时间轴名称、编辑场景、编辑元件、舞台居中、剪裁掉舞台范围以外的内容和舞台显示比例等，如图 1-14 所示。

（3）“时间轴”面板

“时间轴”面板主要用于组织和控制动画，时间轴内将时间分割成许多小格，每格表示一帧，从左向右按顺序逐帧播放就形成了动画。“时间轴”面板中包含各类对时间轴进行操作的选项和命令，如图 1-15 所示。图层的轮廓选项、显示选项和锁定选项可以通过单击图层顶部的图标应用于所有图层，也可以拖曳应用于经过的图层。

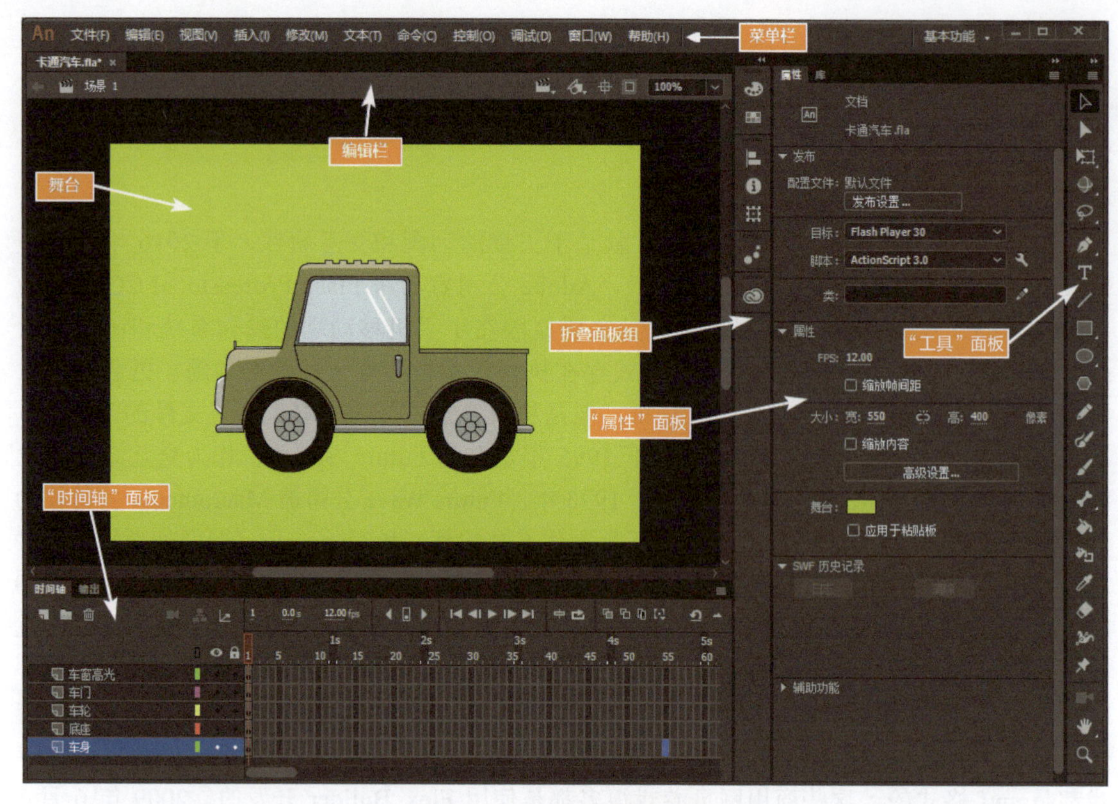

图 1-12　Animate 软件界面

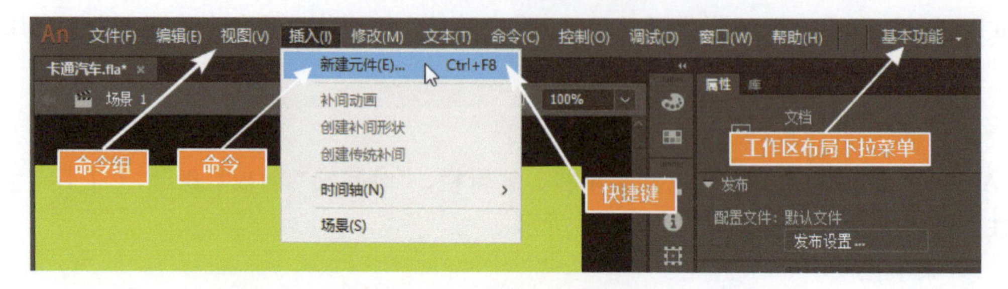

图 1-13　菜单栏及快捷键

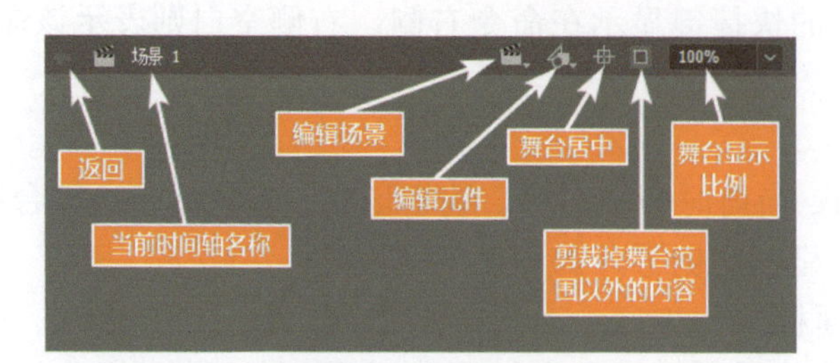

图 1-14　编辑栏

摄像头、父级图层和图层深度都属于高级图层的功能。高级图层功能默认是关闭的，单击"显示图层深度面板"按钮后，在弹出的"图层深度"面板中开启高级图层模式。开启高级图层模式后，"时间轴"面板和"图层深度"面板如图 1-16 所示。

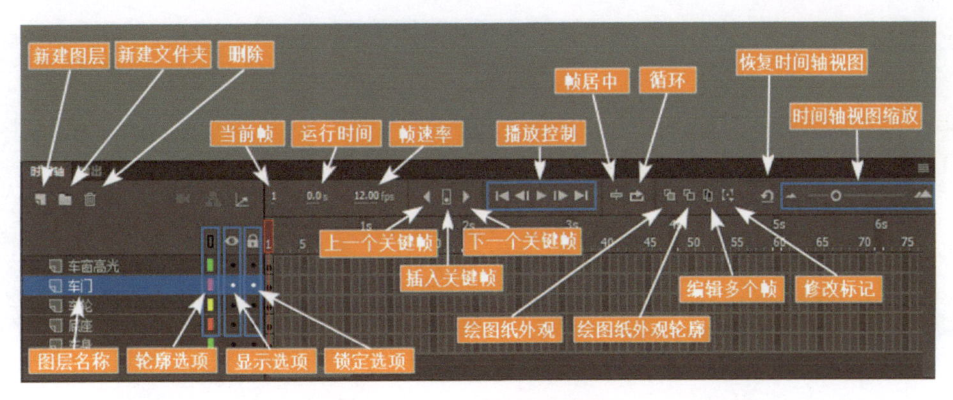

图 1-15　“时间轴”面板

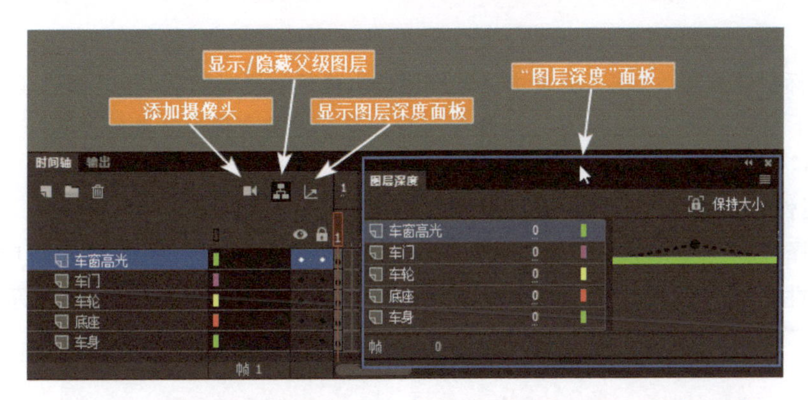

图 1-16　开启高级图层模式的“时间轴”面板和“图层深度”面板

（4）舞台

舞台是绘制图形、编辑元件和制作动画的区域，也是输出文件可以显示的区域。图 1-17 中土黄色的区域是舞台，舞台以外的深灰色区域是粘贴板。

图 1-17　舞台与粘贴板

在文档的“属性”面板中，勾选“应用于粘贴板”复选框，粘贴板的颜色会变成与舞台相同的颜色，如图 1-18 所示。

（5）“工具”面板

“工具”面板包含绘制和编辑图形、设置笔触颜色和填充颜色、放大和缩小画面等操作的工具，如图 1-19 所示。

图 1-18　勾选“应用于粘贴板”复选框

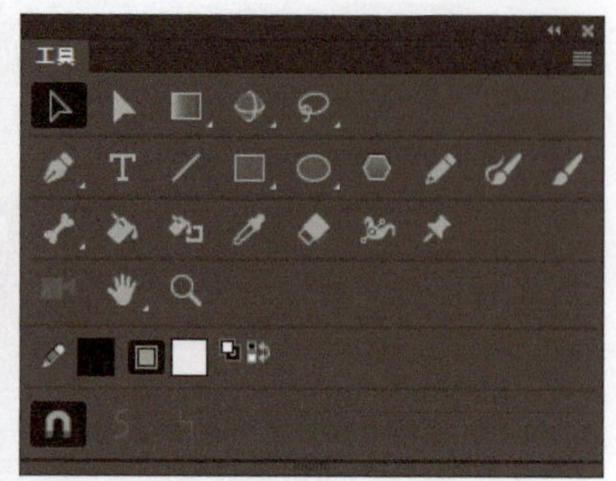

图 1-19　“工具”面板

提示

当鼠标指针放在“工具”面板中的某个图标上停留一段时间后，会出现工具的名称和快捷键。右下角带箭头的图标表示在该图标上按住鼠标左键会弹出隐藏的工具。

（6）“属性”面板

在未选择任何元素时，“属性”面板显示的是文档的属性；在选择元素后，则显示选择元素的属性。在“属性”面板中可以对各类属性进行设置，如图 1-20 所示。

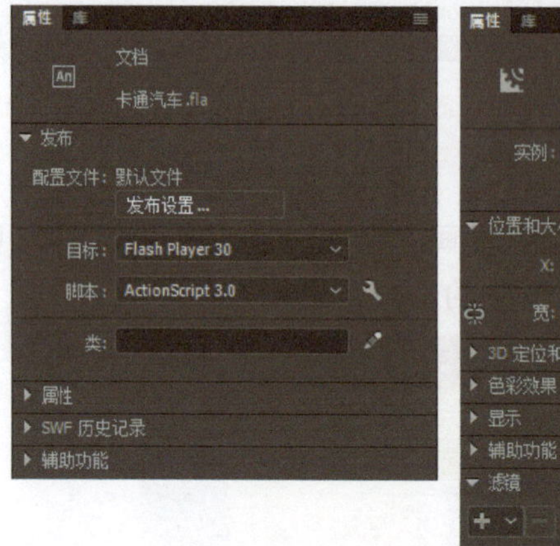

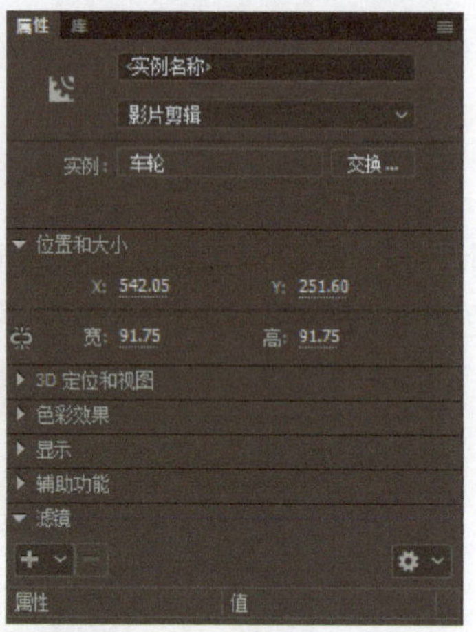

图 1-20　文档和元素的“属性”面板

提示

元素包含元件、形状、文本、组、绘制对象、位图、视频、音频等。

（7）折叠面板组

折叠面板组将一些常用的面板以图标的形式显示出来，单击图标会显示相应的面板，如图 1-21 所示。

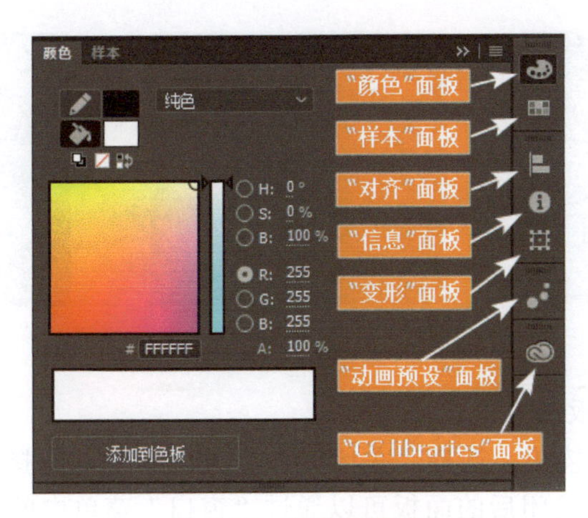

图 1-21　折叠面板组

3. 工作区

软件界面除菜单栏外的区域称为工作区，通过菜单栏右侧的工作区布局下拉菜单可以选择不同的工作区布局、保存自定义的工作区布局及重置工作区，如图 1-22 所示。默认的工作区布局是“基本功能”，还包括“动画”、“传统”、“调试”、“设计人员”、“开发人员”和“小屏幕”等。

图 1-22　工作区布局下拉菜单

（1）展开和折叠面板

折叠面板组右上角有一个“展开面板”按钮，单击后可以展开面板，再次单击可以将面板折叠起来，如图 1-23 所示。

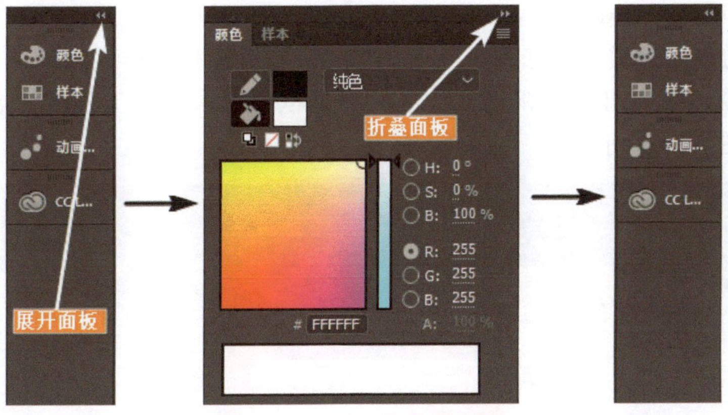

图 1-23　展开和折叠面板

（2）分离和组合面板

折叠面板组中的面板可以使用按住鼠标左键拖曳的方式将其单独分离，分离后可以自由移动面板的位置，也可以将其拖曳到折叠面板组并重新组合到折叠面板组中，如图 1-24 所示。

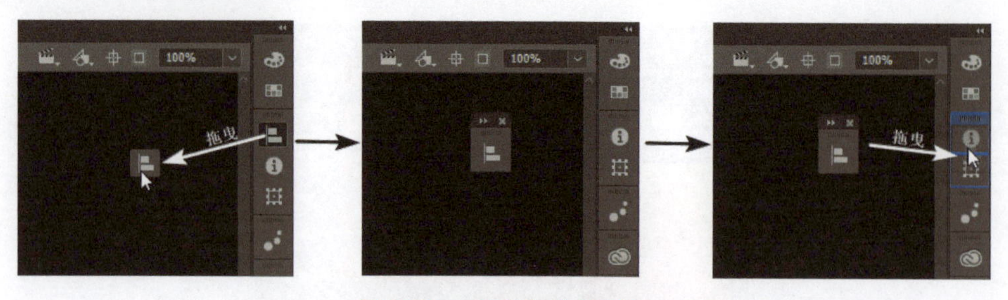

图 1-24 分离和组合面板

（3）关闭面板和面板组

单击面板右侧的按钮，选择“关闭”命令关闭面板，选择“关闭组”命令关闭面板组，如图 1-25 所示。关闭后的面板可以通过“窗口”菜单中的命令调出。

图 1-25 关闭面板和面板组

（4）新建和删除工作区

根据自己的使用习惯可以修改工作区的布局，然后选择工作区布局下拉菜单中的“新建工作区”命令，在弹出的“新建工作区”对话框中输入新建工作区的名称，单击“确定”按钮，如图 1-26 所示。

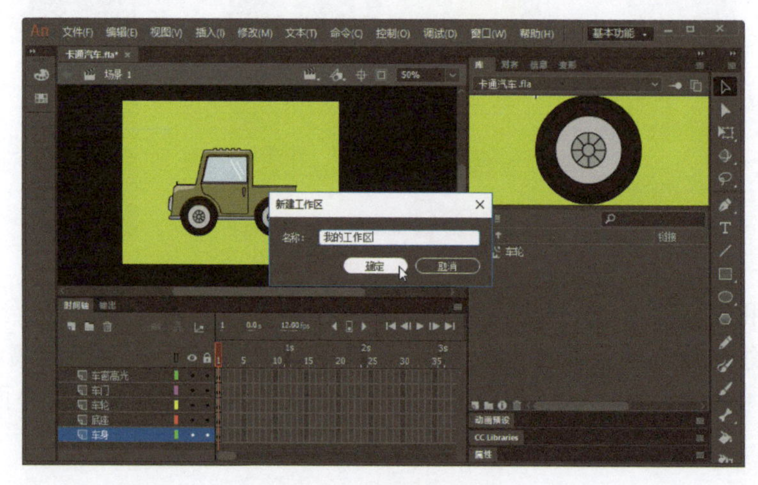

图 1-26 新建工作区

选择工作区布局下拉菜单中的“删除工作区”命令可以将使用“新建工作区”命令建立的自定义工作区删除。注意，预设的工作区布局是不能被删除的。

（5）重置工作区

当前工作区布局被修改后，可以选择工作区布局下拉菜单中的“重置”命令将其还原成当前工作区布局设置的默认值。

4．位图和矢量图

位图由像素点组成，像素点以不同的排列和颜色来构成图片。因此，位图放大后可以看到构成图片的每个像素点。矢量图使用点和线来描述图形，点和线通过数学公式还原成图片。因此，理论上矢量图可以无限放大显示。位图和矢量图放大效果的对比，如图 1-27 所示。

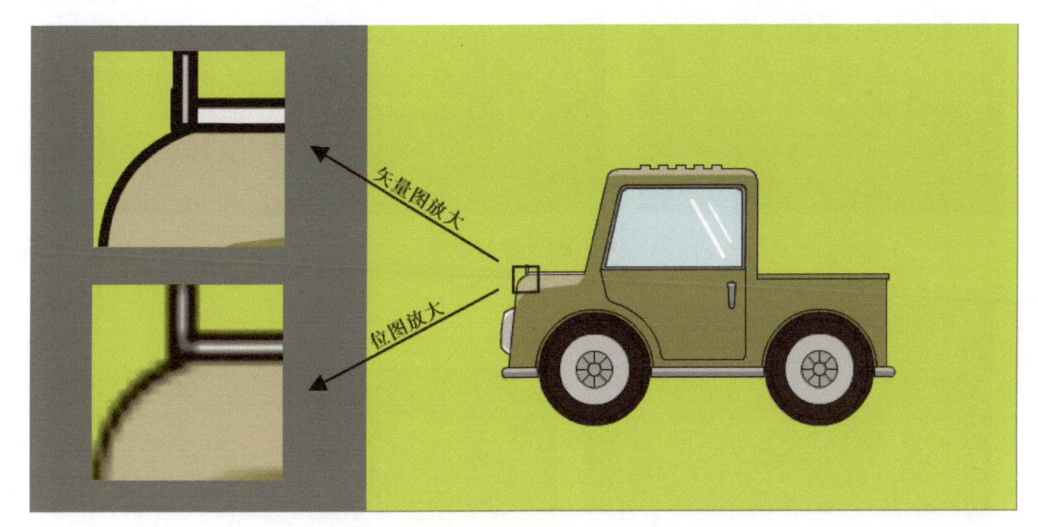

图 1-27　位图和矢量图放大效果的对比

位图以点阵形式存储像素的信息，常见的位图格式有 jpg、gif 和 png。矢量图以几何特性存储点线信息，常见的矢量图格式有 cdr 和 ai。由于存储原理的不同，位图和矢量图各有优势。位图更适合存储色彩丰富的图片，文件大小与图片尺寸关系较大。矢量图更适合存储色彩种类较少、形状简单的图片，文件大小与图形复杂度关系较大。在实际显示或打印时，矢量图格式文件通常导出为位图格式文件，而且矢量图格式文件可用于图形编辑。

5．文档属性

文档属性包括基本属性、发布设置和辅助功能，以及查看 SWF 历史记录。

在“发布”选项组中可以设置目标播放器版本、脚本语言版本和自定义类，单击“发布设置”按钮弹出“发布设置”对话框，进行详细设置，如图 1-28 所示。

在“属性”选项组中可以设置帧速率（FPS）、舞台大小和舞台背景颜色。单击“高级设置”按钮或按 Ctrl+J 快捷键弹出“文档设置”对话框，进行详细设置，也可以开启高级图层模式，如图 1-29 所示。

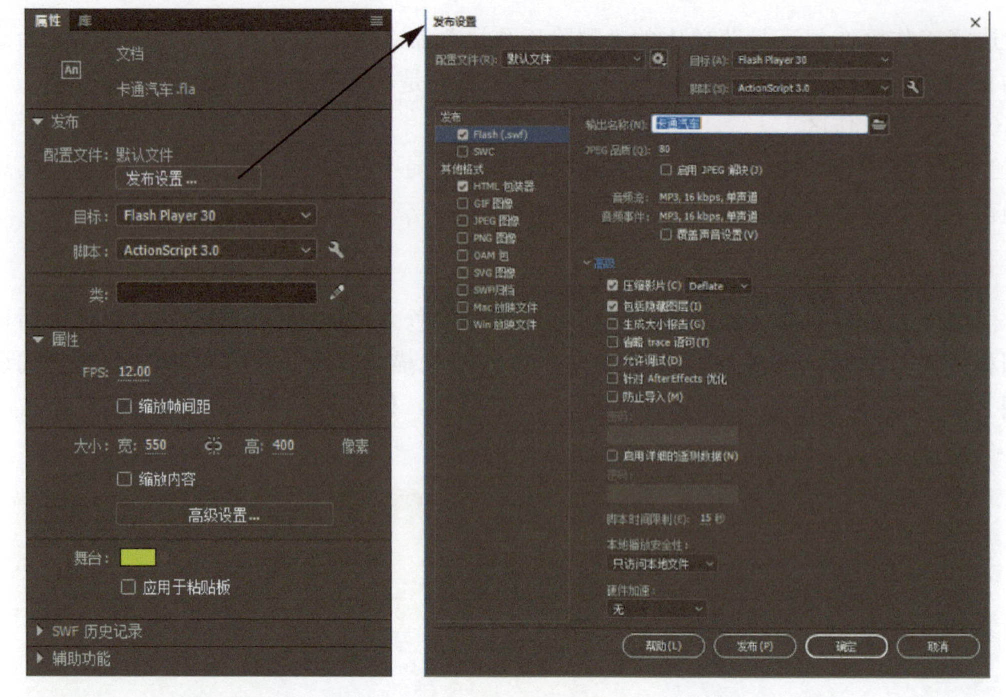

图 1-28　发布设置

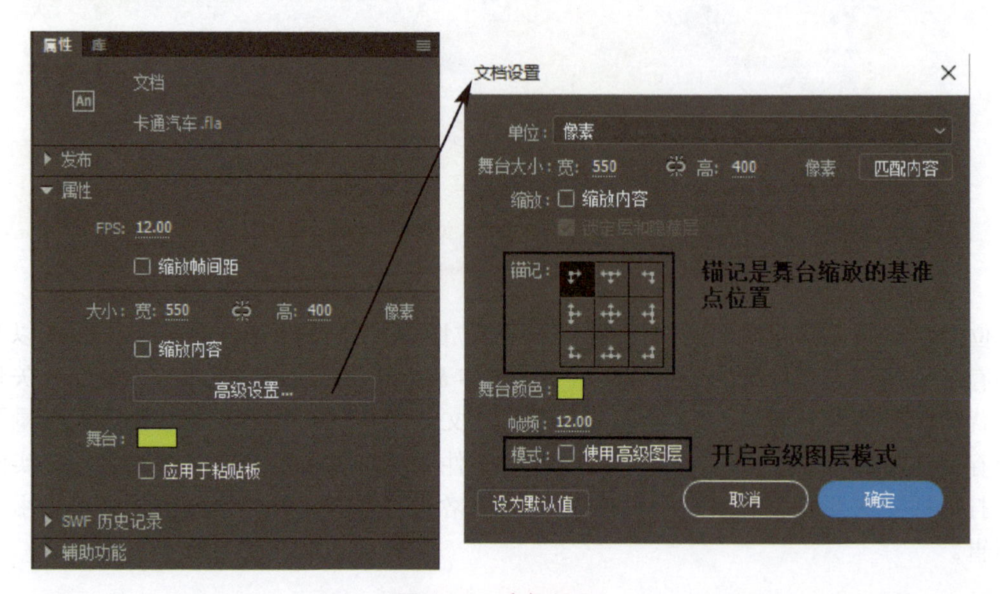

图 1-29　高级设置

“SWF 历史记录”选项组用于查看输出 SWF 格式文件的信息，“辅助功能”选项组用于设置访问权限，如图 1-30 所示。

6. 标尺、网格和辅助线

标尺、网格和辅助线都是用于图形绘制和动画制作的参考工具，网格和辅助线虽然在舞台中显示，但只在编辑状态下可见，输出时不可见。

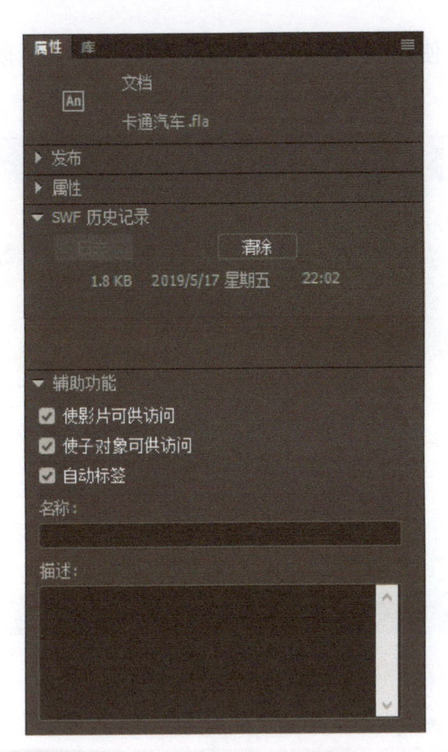

图 1-30　SWF 历史记录和辅助功能

标尺是在舞台窗口的左侧和上侧显示的刻度尺，使用“视图”→“标尺”命令或按 Ctrl+Alt+Shift+R 快捷键可以显示或隐藏标尺。

网格是指在舞台区域显示方格。使用“视图”→“网格”→“显示网格”命令或按 Ctrl+`快捷键可以显示或隐藏网格；使用“视图”→“网格”→“编辑网格”命令或按 Ctrl+Alt+G 快捷键可以弹出“网格”对话框，对网格参数进行设置，如图 1-31 所示。

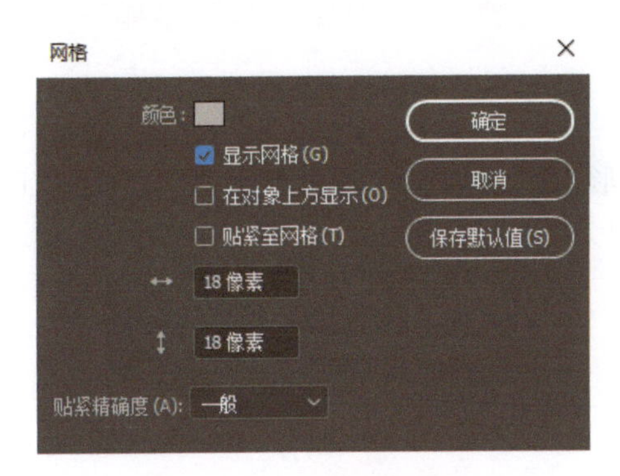

图 1-31　设置网格参数

辅助线只有在显示标尺后才可以从标尺区域拖曳到舞台上，也可以将辅助线拖曳到标尺区域删除，如图 1-32 所示。使用“视图”→“辅助线”→“显示辅助线”命令或按 Ctrl+;快捷键，可以显示或隐藏辅助线；使用“视图”→“辅助线”→“锁定辅助线”命令或按 Ctrl+Alt+;快捷键，可以锁定或解除锁定辅助线；使用“视图”→“辅助线”→“编辑辅助线”命令或按 Ctrl+Alt+Shift+;快捷键，可以弹出“辅助线”对话框，对辅助线进行编辑，如图 1-33 所示；使用“视图”→“辅助线”→“清除辅助线”命令，可以删除所有辅助线。

图 1-32　标尺、网格和辅助线

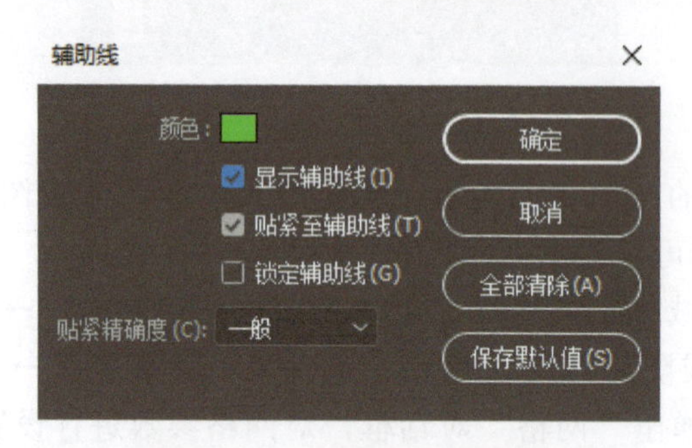

图 1-33　“辅助线”对话框

7. 手形工具组

在“工具”面板的手形工具组中包含“手形工具”、“旋转工具”和“时间划动工具”，快捷键分别是 H、Shift+H 和 Alt+Shift+H，如图 1-34 所示。

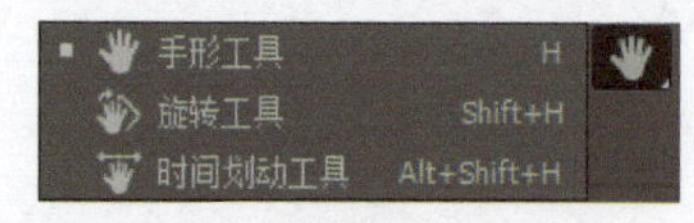

图 1-34　手形工具组

选择“手形工具”，在舞台上拖曳鼠标可以平移舞台，但是在实际操作中几乎不会使用这个工具，而按住 Space 键切换到“手形工具”，松开 Space 键切换回之前的工具。

选择“旋转工具”，在舞台上拖曳鼠标可以旋转舞台，如图 1-35 所示，双击“工具”面板中的“旋转工具”图标可以将舞台恢复成水平显示效果。

选择“时间划动工具”，在舞台上拖曳鼠标可以控制“时间轴”面板中时间线的位置，如图 1-36 所示。

图 1-35　选择“旋转工具”旋转舞台

图 1-36　选择“时间划动工具”拖曳时间线

8．缩放工具

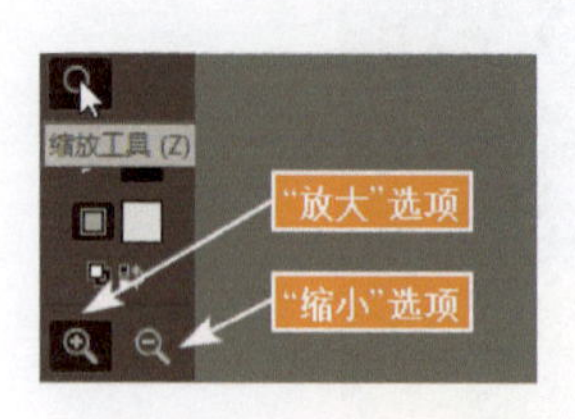

图 1-37 缩放工具

在“工具”面板中选择“缩放工具”，默认为“放大”选项，如图 1-37 所示，单击舞台可以放大显示舞台；选择“缩小”选项后，单击舞台可以缩小显示舞台。但是在实际操作中，通常会使用 Ctrl+−和 Ctrl+=快捷键对舞台进行缩小和放大显示。

9．ActionScript 语言

ActionScript（AS），是一种基于 ECMAScript 的编程语言。最初用于 Flash 编程，目前被 Animate 所继承。ActionScript 不仅可以实现特殊或复杂的动画效果，还可以实现交互功能，甚至可以开发 RIA（Rich Internet Applications），用于 Windows 系统、Android 系统和 iOS 系统。

ActionScript 1.0 发布于 Flash 5；Flash 6 增加了几个内置函数，允许通过程序更好地控制动画元素。ActionScript 2.0 发布于 Flash 7，支持基于类的编程特性；Flash 8 进一步扩展了 ActionScript 2.0，添加了新的类库及用于在运行时控制位图数据和文件上传的 API。ActionScript 3.0 发布于 Flash 9，是一种完全面向元素的编程语言，功能强大，类库丰富，语法类似 Java。

ActionScript 1.0 已经被废弃，ActionScript 2.0 目前虽然被 Animate 保留下来，但是不建议使用 ActionScript 2.0。因为 ActionScript 2.0 的语法格式规范性较差，运行效率也比 ActionScript 3.0 低，而且不能用于开发 RIA。

实践任务

任务 2　新建保存文档——创建 4K 动画文档

任务背景

为 4K 科普动画片《认识宇宙》创建动画文档，设置背景颜色为黑色，保存文档名称为“认识宇宙.fla”。

任务要求

1. 文档尺寸为 3840 像素×2160 像素。
2. 文档名称为“形象.fla”。
3. 显示标尺和网格，并新建辅助线。

技术要领

新建的快捷键是 Ctrl+N；修改文档属性的快捷键是 Ctrl+J；显示标尺的快捷键是 Ctrl+Alt+Shift+R；显示或隐藏网格的快捷键是 Ctrl+'；显示或隐藏辅助线的快捷键是 Ctrl+;；保存文档的快捷键是 Ctrl+S。

解决问题

为网格设置合适的间距和颜色。

任务分析

主要制作步骤

理 论 考 核

1. 单项选择题

（1）Animate 是一款（　　）和交互软件。

A. 图像　　B. 矢量图形

C. 矢量动画　　D. 非线性编辑

（2）（　　）是矢量图格式的扩展名。

A. png　　B. ai　　C. gif　　D. jpg

2. 多项选择题

（1）Animate 的默认软件界面包含（　　）面板。

A. 时间轴　　B. 属性

C. 历史记录　　D. 工具

（2）手形工具组包含（　　）。

A. 手形工具　　B. 时间划动工具

C. 移动工具　　D. 旋转工具

3. 判断题

（1）矢量图的文件比位图的文件小。（　　）

（2）在显示网格后才可以显示辅助线。（　　）

模块 02

绘制图形

能力目标

1. 熟练使用各种绘图工具
2. 掌握元件的创建方法和库的使用方法
3. 掌握各种对齐方式

知识目标

1. 理解线条和形状的区别
2. 了解元件的类型
3. 理解元件和实例的关系

学时分配

8 课时（讲课 4 课时，实践 4 课时）

模拟任务

任务 1　平面海报设计——兜风去旅行

任务背景

制作自驾旅行的公益海报，体现一种休闲的生活方式。在工作学习之余亲近自然，表现充满乐观的生活状态。促进自驾游的发展，侧面拉动汽车相关消费。

任务要求

绘制远山的背景和一辆家用汽车，添加“兜风去旅行”文字，如图 2-1 所示。构图均衡，色彩搭配协调。

图 2-1　最终效果

重点难点

1. 各种绘图工具的使用
2. 元件实例的重复使用
3. “分离”命令的使用
4. 导出位图文件

技术要领

使用“直线工具”绘制车身基础形状，使用“选择工具”将直线调整为弧线；使用“基本矩形工具”绘制车窗；使用“基本椭圆工具”绘制一个车轮，将车轮转换为元件，并复制元件实例生成第二个车轮；使用“文本工具”添加“兜风去旅行”文字，使用“分离”命令将文字打散转换为形状，使用“墨水瓶工具”为文字添加边框效果；使用“钢笔工具”绘制远山和白云，并使用“宽度工具”调整线条；使用“油漆桶工具”填充天空的渐变色，并使用“渐变变形工具”调整；使用“导出”命令将海报导出为 jpg 格式的位图文件。

解决问题

绘制图形、添加文字、使用元件。

素材路径

素材\模块 02\兜风去旅行.fla。

任务分析

Animate 绘制的图形偏卡通造型，不擅长绘制写实造型。线条和形状的色彩应多使用单色，避免使用色彩变化较大的渐变色进行填充。相同的图形无须重复绘制，应转换为元件，通过元件实例的重复调用实现。

创建文档

01 启动 Animate，在新建文档预设中，选择“广告”选项卡。在“详细信息”区域将宽度和高度修改为“420”和“570”，如图 2-2 所示。单击“创建”按钮，然后选择“文件”→“保存”命令，将文档保存为“兜风去旅行.fla”。

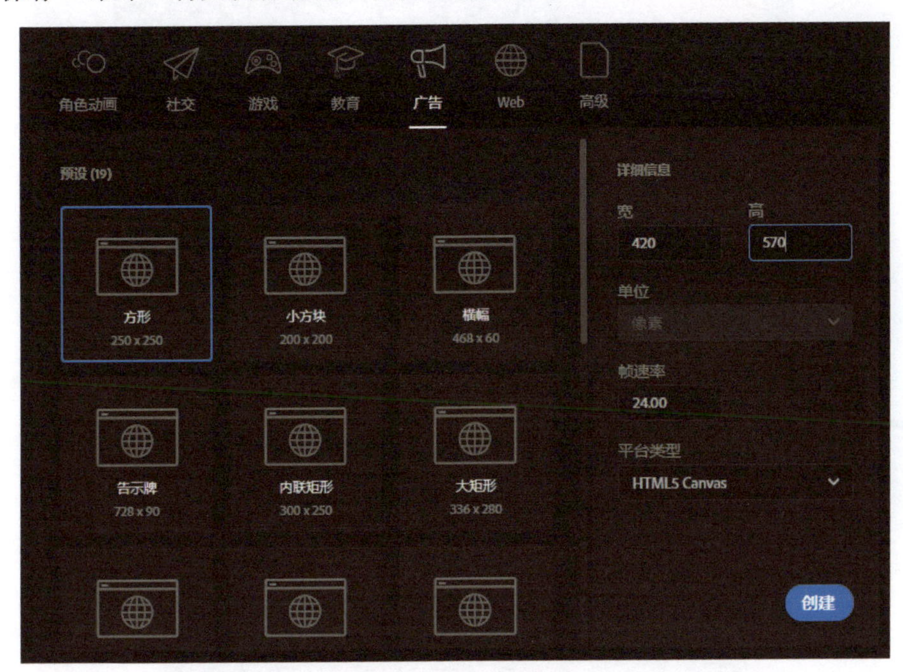

图 2-2　新建文档预设

提示

“保存”命令的快捷键是 Ctrl+S，“另存为”命令的快捷键是 Ctrl+Shift+S。虽然软件提供了自动保存功能，但是为了防止死机、停电等情况造成文档未保存，可设置每隔一段时间进行一次保存文档操作。建议将每天操作后的文档另存一个备份，另存的备份文档名称可以使用日期作为后缀，如“兜风去旅行 20190601.fla”。

02 在“属性”面板中，单击“舞台”右侧的白色色块。在弹出的“色板”窗口中，单击右上角的圆形按钮，在弹出的“颜色选择器”对话框中，调整颜色为“#D1E3F9”，单击“确定”按钮，或者直接在“色板”窗口符号#后输入 RGB 值“D1E3F9”，如图 2-3 所示。

绘制背景

03 在“时间轴”面板中，双击图层名称，将“图层_1”名称修改为“远山”，如图 2-4 所示。

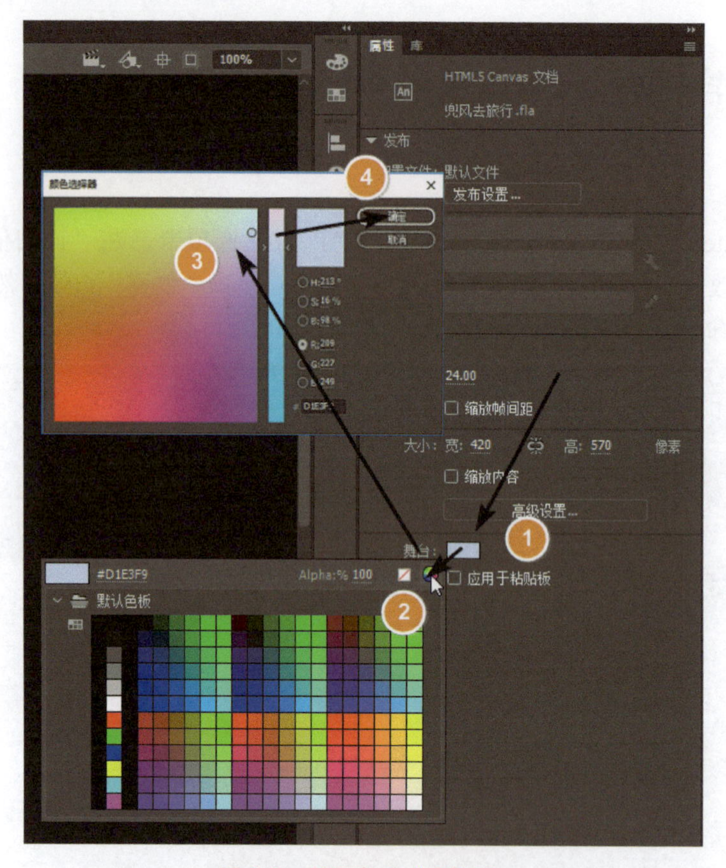

图 2-3　设置舞台背景颜色

图 2-4　修改图层名称

04 在“工具”面板中选择“线条工具”，将“笔触颜色”值设置为“#006600”，在舞台下方绘制远山的基本线条，如图 2-5 所示。

提示

“线条工具”的快捷键是 N。

05 选择“选择工具”，将第 1～4 段直线分别向上拖曳成曲线，如图 2-6 所示。

提示

“选择工具”的快捷键是 V。

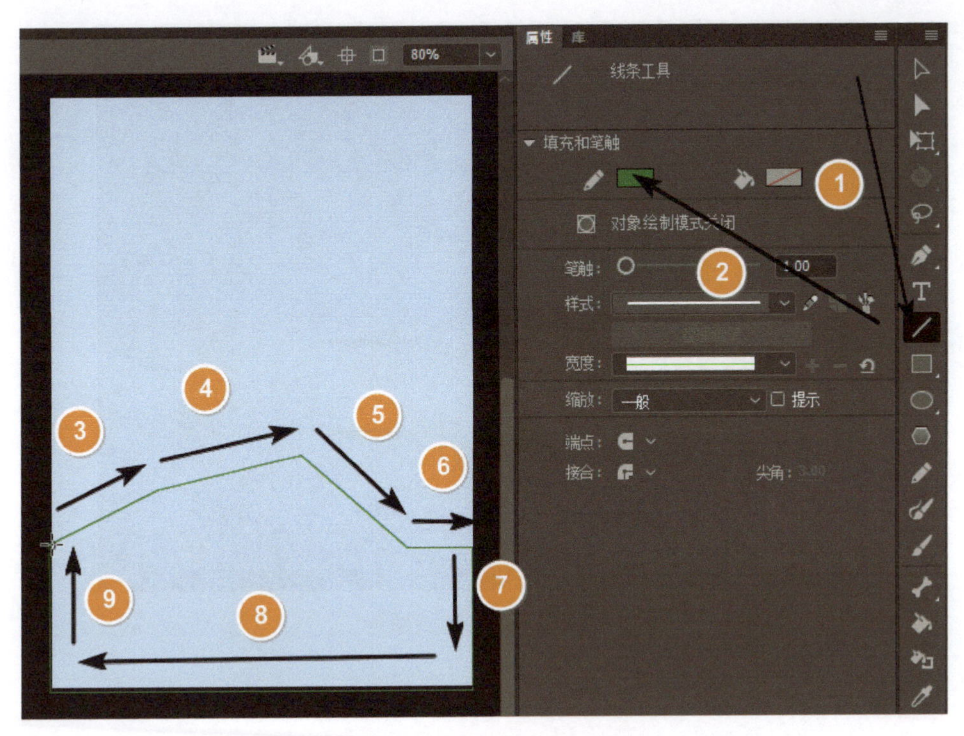

图 2-5 绘制远山的基本线条

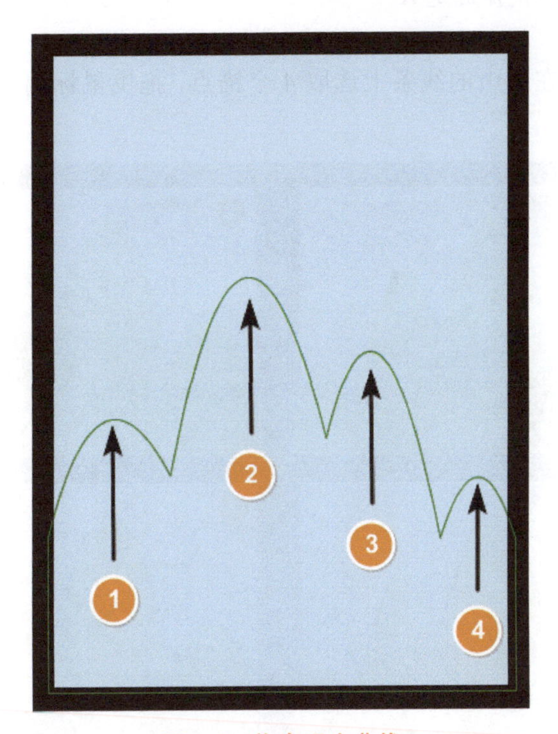

图 2-6 拖曳远山曲线

06 选择“颜料桶工具”，在“属性”面板中单击“填充颜色”按钮，修改颜色值为“#A8E44F”，然后在远山内部单击完成填充，如图 2-7 所示。

图 2-7　填充远山颜色

提示

“颜料桶工具”的快捷键是 K。

07 选择“宽度工具”，在远山的线条上选取 4 个锚点，拖曳鼠标调整线条的宽度，如图 2-8 所示。

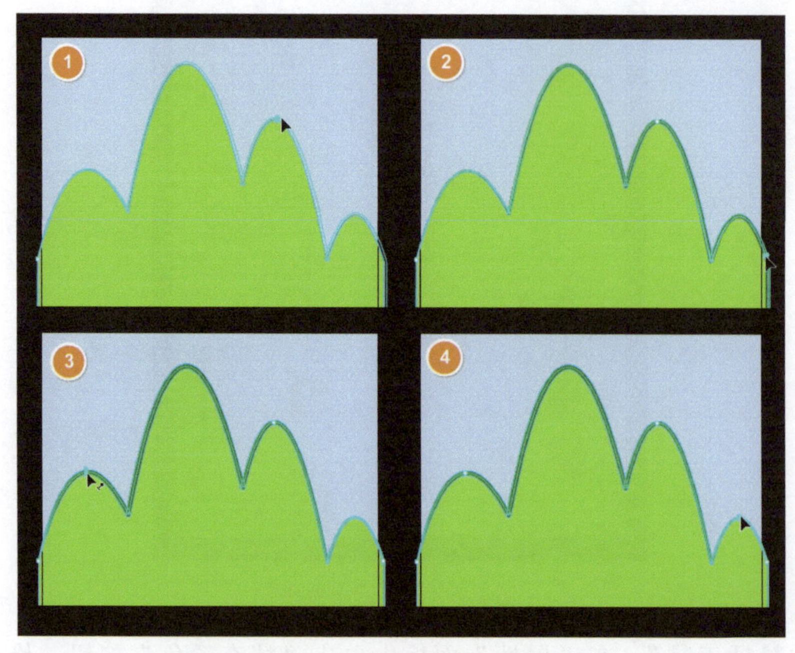

图 2-8　调整线条的宽度

提示

“宽度工具”的快捷键是 U。

08 在“时间轴”面板中，单击“新建图层”按钮，新建一个图层，双击新建图层的名称，将图层名称修改为“道路”，如图 2-9 所示。

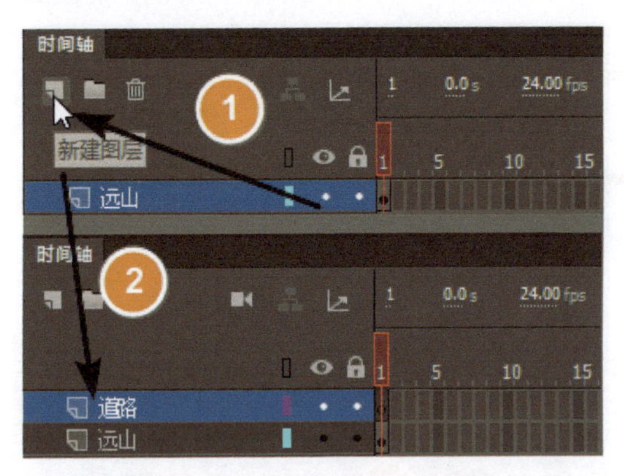

图 2-9　新建“道路”图层

09 选择“矩形工具”，在“属性”面板中单击“填充颜色”按钮，修改颜色值为“#E1D570”，从远山底部的左上方向右下方拖曳一个矩形，如图 2-10 所示。

图 2-10　绘制道路

提示

“矩形工具”的快捷键是 R。

10 在“时间轴”面板中，新建一个图层，命名为“天空”，将其拖曳到最底层。选择“矩形工具”，在舞台上拖曳一个与舞台等大的矩形。选择“选择工具”，单击矩形的形状区域，打开“颜色”面板，选择“线性渐变”，单击左侧的控制点，将颜色值设置为“#54AADE”；单击右侧的控制点，将颜色值设置为“#BBB8F5”，如图 2-11 所示。选择“任意变形工具”中的“渐变变形工具”，拖曳右上角的旋转控制器至右下角，如图 2-12 所示。

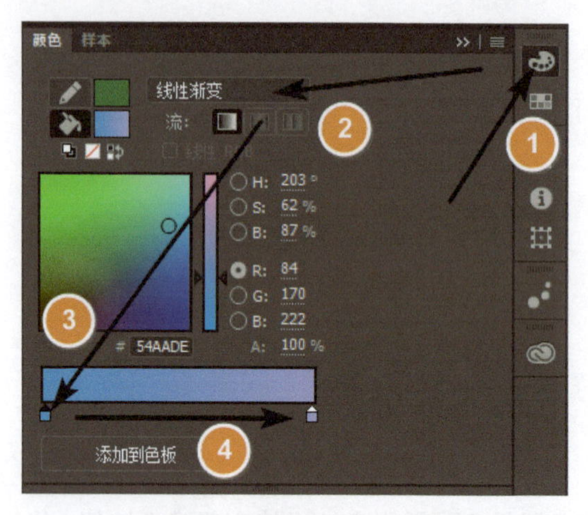

图 2-11 设置线性渐变颜色

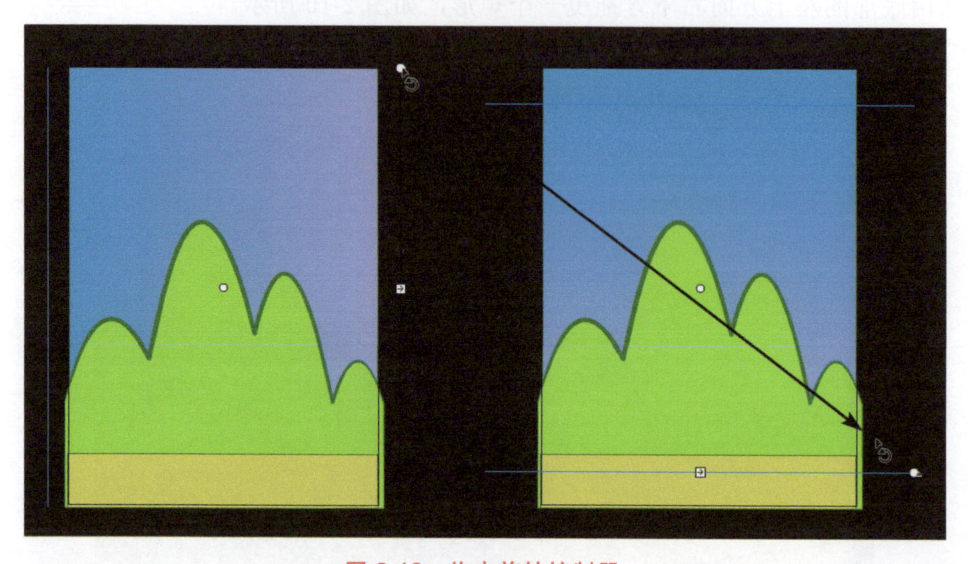

图 2-12 拖曳旋转控制器

提示

在设置“线性渐变”和“径向渐变”时，单击渐变条的下方会添加一个颜色点，颜色点可以进行拖曳、互换位置等操作。透明度不能在色板中设置，可以在单击“A:100%”后修改数值或拖曳调整数值。

11 在“时间轴”面板中，新建一个图层，命名为“白云”，将其拖曳到最顶层。选择“钢笔工具”，在舞台上连续单击绘制云的基本轮廓；选择“选择工具”，在每条线段上拖曳调整成曲线；选择“颜料桶工具”，将“填充颜色”设置为白色，单击云的内部填充颜色；选择“墨水瓶工具”，将“笔触颜色”设置为灰色，单击云的内部修改轮廓线条的笔触颜色；选择“任意变形工具”，拖曳右上角的控制器调整角度，如图 2-13 所示。

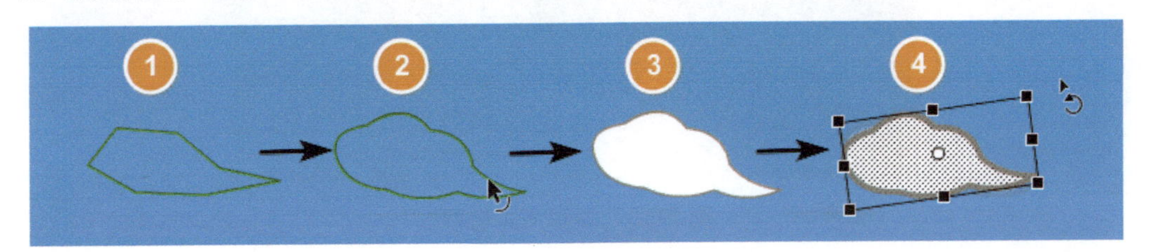

图 2-13　绘制白云

提示

“钢笔工具”的快捷键是 P，“墨水瓶工具”的快捷键是 S，“任意变形工具”的快捷键是 Q。

12 选中白云，单击鼠标右键，在弹出的快捷菜单中选择“转换为元件”命令或按 F8 键，修改名称为“白云”，类型为“影片剪辑”。选择“编辑”→“复制”命令复制该元件实例，选择“编辑”→“粘贴到中心位置”命令将该元件实例粘贴到舞台中心，然后选择“任意变形工具”，按住 Shift 键拖曳对角线上任意一个控制器进行等比例缩小，然后将其移动到左侧，位置如图 2-14 所示。

图 2-14　复制白云

提示

“转换为元件”命令的快捷键是 F8，“复制”命令的快捷键是 Ctrl+C，“粘贴到中心位置”命令的快捷键是 Ctrl+V。

绘制汽车

13 在“时间轴”面板中，新建一个图层，命名为“汽车”。选择“线条工具”绘制汽车轮廓，如图 2-15 所示。

图 2-15　绘制汽车轮廓

14 选择“线条工具”，在车顶绘制一个凸起；选择“选择工具”，按住 Shift 键选中凸起的 3 个线段。然后按 Ctrl+C 快捷键复制，按 Ctrl+Shift+V 快捷键粘贴到当前位置，再按 → 键向右移动一段距离。使用相同的方法复制两个凸起并向右移动，完成后的效果如图 2-16 所示。

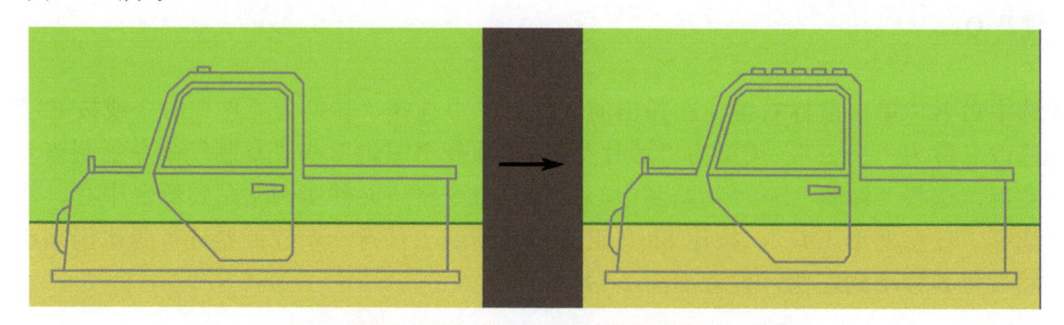

图 2-16　绘制并复制车顶的凸起

> **提示**
>
> “粘贴到当前位置”命令的快捷键是 Ctrl+Shift+V，粘贴的位置与被复制元素的位置一致。使用键盘上的方向键可以将复制元素移动到与被复制元素的水平或垂直位置。按住 Shift 键再按方向键可以增加移动距离。

15 选择“选择工具”，使用拖曳的方式将汽车车门转角部分的线段调整成曲线，如图 2-17 所示。

16 框选汽车，在“属性”面板中将“笔触颜色”设置为黑色。使用“油漆桶工具”进行颜色填充，车身的填充颜色值为“#FF0000”，车窗的填充颜色值为“#D1E1E7”，其余边框的填充颜色值为“#999999”，如图 2-18 所示。

17 选择“矩形工具”，将“笔触颜色”设置为无，“填充颜色”设置为白色，在车身外的区域拖曳出一个长条的矩形作为车窗的反光。按 Q 键选择“任意变形工具”对其进行旋转并移动到车窗上，按 Ctrl+C 快捷键复制，再按 Ctrl+V 快捷键粘贴，然后缩小复制后的矩形并将其移动到车窗右侧，如图 2-19 所示。

图 2-17　调整汽车车门转角

图 2-18　填充汽车颜色

图 2-19　绘制车窗反光

18 在“时间轴”面板中，单击“汽车”图层，选中该图层上的车身。按 F8 键，弹出“转换为元件”对话框，输入“名称”为“汽车”，“类型”选择“影片剪辑”，“对齐”选择底部中央的点，如图 2-20 所示，单击“确定”按钮。

图 2-20 “转换为元件”对话框

19 双击“汽车”元件实例，进入元件内部。在“时间轴”面板中，修改“图层_1”名称为“车身”。单击“新建图层”按钮，将新建图层的名称修改为“车轮”，如图 2-21 所示。

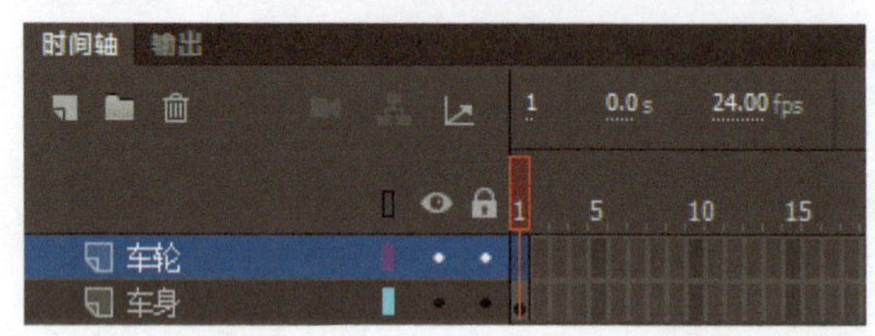

图 2-21 “汽车”元件的时间轴

提示

双击元件实例可以进入元件内部，对元件进行编辑。此时双击舞台的空白区域，可以退出元件状态。

20 选择“椭圆工具”，将“填充颜色”值设置为“#333333”。按住 Shift+Alt 快捷键，以车身底部黑线位置为圆心，拖曳出一个圆形。然后使用 Ctrl+C 和 Ctrl+V 快捷键复制粘贴并调整大小，绘制车轮的基本结构，如图 2-22 所示。

图 2-22 绘制车轮的基本结构

提示

“椭圆工具”的快捷键是 O。

21 选择“线条工具”，绘制一条直线，连续使用 Ctrl+C 和 Ctrl+Shift+V 快捷键复制并原位粘贴，再旋转成“米”字线。按 Q 键选择“任意变形工具”，按住 Shift 键拖曳旋转 45°，如图 2-23 所示。

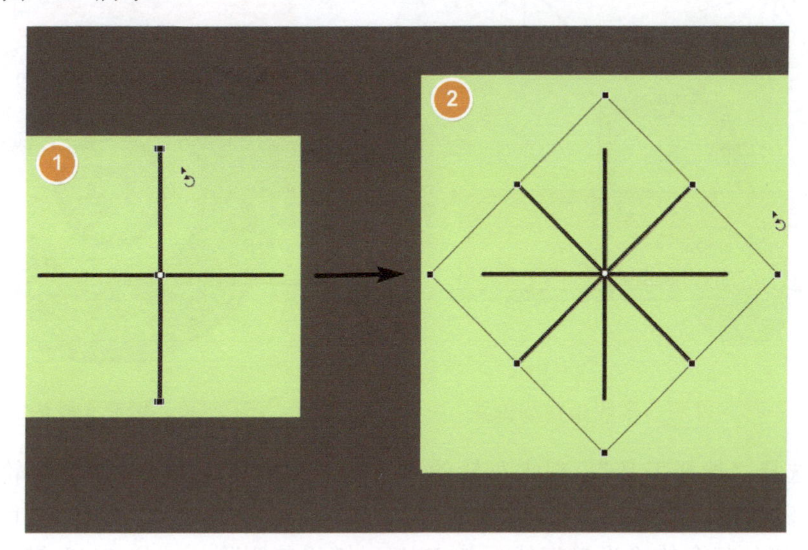

图 2-23　绘制车轮的“米”字线

22 按 V 键选择“选择工具”，将上一步骤绘制的“米”字线全部框选，并复制粘贴一个副本放置在右侧。再复制粘贴一次后，按 Q 键旋转一个小角度。按 V 键框选后再复制粘贴一次，按 Q 键旋转后出现等分的效果，如图 2-24 所示。完成后，绘制的车轮辅助线位置如图 2-25 所示。

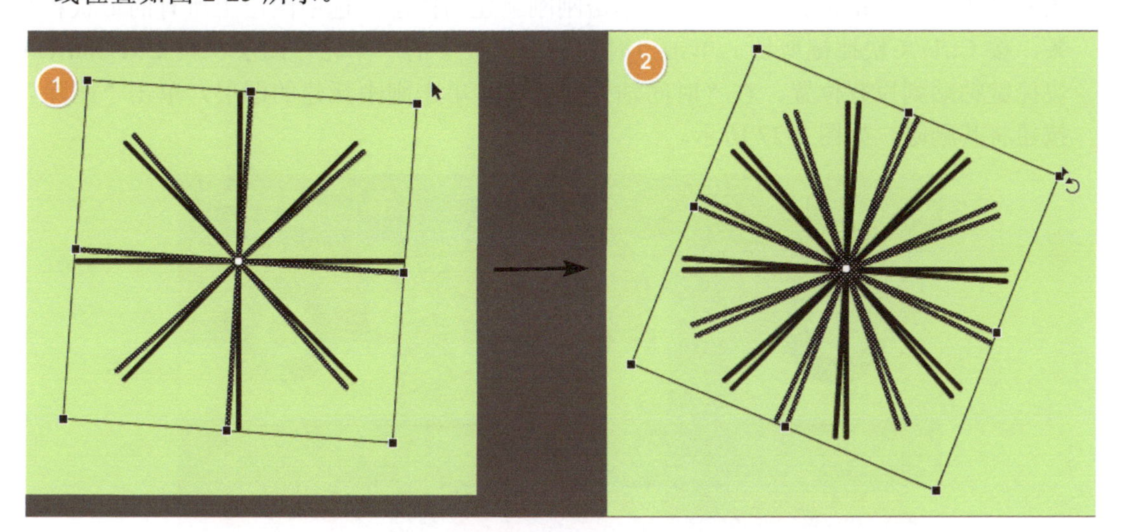

图 2-24　绘制车轮的放射状线

23 选择“油漆桶工具”，设置“填充颜色”值为“#CCCCCC”，单击填充第 3 圈的颜色；设置“填充颜色”值为“#B3B3B3”，单击填充第 4 圈和第 5 圈的颜色，如图 2-26 所示。

图 2-25　绘制的车轮辅助线位置

图 2-26　填充车轮内圈颜色

24 按 V 键选择“选择工具”，双击车轮的“米”字线将其选中并移动到车轮中央。单击舞台的空白区域取消选择，此时“米”字线和车轮组合到一起。按住 Shift 键依次单击除第 4 圈线外其余的“米”字线，按 Delete 键将其删除。按住 Shift 键依次单击第 1 圈的形状及两侧的线条，将其选中，按 Ctrl+X 快捷键剪切。在“时间轴”面板中单击“新建图层”按钮新建一个图层，按 Ctrl+Shift+V 快捷键粘贴到原有位置。双击车轮的放射状线，将其选中，按 Ctrl+X 快捷键剪切。在“时间轴”面板中单击刚刚新建的图层，按 Ctrl+Shift+V 快捷键粘贴到原有位置。按住 Shift 键依次单击多余的车轮线和放射状线，按 Delete 键将其删除。单击刚刚新建的图层，选中图层上所有的形状和线条，按 Ctrl+X 快捷键剪切。单击“时间轴”面板中的“车轮”图层，按 Ctrl+Shift+V 快捷键粘贴到原有位置。在“时间轴”面板中，单击刚刚新建的图层，单击“删除”按钮将其删除，如图 2-27 所示。

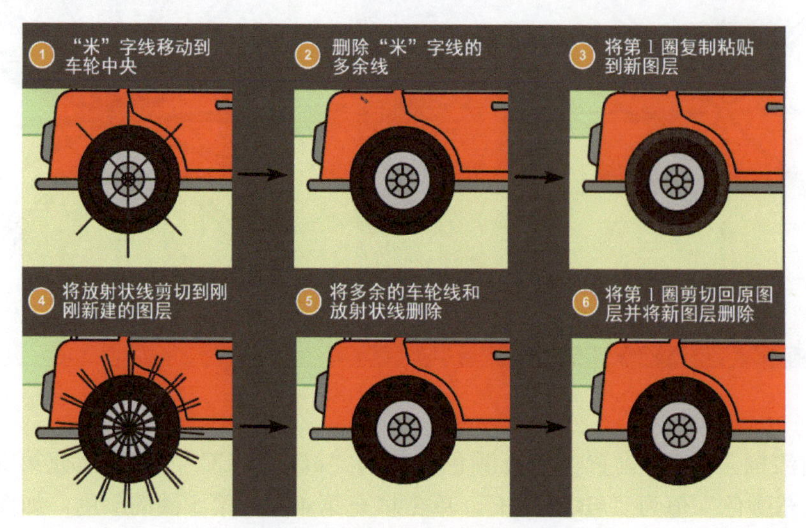

图 2-27　绘制轮胎内部的线条

25 在“时间轴”面板中，单击“车轮”图层。按 F8 键弹出“转换为元件”对话框，输入“名称”为“车轮”，“类型”选择“影片剪辑”，“对齐”选择中间的控制点，单击“确定”按钮，如图 2-28 所示。

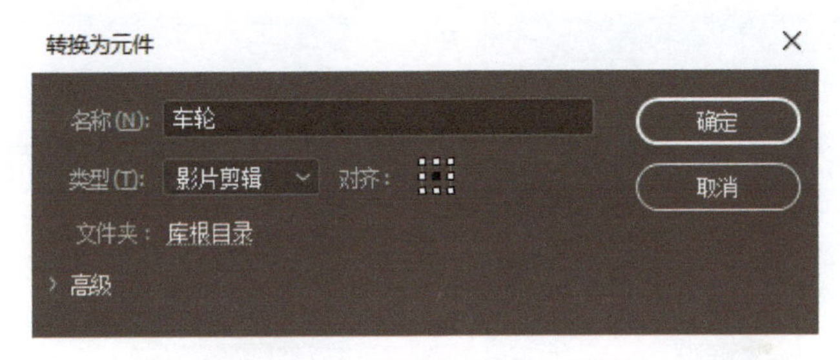

图 2-28　“转换为元件”对话框

26 按住 Alt+Shift 快捷键，拖曳“车轮”元件实例，以水平方向移动到右侧，如图 2-29 所示。

图 2-29　复制车轮

添加文字

27 新建一个图层，将图层名称修改为“中文”。选择“文本工具”，在“属性”面板中，设置“系列”为“黑体”，“大小”为“45”磅，“颜色”值为“#003366”，在舞台上部中央拖曳文本显示的矩形区域，输入“兜风去旅行”。新建一个图层，将图层名称修改为“英文”。在“属性”面板中，设置“系列”为“Arial”，“大小”为“20”磅，“颜色”值为“#006600”，在舞台下部中央拖曳文本显示的矩形区域，输入“Travel for Life”，如图 2-30 所示。

28 单击“中文”图层选中文字，选择两次“修改”→“分离”命令，将文字分离成单个文字，再分离成形状。新建一个图层，命名为“中文副本”。单击“中文”图层，按 Ctrl+C 快捷键复制，再单击“中文副本”图层，按 Ctrl+Shift+V 快捷键粘贴。单击“中文副本”图层右侧的锁定选项，将“中文副本”图层锁定。单击“中文”图层，选择

“墨水瓶工具”，设置“笔触颜色”值为“#FFFFFF”，“笔触”为“5.7”，“宽度”为“均匀”。单击文字的每个连续的形状，为文字的形状填充白色线条，添加线条后的效果如图 2-31 所示。

图 2-30　添加文字

图 2-31　为中文添加线条

提示

“分离”命令的快捷键是 Ctrl+B。

29 按 V 键选择“选择工具”，分别框选每个文字，选择“修改”→“组合”命令或按 Ctrl+G 快捷键将文字组合起来，按 F8 键将其转换为“影片剪辑”元件，如图 2-32 所示。将所有单独的文字都转换为元件后，删除“中文”图层，修改“中文副本”图层的名称为“中文”。

图 2-32　框选单个文字

提示

“组合”命令的快捷键是 Ctrl+G。

30 单击“兜”元件实例，单击折叠面板组中的“变形面板”按钮，打开“变形”面板，设置“旋转”为“−20”，如图 2-33 所示。依次将“风”旋转“−10”，“旅”旋转“10”，“行”旋转“20”。

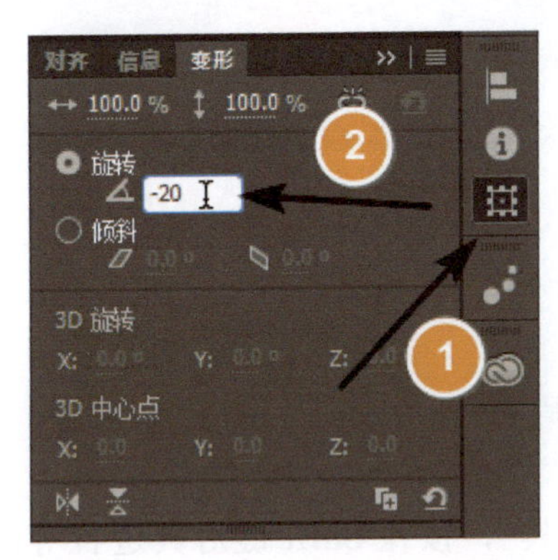

图 2-33　“变形”面板设置旋转角度

31 将“兜”元件实例向左拖曳移动一段距离，将“行”元件实例向右拖曳移动一段距离，如图 2-34 所示。单击“中文”图层，选中图层上的所有元件实例，单击折叠面板组中的“对齐面板”按钮，打开“对齐”面板，单击“对齐”面板中的“水平居中分布”按钮，如图 2-35 所示。

图 2-34　拖曳调整左右两侧文字的位置

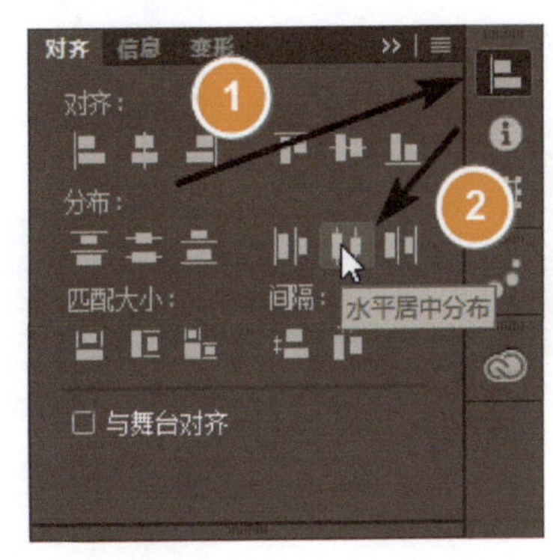

图 2-35　“对齐”面板

导入素材

32 新建一个图层，将图层名称修改为“蒲公英”。选择“文件”→“打开”命令，打开“素材\模块 02\蒲公英素材.fla”文件。选择选项卡切换到“兜风去旅行.fla”文件，在“库”面板中选择“蒲公英素材.fla”，此时切换到“蒲公英素材”库，再将“蒲公英”元件实例拖曳到舞台中，如图 2-36 所示。

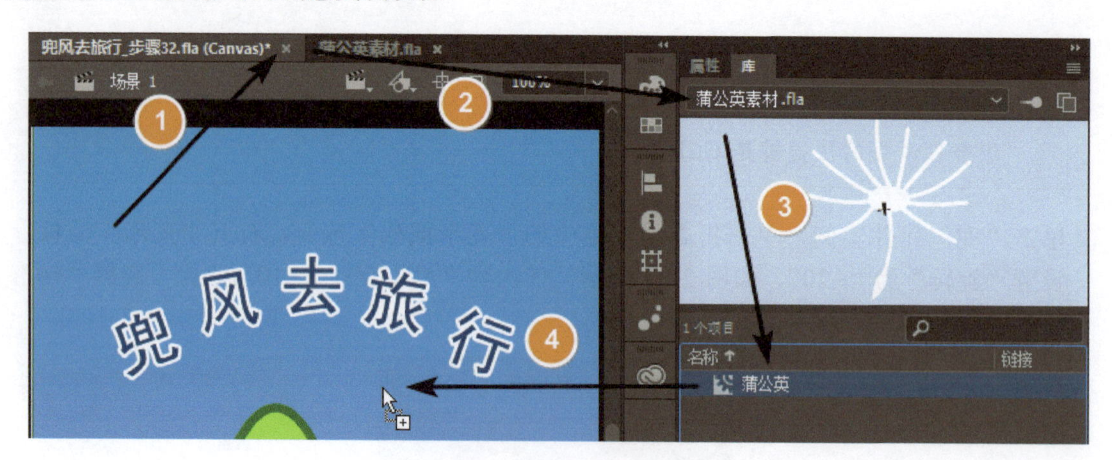

图 2-36 导入素材

提示

"打开"命令的快捷键是 Ctrl+O。

33 按 Q 键选择"任意变形工具"，按住 Shift 键对其进行等比例缩放，并移动到合适的位置。一共拖曳复制 7 个"蒲公英"元件实例，进行缩放并调整位置后的效果如图 2-37 所示。

图 2-37 将素材复制、缩放并调整位置后的效果

拓展知识

1. 线条和形状

线条和形状是基本的元素，如图 2-38 所示。形状是指一个固定的区域；而线条是指线段或曲线，可以修改宽度。

图 2-38　线条和形状

> **提示**
>
> 选择线条或形状后，在“属性”面板中均显示为形状。但是在选择线条时，只能对线条的相关属性进行设置；在选择形状时，只能对形状的相关属性进行设置。

（1）线条转换为形状

通过“修改”→“形状”→“将线条转换为填充”命令可以将线条转换为形状。注意，形状无法转换为线条。在线条转换为形状后，使用“选择工具”拖曳可以观察区别，如图 2-39 所示。

（2）线条的属性

选择线条或“绘图工具”，在“属性”面板中可以通过笔触的相关属性对线条进行设置，如图 2-40 所示。

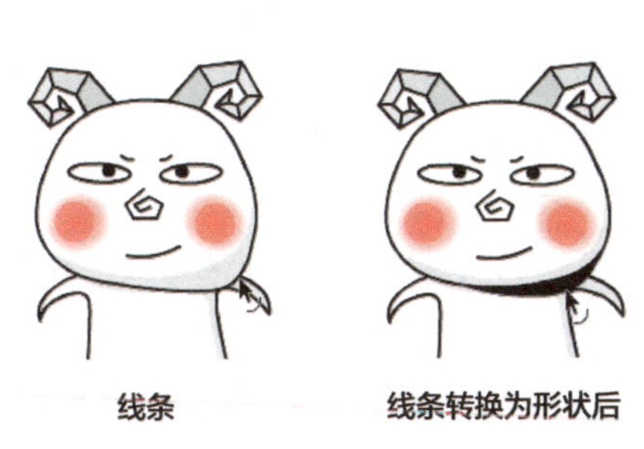

图 2-39　线条和转换为形状后的区别

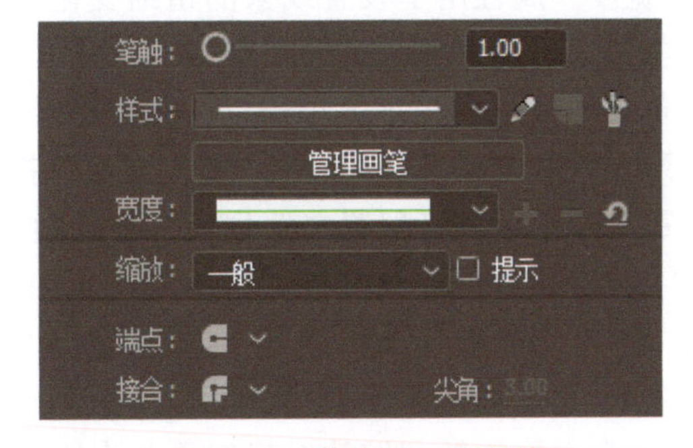

图 2-40　笔触的相关属性

“笔触”属性用于设置线条的粗细，拖曳拖动条或在文本框中直接输入数值可修改线条的粗细，如图 2-41 所示。

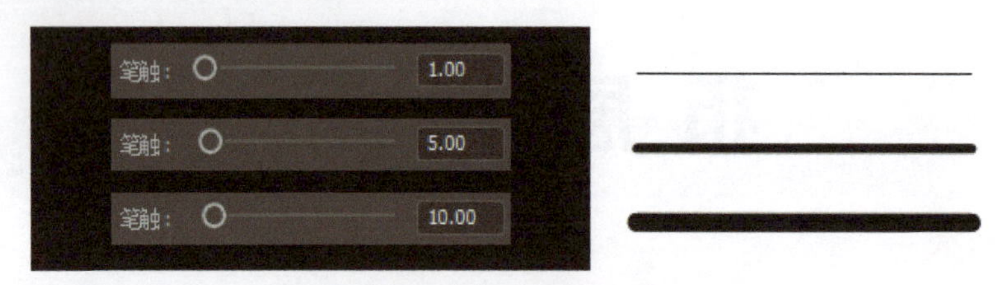

图 2-41 “笔触”属性

“样式”属性用于设置线条的外观图案。预设的 6 种样式包括“极细线”、“实线”、“虚线”、“点状线”、“锯齿线”、“点刻线”和“斑马线”，样式后还有“编辑”、“创建”、“画笔库”和“管理画笔”4 个按钮，如图 2-42 所示。实际上“极细线”和“实线”是一种样式，“极细线”是粗细为 0.1 的“实线”。除预设的样式外，用户还可以从库中选择其他的样式或创建自定义样式，单击“管理画笔”按钮可以对非预设的样式进行管理。

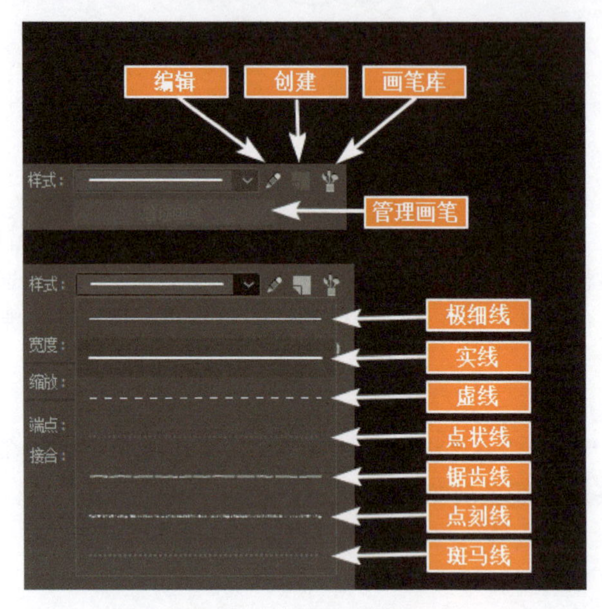

图 2-42 “样式”属性

“宽度”属性用于设置线条的粗细变化，预设的配置文件共有 7 个，还包含“添加配置”、“删除配置”和“重置配置”3 个按钮，如图 2-43 所示。使用“宽度工具”可以调整线条不同位置的粗细；单击“添加配置”按钮将配置文件保存，保存后可以在“配置文件列表”中进行选取；单击“删除配置”按钮可以将单独一个配置文件删除；单击“重置配置”按钮可以将配置文件列表恢复成预设状态。

“缩放”属性用于设置元件内部的线条在元件实例旋转或缩放时粗细的变化，包括“一般”、“水平”、“垂直”和“无”4 种类型。“一般”表示线条会随着元件实例的缩放同步进行缩放，“水平”表示旋转到水平方向时会变细，“垂直”表示旋转到竖直方向时会变细，“无”表示旋转和缩放对粗细不产生影响，如图 2-44 所示。

“端点”属性用于设置线条端点处的形状，包括“无”、“圆角”和“直角”3 种类型，如图 2-45 所示。“圆角”表示在端点处显示为圆角；“无”和“直角”都是在端点处显示为直角，但是当同时选取等长设置为“无”和“直角”的线条时，会发现“直角”更长一些而且转角处衔接得更好。

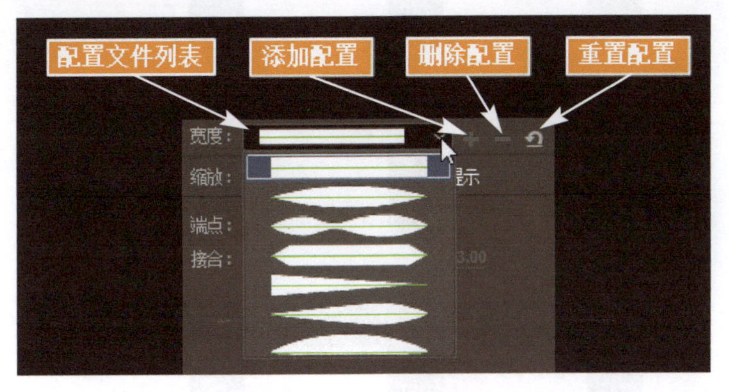

图 2-43　“宽度”属性

图 2-44　“缩放”属性

图 2-45　“端点”属性

“接合”属性用于设置线条衔接转角处的连接方式，包括“尖角”、“圆角”和“斜角”3 种类型，如图 2-46 所示。

2. 选择工具

选择工具用于选取、移动、变形元素，图标是▷，快捷键是 V。

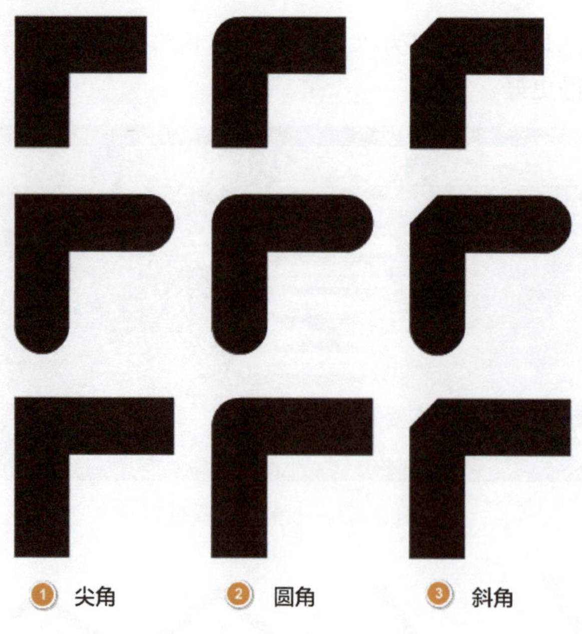

图 2-46 “接合”属性

（1）单选

单击元素即可选中该元素，能被选中的元素包括形状、线条、元件、组、位图、组件等，如图 2-47 所示。

图 2-47 “选择工具”的单选

（2）框选

拖曳框选区域的元素都会被选中，其中元件、组、位图、组件等元素只要被框选任意部分该元素即被选中，如图 2-48 所示。如果取消框选操作，可以单击舞台中的空白处或按 Esc 键。

（3）连续选

双击形状会将形状和其周围的线条都选中，双击线条会将与该线条相连的线条都选中，如图 2-49 所示。

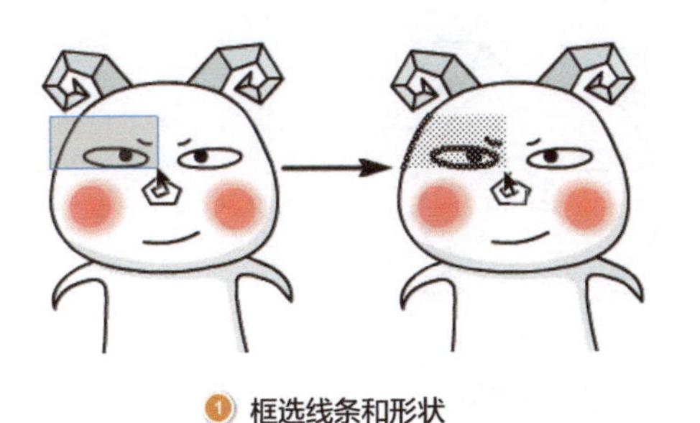

图 2-48　“选择工具”的框选

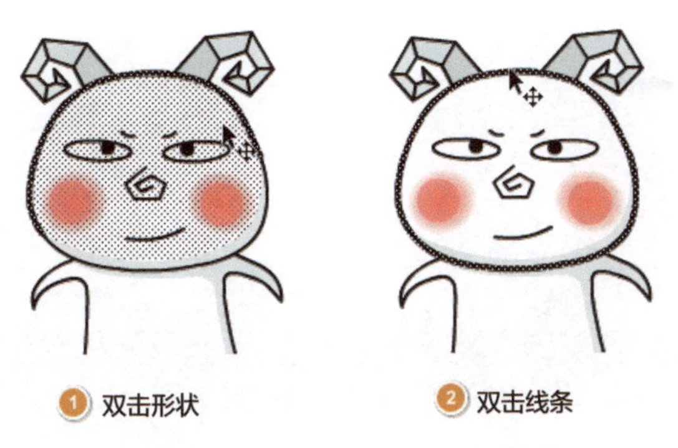

图 2-49　“选择工具”的连续选

（4）移动

将鼠标指针移动到选中元素的区域，按住鼠标左键拖曳即可移动该元素，如图 2-50 所示。

（5）调整弧度

将鼠标指针移动到形状边缘或线条上时，鼠标指针变成 ，此时拖曳鼠标可以调整弧度，如图 2-51 所示。

图 2-50　“选择工具”的移动

图 2-51　“选择工具”的调整弧度

（6）增加锚点

按住 Ctrl 键拖曳形状边缘或线条，可以拖曳出一个新的锚点，如图 2-52 所示。如果线条有连接的形状，形状就会同时增加一个锚点。

（7）按钮

选择“选择工具”，在“工具”面板下方有“贴紧至对象”、“平滑”和“伸直”3 个按钮，如图 2-53 所示。

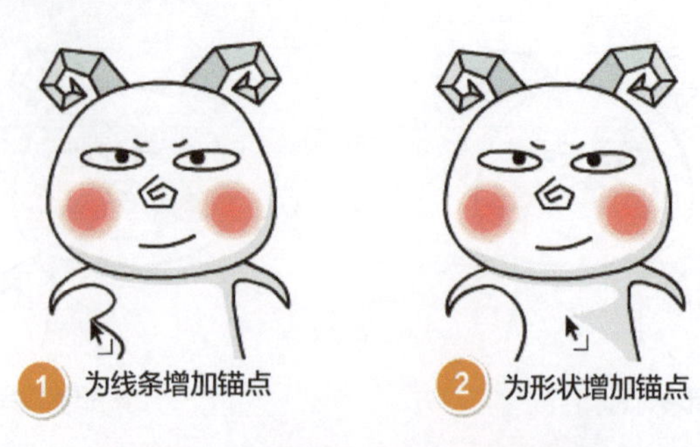

图 2-52 “选择工具”的增加锚点

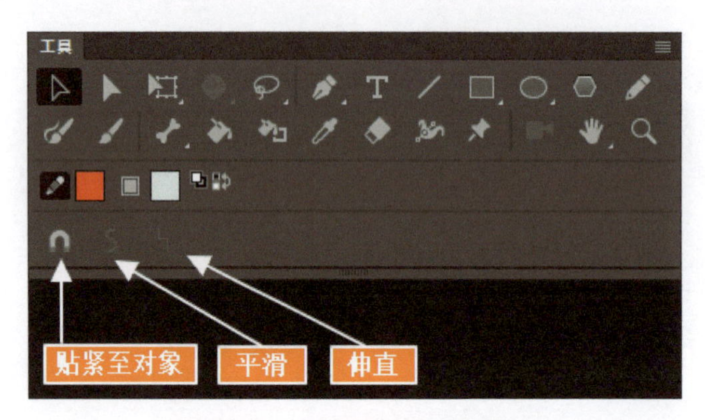

图 2-53 “选择工具”的按钮

单击“贴紧至对象”按钮，在移动元素时可以自动吸附到其他元素上，便于精准移动，如图 2-54 所示。

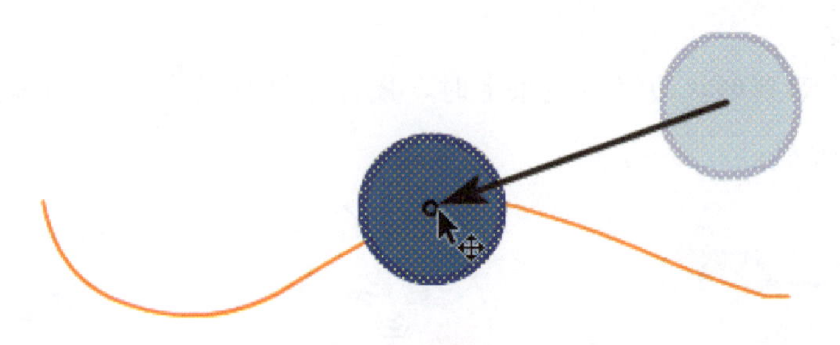

图 2-54 单击“贴紧至对象”按钮移动元素

选中线条或形状，单击“平滑”或“伸直”按钮会进行平滑或伸直处理，“平滑”或“伸直”按钮可以多次单击，直到无法继续“平滑”或“伸直”为止。但是处理的效果非常不可控，也很难达到预想效果，因此不建议使用该功能。图 2-55 所示为回旋形状的线条和“小白魔”表情的平滑和伸直效果对比。尤其是“小白魔”表情在多次单击“平滑”或“伸直”按钮后效果差异很小。

3. 部分选取工具

部分选取工具用于线条和形状的锚点选取、控制和移动，图标是▶，快捷键是 A。

（1）控制锚点

单击线条或形状后会显示锚点，显示的颜色为图层属性中轮廓的颜色（双击图层会弹出“图层属性”对话框）。单击锚点时会选中锚点，锚点被选中时会显示锚点的弧度控制手柄。拖曳弧度控制手柄能够调整锚点两侧的弧度，如图 2-56 所示。当按住 Alt 键时可以单独拖曳控制锚点的一个弧度控制手柄，即分别控制锚点两侧的弧度控制手柄。

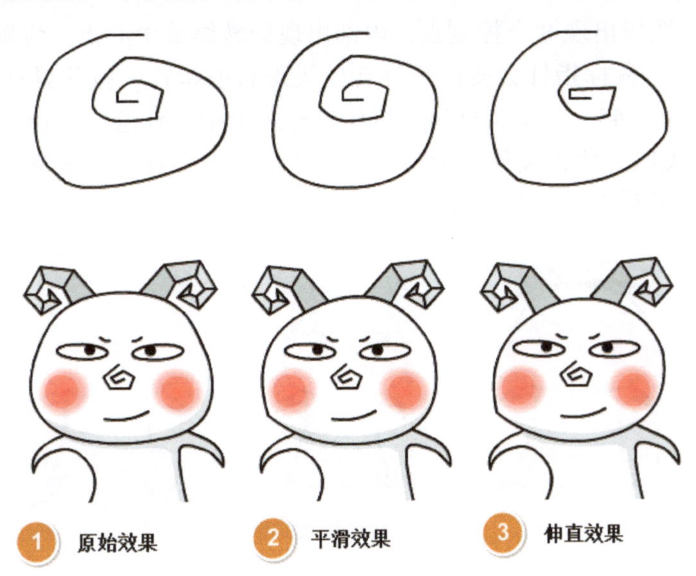

图 2-55　平滑和伸直效果对比

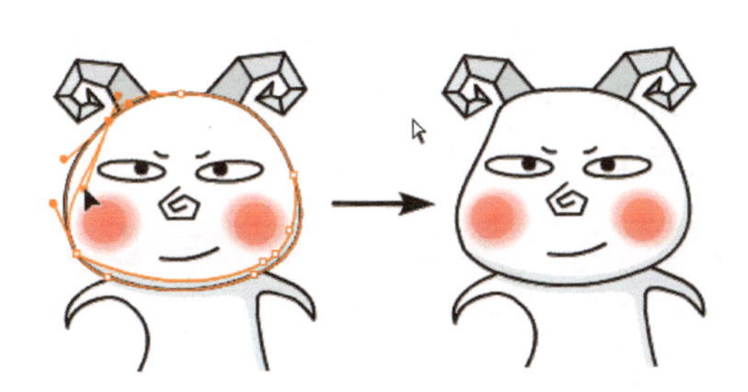

图 2-56　控制锚点

（2）移动锚点

单击锚点，按住鼠标左键拖曳锚点可以移动锚点的位置，如图 2-57 所示。

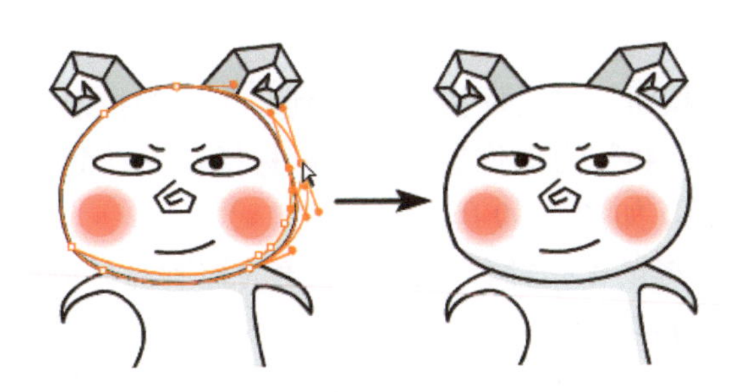

图 2-57　移动锚点

4. 任意变形工具

任意变形工具用于缩放、旋转和变形，图标是，快捷键是 Q。

（1）旋转和缩放

选中元素后，四周出现 8 个控制点，内部出现旋转缩放中心点。将鼠标指针移动到 4 个角的控制点外侧，鼠标指针会变成带旋转效果形状的指针，按住鼠标左键拖曳可以旋转，按住 Shift 键则以 45° 为单位旋转。按住鼠标左键拖曳任意一个控制点可以缩放，按住 Shift 键则在拖曳时等比例缩放，拖曳移动旋转缩放中心点后在拖曳时会以新的旋转缩放中心点为基准旋转或缩放，如图 2-58 所示。

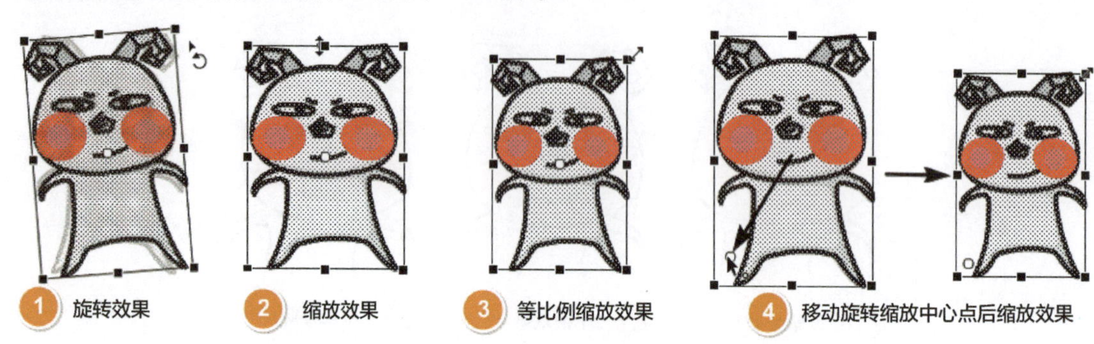

图 2-58　缩放和等比例缩放

（2）按钮

选择“任意变形工具”，在“工具”面板的下方有 5 个按钮：“贴紧至对象”、“旋转与倾斜”、“缩放”、“扭曲”和“封套”，如图 2-59 所示。其中，“贴紧至对象”功能与“选择工具”的“贴紧至对象”功能类似。

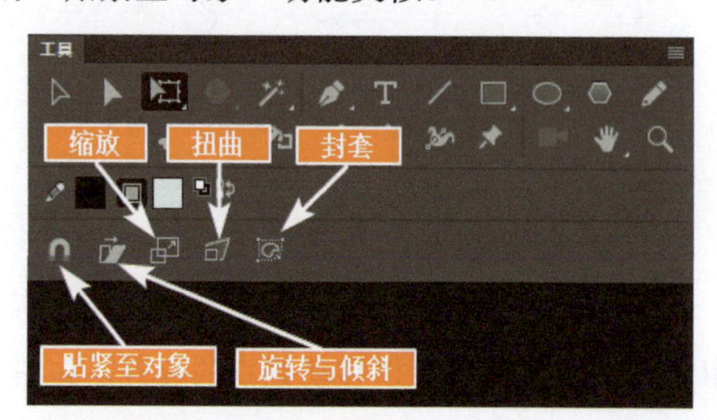

图 2-59　“任意变形工具”的按钮

单击“旋转与倾斜”按钮，将鼠标指针移动到 4 个角的控制点，按住鼠标左键拖曳可以旋转，按住 Shift 键则以 45° 为单位旋转。将鼠标指针移动到 4 个边的控制点，按住鼠标左键拖曳可以将其倾斜，如图 2-60 所示。

单击“缩放”按钮，将鼠标指针移动到 4 个角的控制点外侧时不会变成旋转的指针，此时只有缩放功能没有旋转功能。

单击“扭曲”按钮，旋转缩放中心点会消失，拖曳 4 个角的控制点可以进行扭曲效果的操作，如图 2-61 所示。

图 2-60　旋转与倾斜效果

单击“封套”按钮，8 个控制点两侧都会出现一个控制手柄，用于以贝塞尔曲线方式调整，如图 2-62 所示。按住 Alt 键可以控制单个控制手柄，增加调整的灵活性。

图 2-61　扭曲效果

图 2-62　封套效果

5. 渐变变形工具

渐变变形工具用于调整线条和形状的渐变色范围，图标是▣，快捷键是 F。默认情况下，需要在“任意变形工具”图标上按住鼠标左键切换到“渐变变形工具”图标。“渐变变形工具”只有一个选项，即“贴紧至对象”，与“选择工具”的“贴紧至对象”功能类似。

（1）线性渐变变形

单击线性渐变颜色的线条或形状，出现 3 个控制器，分别用于移动渐变范围、缩放渐变范围和旋转渐变范围，如图 2-63 所示。

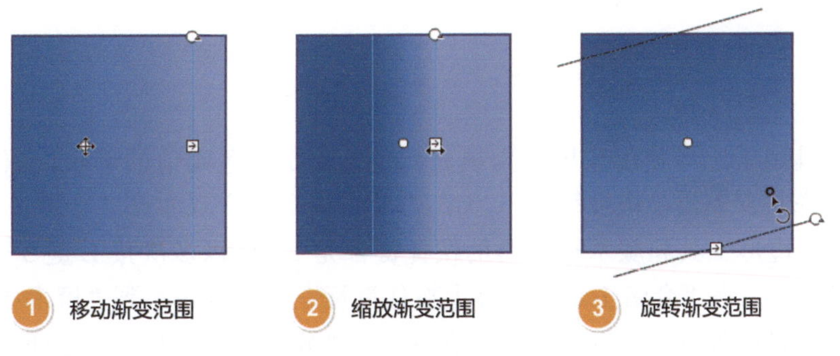

图 2-63　线性渐变变形

（2）径向渐变变形

单击径向渐变颜色的线条或形状，出现 5 个控制器，分别用于移动渐变范围、水平缩放渐变范围、等比例缩放渐变范围、旋转渐变范围和在控制器范围内平移渐变范围，如图 2-64 所示。

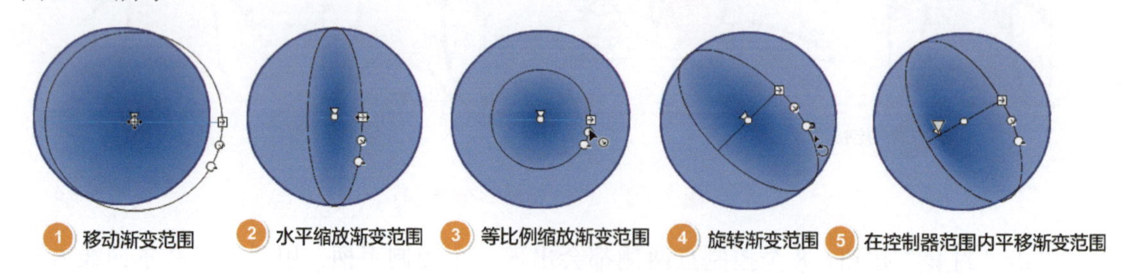

图 2-64 径向渐变变形

6. 套索工具

套索工具用于选择拖曳鼠标所围成区域的线条和形状，图标是，快捷键是 L。按住鼠标左键拖曳要选择区域的外轮廓线，可以选中外轮廓线内的所有线条和形状，如图 2-65 所示。如果拖曳的外轮廓线没有闭合，松开鼠标左键后会自动闭合。按住 Shift 键再次画出的外轮廓线区域将添加到已有区域范围内，但是 Animate 没有提供减去选区范围的功能。单击舞台的空白区域或按 Esc 键可以取消选择区域。

（1）多边形工具

多边形工具和套索工具的功能类似，图标是，快捷键是 L（在“多边形工具”显示在“工具”面板时）。默认情况下，在“套索工具”图标上按住鼠标左键可以切换到“多边形工具”图标。“多边形工具”通过单击确定多边形区域的顶点，通过双击确定最后一个顶点完成多边形区域的选择，如图 2-66 所示。

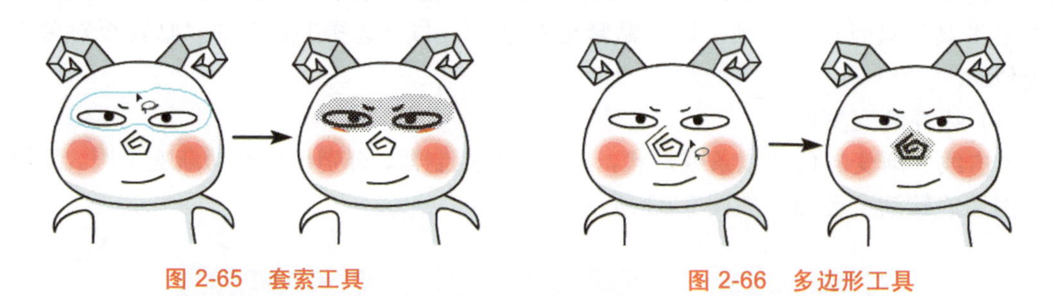

图 2-65 套索工具　　图 2-66 多边形工具

（2）魔术棒工具

魔术棒工具用于选择使用位图作为填充颜色的指定颜色阈值的形状，当位图尺寸较大时需要等待，图标是，快捷键是 L（在“魔术棒工具”显示在“工具”面板时）。由于套索工具、多边形工具和魔术棒工具的快捷键都是 L，所以多次按 L 键 3 个工具会依次切换。默认情况下，在“套索工具”图标上按住鼠标左键可以切换到“魔术棒工具”图标。位图作为填充通过两种方式实现：选择“修改”→“分离”命令和“油漆桶工具”。单击使用位图作为填充颜色形状的某一点，会自动选取阈值范围内的形状，如图 2-67 所示。

图 2-67　魔术棒工具

7. 钢笔工具

钢笔工具用于绘制曲线，图标是，快捷键是 P。单击直接添加锚点，添加第二个锚点时可以拖曳调整曲线的弧度，此时再按住 Alt 键可以单独调整控制器，以确定后续锚点控制的曲线方向，如图 2-68 所示。

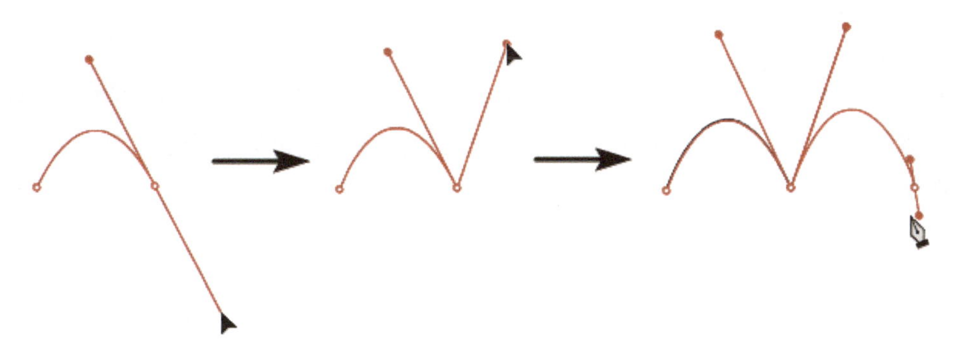

图 2-68　钢笔工具

（1）添加锚点工具

添加锚点工具用于添加锚点，图标是，快捷键是=。默认情况下，在“钢笔工具”图标上按住鼠标左键可以切换到“添加锚点工具”图标。单击线条或形状的边缘添加锚点，如图 2-69 所示。

图 2-69　添加锚点

提示

使用“添加锚点工具”时，按住 Alt 键会切换到删除锚点的功能，松开 Alt 键恢复，便于随时增减锚点。

（2）删除锚点工具

删除锚点工具用于删除锚点，图标是，快捷键是–。默认情况下，在“钢笔工具”图标上按住鼠标左键可以切换到“删除锚点工具”图标。单击线条或形状的锚点可以将其删除，如图 2-70 所示。

图 2-70　删除锚点

（3）转换锚点工具

转换锚点工具用于控制锚点两侧的控制器改变曲线弧度，图标是，快捷键是 Shift+C。默认情况下，在“钢笔工具”图标上按住鼠标左键可以切换到“转换锚点工具”图标。拖曳线条或形状的锚点调整控制器，按住 Shift 键可以单独调整一个控制器，按住 Alt 键拖曳线条的锚点时可以复制拖曳出的线条，如图 2-71 所示。

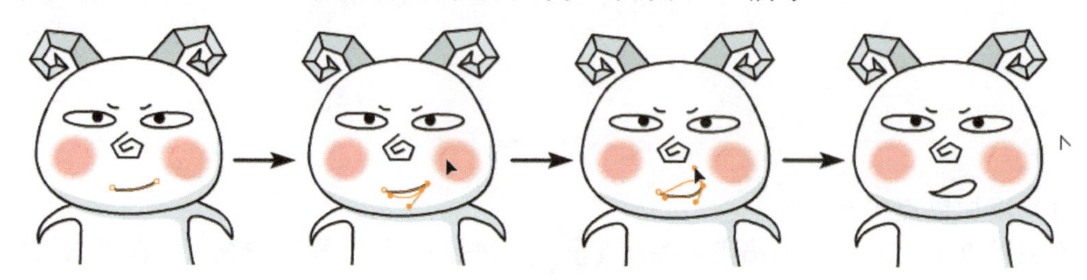

图 2-71　转换锚点

（4）按钮

选择“钢笔工具”，在“工具”面板下方有两个按钮：“绘制对象”和“贴紧至对象”，如图 2-72 所示。“贴紧至对象”功能与“选择工具”的“贴紧至对象”功能类似。

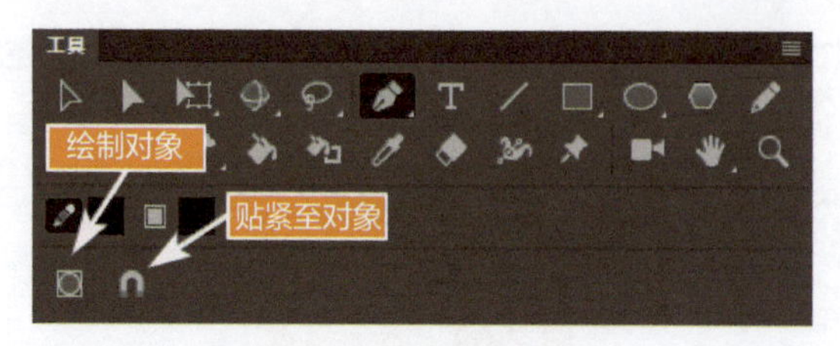

图 2-72　选项功能

单击“绘制对象”按钮，所绘制的元素从形状转换为绘制对象，单击“分离”按钮可以转换为形状，选中形状单击“创建对象”按钮可以转换为绘制对象，如图 2-73 所示。当绘制对象叠加在一起时并不会组合到一起，而是单独的绘制对象，可以单独进行移动和编辑，如图 2-74 所示。

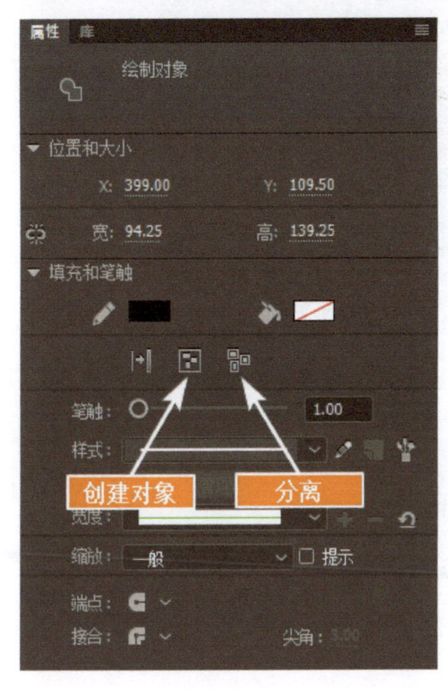

图 2-73　绘制对象的“属性”面板

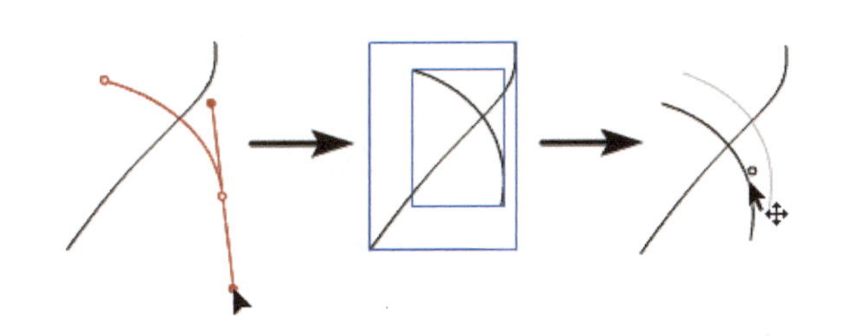

图 2-74　绘制对象

8. 文本工具

文本工具用于添加文字，图标是T，快捷键是 T。在“属性”面板中，文本类型分为“静态文本”、“动态文本”和“输入文本”，文本方向分为“水平”、“垂直”和“垂直，从左向右”，还可以设置“位置和大小”、“字符”、“段落”、“选项”和“滤镜”等，如图 2-75 所示。拖曳新建的文本限定高度和宽度，单击新建的文本则根据输入的文本改变宽度和高度。“动态文本”和“输入文本”用于交互设计，需要与 ActionScript 语言配合使用才能真正发挥其作用。

提示

如果需要对文本进行旋转操作，在“消除锯齿”下拉列表中就不能选择“使用设备字体”选项，否则旋转后的文本不会显示出来。

提示

当文本框右上角是正方形时为固定长度的文本，当文本框右上角是圆形时为可变长度的文本，如图 2-76 所示。

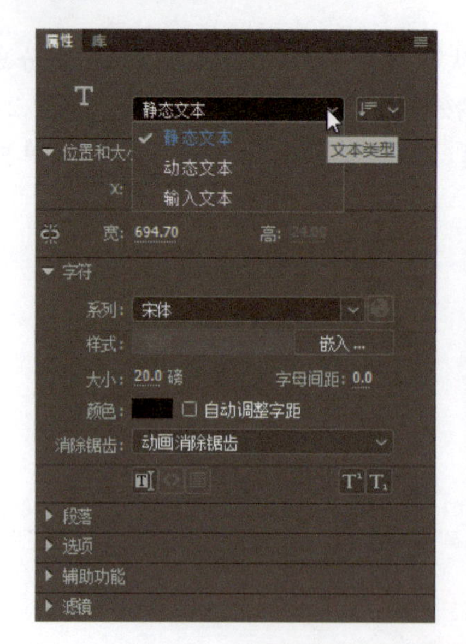

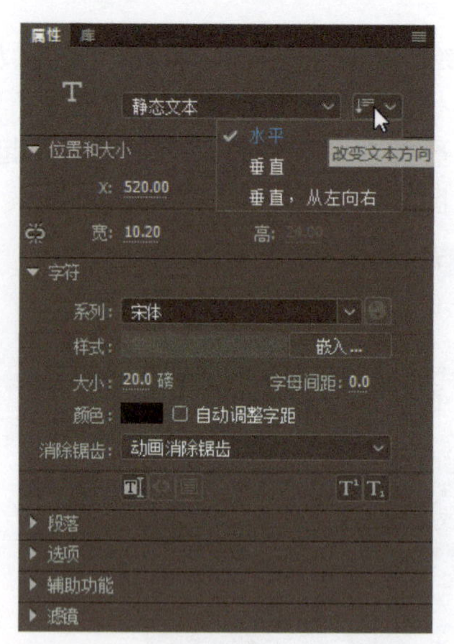

图 2-75　文本工具的“属性”面板

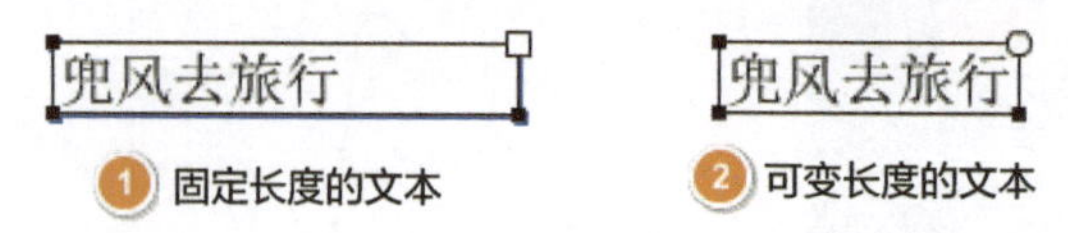

图 2-76　固定长度和可变长度的文本

9. 线条工具

线条工具用于绘制线段，图标是，快捷键是 N，其“属性”面板如图 2-77 所示。在线条工具的“工具”面板下方有两个按钮：“绘制对象”和“贴紧至对象”。其中，“绘制对象”与“钢笔工具”的“绘制对象”功能类似，“贴紧至对象”与“选择工具”的“贴紧至对象”功能类似。

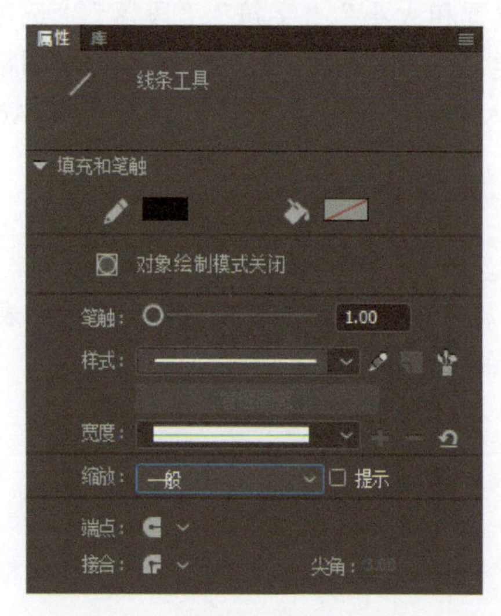

图 2-77　线条工具的“属性”面板

线条工具常用于绘制物体轮廓，此时需要将“贴紧至对象”按钮选中，这样就能绘制首尾相连的线段，便于填充形状。按住 Shift 键拖曳可以 45° 为角度单位绘制线段，按住 Alt 键拖曳会多出一条对称的线段，如图 2-78 所示。

① 按住Shift键　② 按住Alt键

图 2-78　绘制 45° 线段和对称线段

10. 矩形工具

矩形工具用于绘制矩形或正方形，图标是■，快捷键是 R。在“属性”面板的“矩形选项”中可以设置矩形的圆角，解除锁定功能后可以分别设置 4 个角的圆角，如图 2-79 所示。在矩形工具的“工具”面板下方有两个按钮：“绘制对象”和“贴紧至对象”。“绘制对象”与“钢笔工具”的“绘制对象”功能类似，“贴紧至对象”与“选择工具”的“贴紧至对象”功能类似。

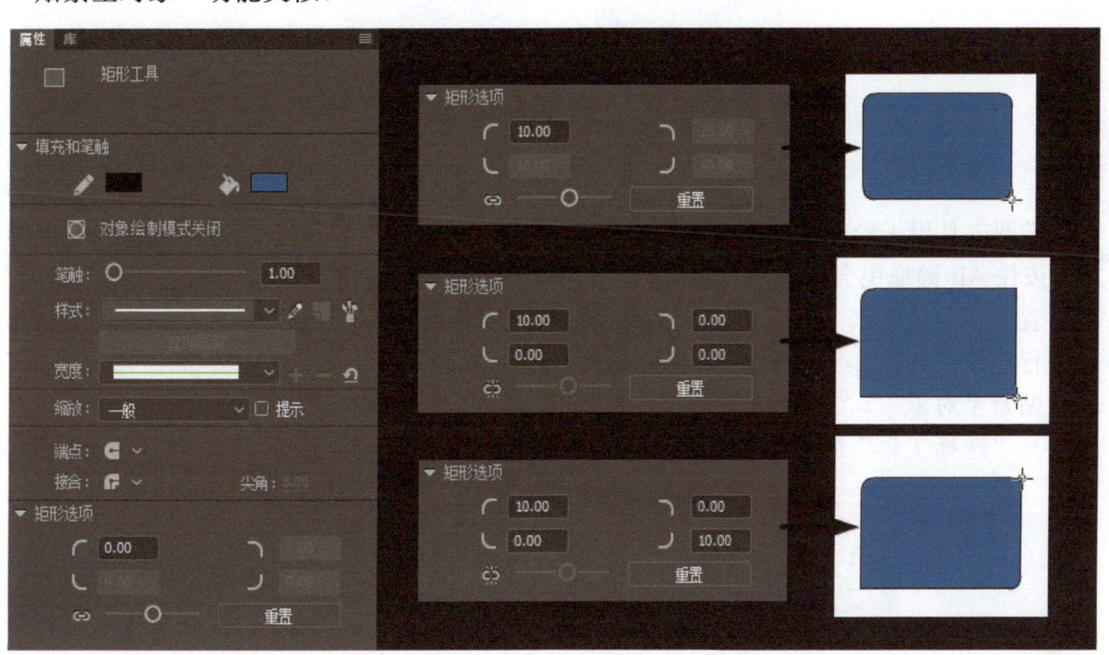

图 2-79　设置“矩形选项”的圆角效果

按住 Shift 键拖曳可以绘制正方形，按住 Alt 键拖曳会以拖曳的起点为中心点绘制矩形，如图 2-80 所示。

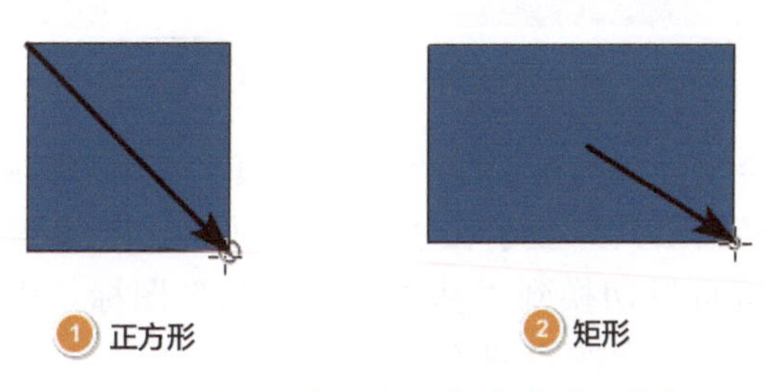

图 2-80　绘制正方形和以起点为中心的矩形

基本矩形工具用于绘制可以拖曳调整圆角的矩形或正方形，图标是▣，快捷键是 R（在“基本矩形工具”显示在“工具”面板上时）。默认情况下，在“矩形工具”图标上按住鼠标左键可以切换到“基本矩形工具”图标。由于矩形工具和基本矩形工具的快捷键都是“R”，所以多次按 R 键会相互切换。

基本矩形工具的基本用法和属性与矩形工具一样，但在“属性”面板中显示的是矩形图元，而使用矩形工具绘制的显示为形状。选择“选择工具”后，拖曳矩形图元的任意一个角对圆角效果进行调整，如图 2-81 所示。矩形图元需要使用“分离”命令将其转换为形状后，才能使用“选择工具”和“钢笔工具”进行进一步修改。

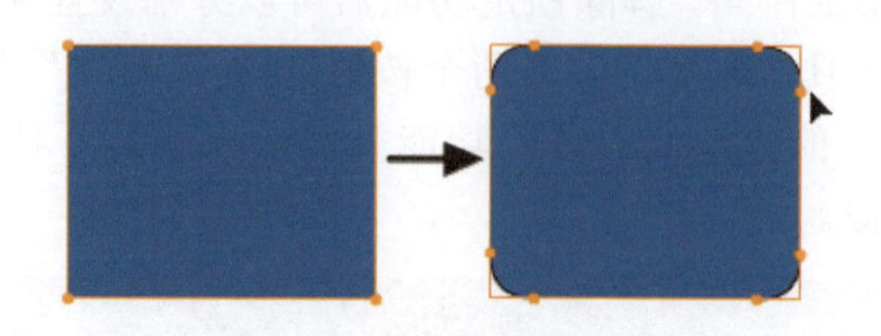

图 2-81　调整矩形图元的圆角

11. 椭圆工具

椭圆工具用于绘制椭圆形或圆形，图标是⬭，快捷键是 O。按住 Shift 键拖曳绘制圆形，按住 Alt 键拖曳会以拖曳的起点为中心点绘制椭圆形。在“属性”面板的“椭圆选项”中设置“开始角度”、“结束角度”、“内径”和“闭合路径”，单击“重置”按钮对选项属性进行还原，如图 2-82 所示。在椭圆工具的“工具”面板下方有两个按钮：“绘制对象”和“贴紧至对象”。“绘制对象”与“钢笔工具”的“绘制对象”功能类似，“贴紧至对象”与“选择工具”的“贴紧至对象”功能类似。

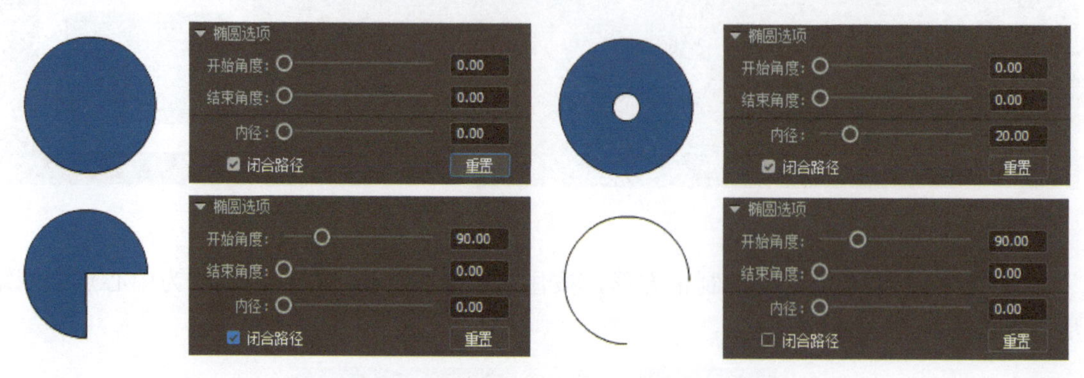

图 2-82　椭圆选项

基本椭圆工具用于绘制可以拖曳调整“椭圆选项”属性的椭圆形或圆形，图标是◔，快捷键是 O（在“基本椭圆工具”显示在“工具”面板上时）。默认情况下，在“椭圆工具”图标上按住鼠标左键可以切换到“基本椭圆工具”图标。由于椭圆工具和基本椭圆工具的快捷键都是 O，所以多次按 O 键会相互切换。

基本椭圆工具的基本用法和属性与椭圆工具一样，但在“属性”面板中显示的是椭圆图元，而使用椭圆工具绘制的显示为形状。选择“选择工具”后，拖曳椭圆图元的 3 个控制点分别调整“内径”、“开始角度”和“结束角度”，如图 2-83 所示。椭圆图元需要使用“分离”命令将其转换为形状后，才能使用“选择工具”和“钢笔工具”进行进一步修改。

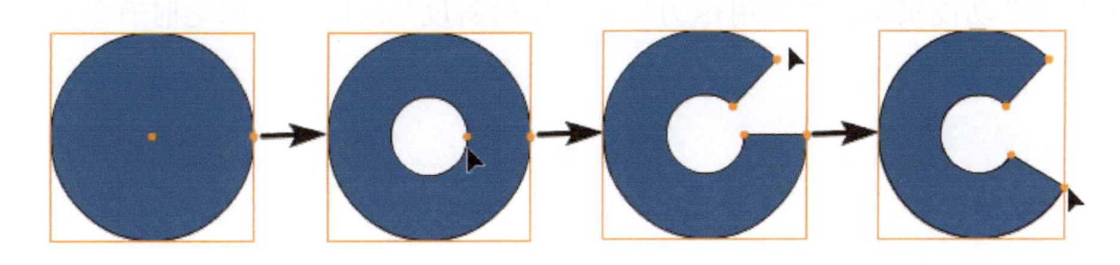

图 2-83　调整椭圆图元

12. 多角星形工具

多角星形工具用于绘制多边形或星形，图标是，没有默认快捷键。按住 Shift 键拖曳可以固定角度为单位进行旋转，按住 Alt 键拖曳会以拖曳的起点为中心点绘制多边形或星形。在“属性”面板中，单击“设置”按钮弹出“工具设置”对话框，在“样式”下拉列表中选择“多边形”或“星形”，还可以设置“边数”和“星形顶点大小”，如图 2-84 所示。

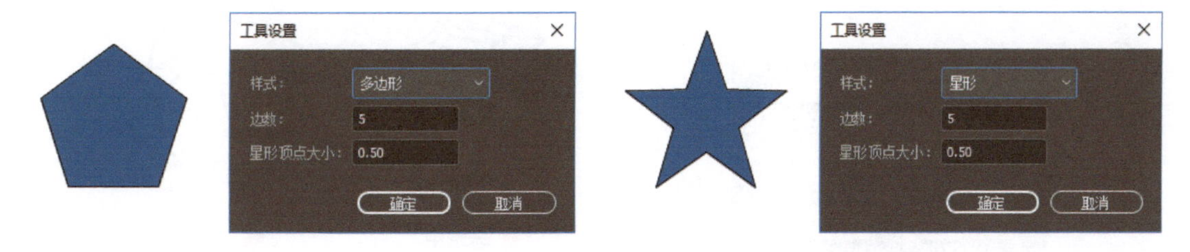

图 2-84　工具设置

在多角星形工具的“工具”面板下方有两个按钮：“绘制对象”和“贴紧至对象”。“绘制对象”与“钢笔工具”的“绘制对象”功能类似，“贴紧至对象”与“选择工具”的“贴紧至对象”功能类似。

13. 铅笔工具

铅笔工具用于绘制线条，图标是，快捷键是 Shift+Y。在铅笔工具的“工具”面板下方有两个按钮：“绘制对象”和“铅笔模式”。“绘制对象”与“钢笔工具”的“绘制对象”功能类似，“铅笔模式”可以选择“伸直”、“平滑”和“墨水”。刚绘制的线条会根据“铅笔模式”的设置对线条进行处理，“伸直”进行直线化处理，“平滑”进行曲线化处理（“属性”面板中的“平滑”选项可以设置平滑程度），“墨水”进行细微圆滑处理，如图 2-85 所示。

14. 画笔工具

画笔工具用于绘制可以接收手绘板压感数据的线条或形状，图标是，快捷键是 Y。

画笔工具默认绘制的是线条，与铅笔工具不同的是画笔工具可以使用手绘板的压感功能。在“属性”面板中，勾选“绘制为填充色”复选框后绘制的是形状。在画笔工具的“工具”面板下方有 4 个按钮：“绘制对象”、“画笔模式”、“使用压力”和“使用斜度”。“绘制对象”与“钢笔工具”的“绘制对象”功能类似，“画笔模式”与“钢笔工具”的“铅笔模式”功能类似，“使用压力”和“使用斜度”在使用压感笔时有效，如图 2-86 所示。

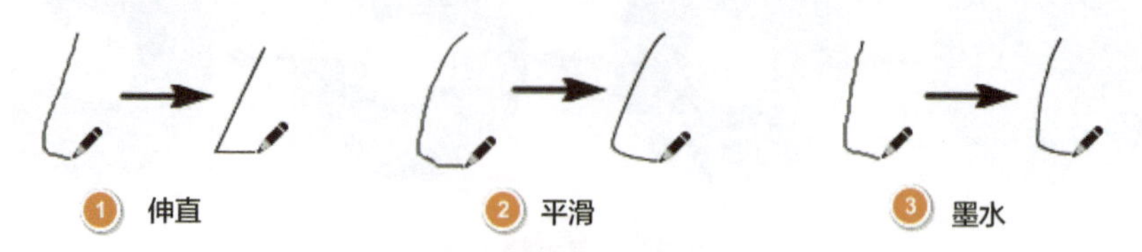

图 2-85　铅笔模式

另一种画笔工具用于绘制形状，图标是，快捷键是 B。在画笔工具的“工具”面板下方有 5 个按钮：“绘制对象”、“锁定填充”、“画笔模式”、“使用压力”和“使用斜度”。除“锁定填充”和“画笔模式”外，其他和第一种画笔工具一致。

“锁定填充”在填充颜色使用“线性渐变”、“径向渐变”和“位图填充”时有效，未选中时短时间内连续绘制的形状会使用同一个渐变填充范围（停顿几秒后再绘制会重置渐变填充范围），选中后每次绘制的形状会重置渐变填充范围，如图 2-87 所示。

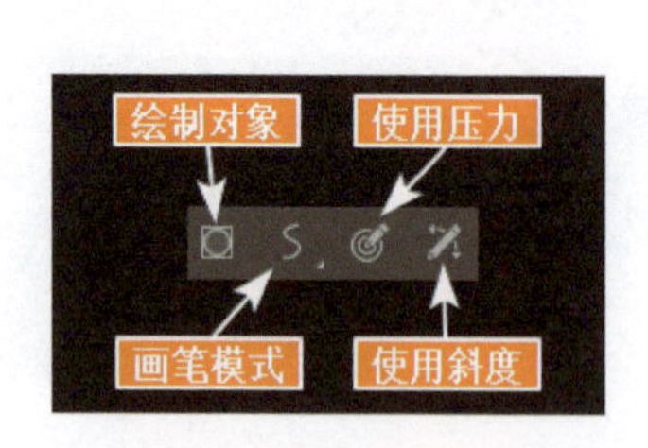

图 2-86　画笔工具

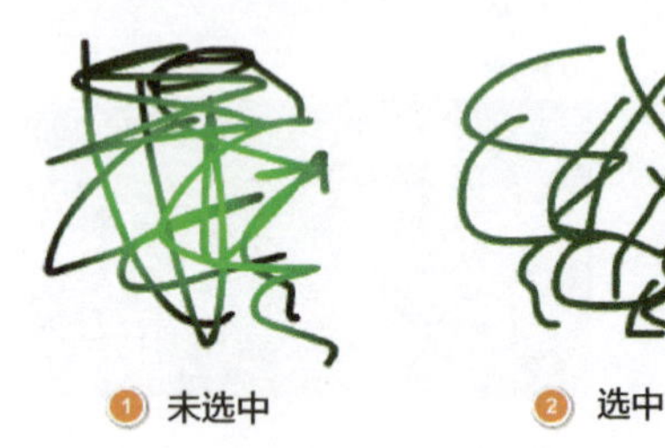

图 2-87　锁定填充

“画笔模式”有 5 种模式：“标准绘画”、“颜料填充”、“后面绘画”、“颜料选择”和“内部绘画”。“标准绘画”可以覆盖线条和形状；“颜料填充”只能覆盖形状；“后面绘画”只能在空白的舞台区域绘制形状；“颜料选择”能够在选择的形状区域覆盖形状，即先选好画笔的填充颜色，然后用“选择工具”进行选取，再切换回“画笔工具”进行绘制；“内部绘画”以起笔的形状区域作为能够覆盖的区域，如图 2-88 所示。

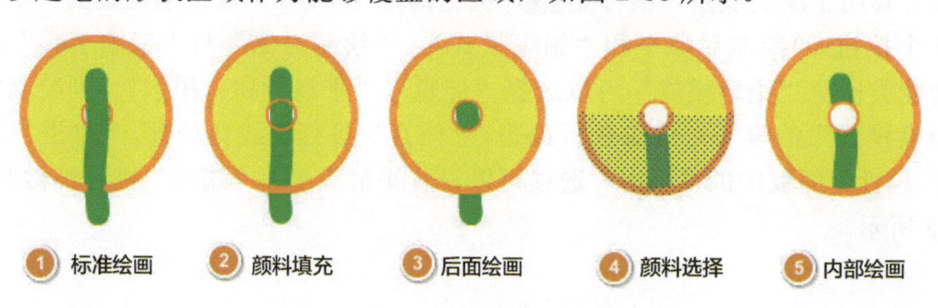

图 2-88　画笔模式

15. 油漆桶工具

油漆桶工具用于填充封闭或小缝隙的区域及覆盖其他形状的颜色，图标是，快捷键是 K。在油漆桶工具的“工具”面板下方有两个按钮：“间隔大小”和“锁定填充”。

“间隔大小”有“不封闭空隙”、“封闭小空隙”、“封闭中等空隙”和“封闭大空隙”4 个选项。“不封闭空隙”填充线条封闭的区域，“封闭小空隙”填充小空隙的区域，“封闭中等空隙”填充中等空隙的区域，“封闭大空隙”填充大空隙的区域。使用“封闭小空隙”、“封闭中等空隙”和“封闭大空隙”分别在有空隙的同心圆内部单击进行填充，它们之间的区别如图 2-89 所示。

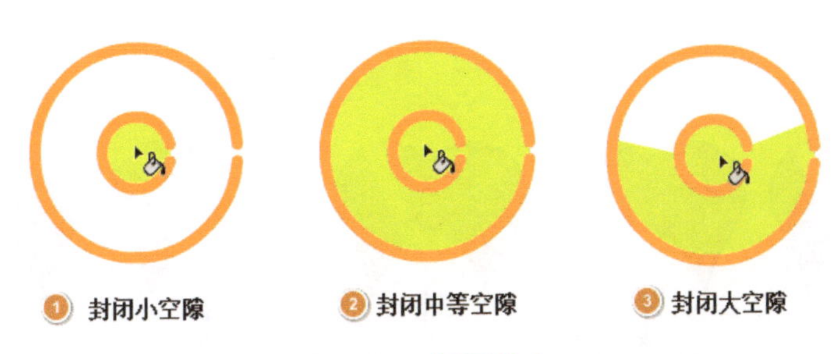

图 2-89　间隔大小

单击“锁定填充”按钮，形状共用同一个渐变或位图作为填充颜色范围，一般需要再使用渐变变形工具调整渐变或位图填充颜色，如图 2-90 所示。

旅行　旅行

① 未选中　② 选中

图 2-90　锁定填充

16. 墨水瓶工具

墨水瓶工具用于为形状添加轮廓线条或覆盖轮廓线条，图标是，快捷键是 S。单击没有线条包围的形状，可为该形状添加轮廓线条，如果形状外围已经有完全包围的轮廓线条，就会替换轮廓线条的笔触颜色，如图 2-91 所示。

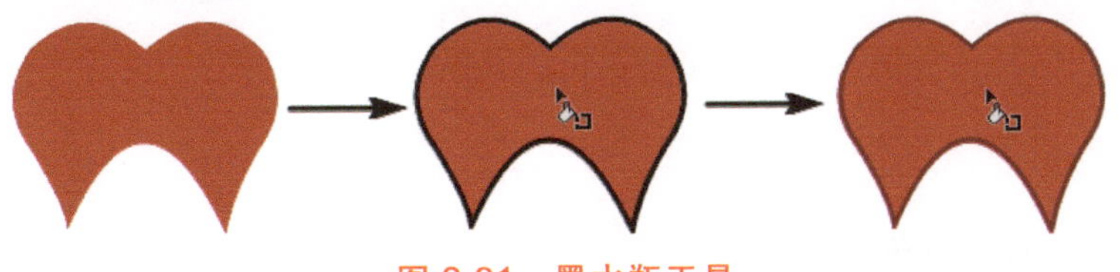

图 2-91　墨水瓶工具

17. 滴管工具

滴管工具用于吸取线条或形状的颜色，图标是，快捷键是 I。单击形状会获取填充颜色，单击线条会获取笔触颜色，如图 2-92 所示。

18. 橡皮擦工具

橡皮擦工具用于擦除线条或形状，图标是，快捷键是 E。在橡皮擦工具的“工具”面板下方有 4 个按钮：“橡皮擦模式”、“水龙头”、“使用压力”和“使用斜度”。“橡皮擦模式”包含“标准擦除”、“擦除填色”、“擦除线条”、“擦除所选填充”和“内部擦除”，如图 2-93 所示。单击“水龙头”按钮，再单击线条或形状会将其连续的区域全部删除，其他选项的功能都无效，如图 2-94 所示。“使用压力”和“使用斜度”在使用压感笔时有效。

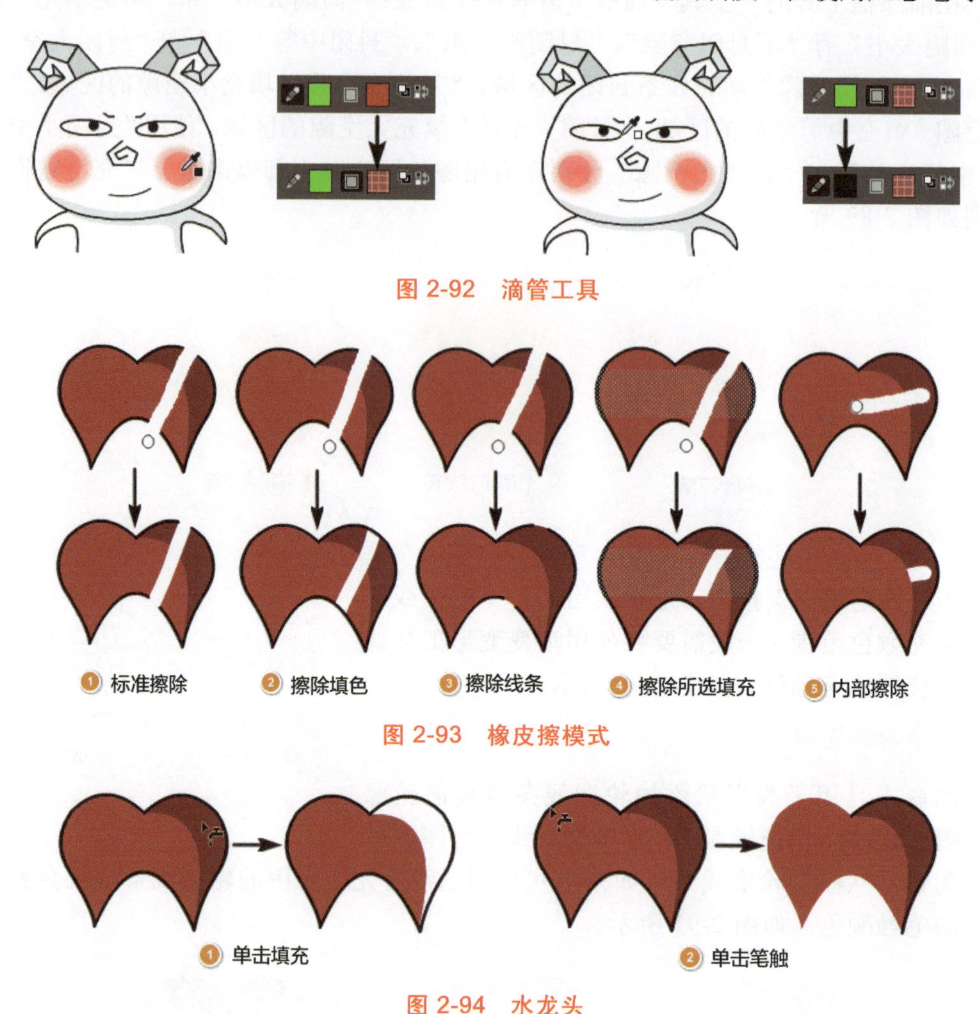

图 2-92　滴管工具

图 2-93　橡皮擦模式

图 2-94　水龙头

19. 宽度工具

宽度工具用于调整线条的宽度，图标是，快捷键是 U。在线条上拖曳出宽度锚点，再拖曳可以调整宽度。拖曳已有的宽度锚点，可以移动宽度锚点的位置；拖曳已有宽度锚点两侧的控制点，可以调整宽度，如图 2-95 所示。

图 2-95　宽度工具

20．元件

元件分为影片剪辑、图形和按钮，它们共有的属性是“位置和大小”和“色彩效果”，如图 2-96 所示。“色彩效果”包括“亮度”、“Alpha”、“色调”和“高级”4 个选项，如图 2-97 所示。在场景或元件中的元件称为元件实例，元件实例是元件的副本。元件只有一个，但是元件实例可以有多个，而且每个元件实例可以设置不同的属性。当元件被修改后，该元件的所有元件实例都会跟着被修改。

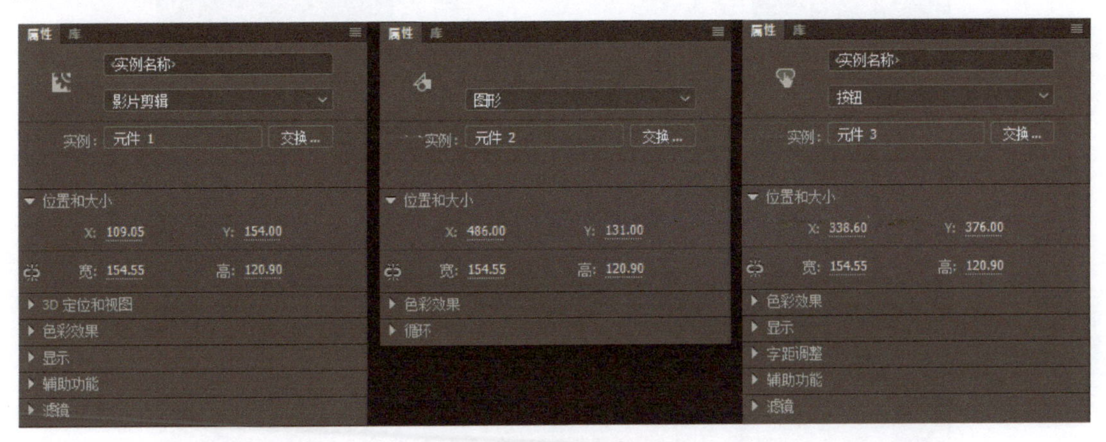

图 2-96　元件的属性

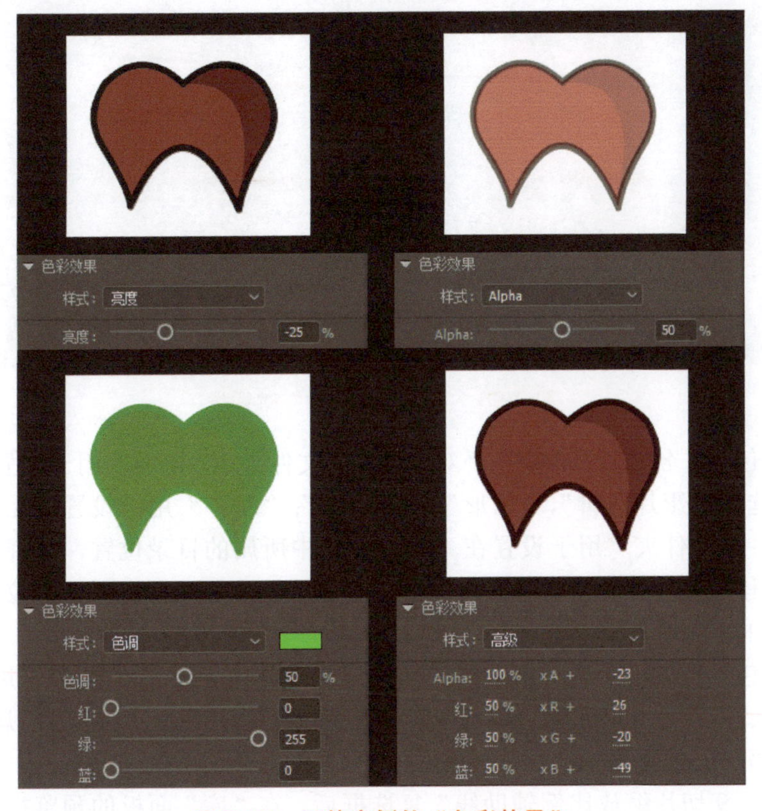

图 2-97　元件实例的“色彩效果”

（1）转换为元件

选择元素后，可以使用 3 种方式执行“转换为元件”命令：按 F8 快捷键、在右键快捷菜单中选择“转换为元件”命令、选择“修改”→“转换为元件”命令。在“转换为元件”对话框中，包含常规属性和高级属性，如图 2-98 所示。

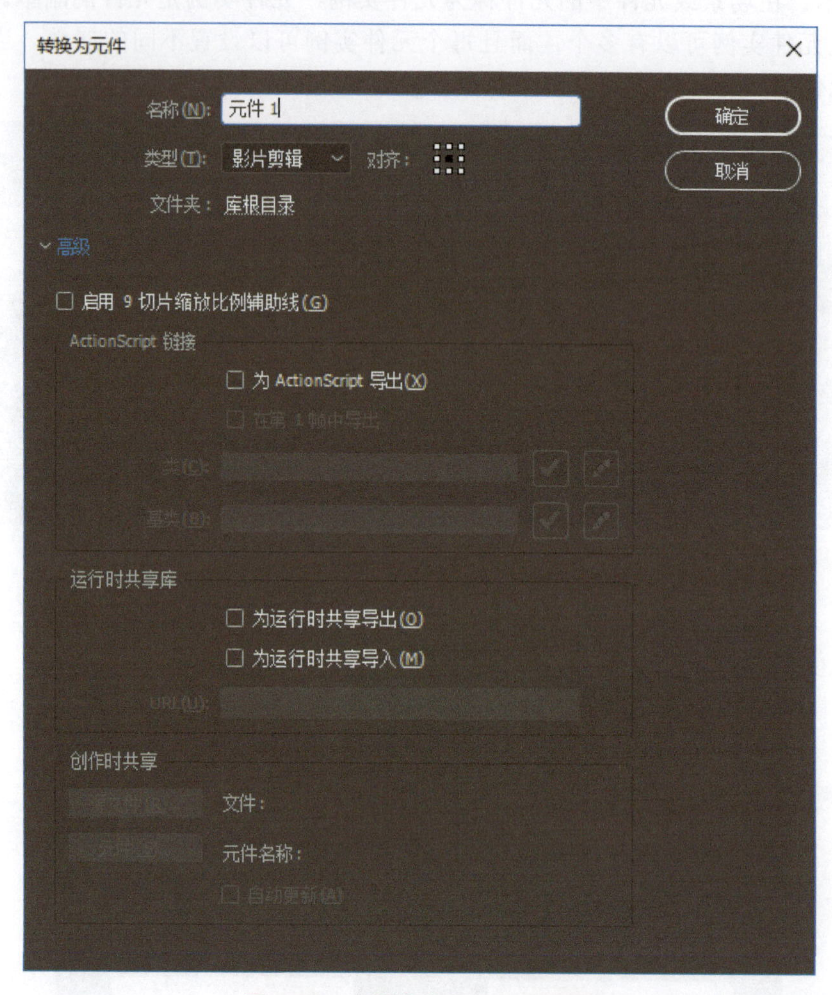

图 2-98 “转换为元件”对话框

常规属性包括“名称”、“类型”、“对齐”和“文件夹”。“名称”用于设置元件的名称；“类型”可以选择“影片剪辑”、“图形”和“按钮”；“对齐”用于设置以元素的哪个位置作为坐标原点；“文件夹”用于设置在“库”面板中所属的目录位置，选择“库根目录”选项后弹出“移至文件夹”对话框，可设置的位置有“库根目录”、“新建文件夹”和“现有文件夹”，如图 2-99 所示。

高级属性包括“启用 9 切片缩放比例辅助线”、“ActionScript 链接”、“运行时共享库”和“创作时共享”。“ActionScript 链接”和“运行时共享库”在文档属性设置使用 ActionScript 语言时才能激活。

勾选“启用 9 切片缩放比例辅助线”复选框后，在“库”面板的预览视图中可以看到有 9 切片的辅助线，如图 2-100 所示。双击元件实例进行编辑时，可以拖曳调整辅助线的位置，如图 2-101 所示。调整辅助线的位置后，对元件实例进行缩放时 4 个角的区域不会进行缩放，如图 2-102 所示。

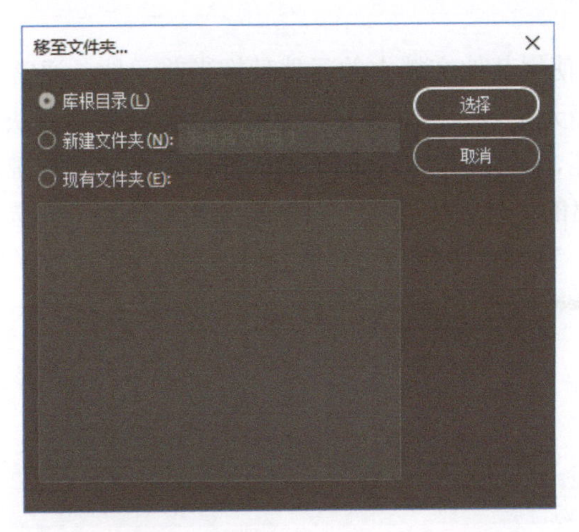

图 2-99 “移至文件夹”对话框

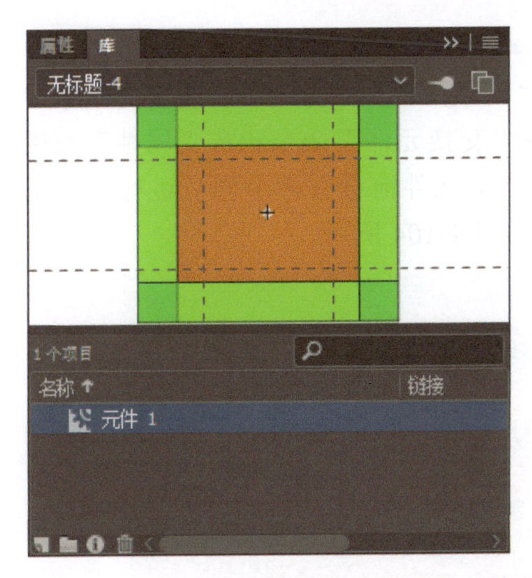

图 2-100 “启用 9 切片缩放比例辅助线”的元件

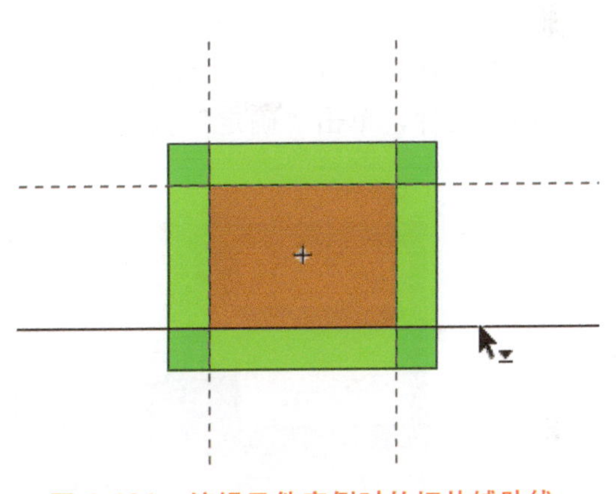

图 2-101 编辑元件实例时的切片辅助线

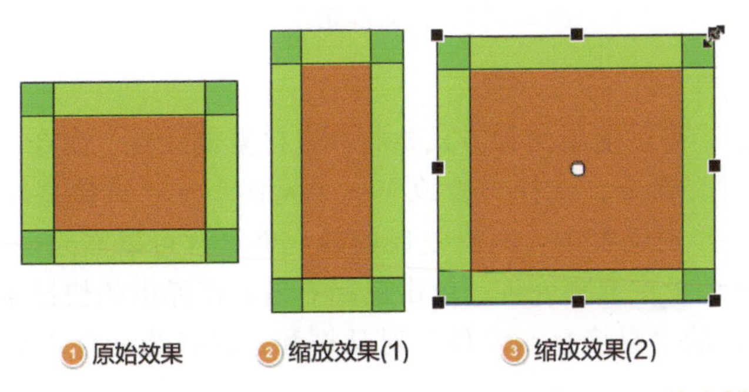

图 2-102 缩放“启用 9 切片缩放比例辅助线”的元件实例

提示

“启用 9 切片缩放比例辅助线”的元件实例在进行旋转或倾斜操作后，该功能会失效。

“创作时共享”可以使用其他文档中的元件替换当前元件，通常在多人合作的项目中是有分工的，由于同一个文档无法多人同时编辑，所以该功能很好地解决了这个问题。注意，当新建元件时无法使用此功能，只有在“库”面板的元件上单击鼠标右键，在弹出的快捷菜单中选择“属性”命令，在弹出的“转换为元件”对话框中才能使用。勾选“自动更新”复选框，源文件中的元件被修改后，当前元件会自动替换为修改后的元件，如图 2-103 所示。

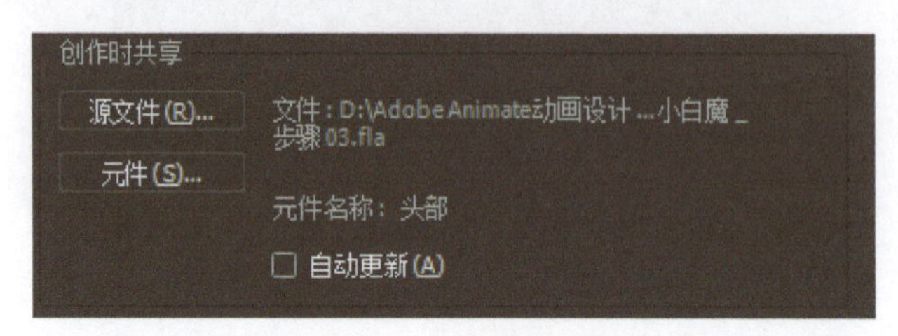

图 2-103　创作时共享

（2）交换元件

选择元件实例后，可以使用 3 种方式执行“交换元件”命令：在右键快捷菜单中选择“交换元件”命令、选择“修改”→“元件”→“交换元件”命令和在“属性”面板中单击“交换”按钮。在“交换元件”对话框中，当前元件前会有一个圆点进行标示，选择要交换的元件，单击“确定”按钮完成交换，如图 2-104 所示。

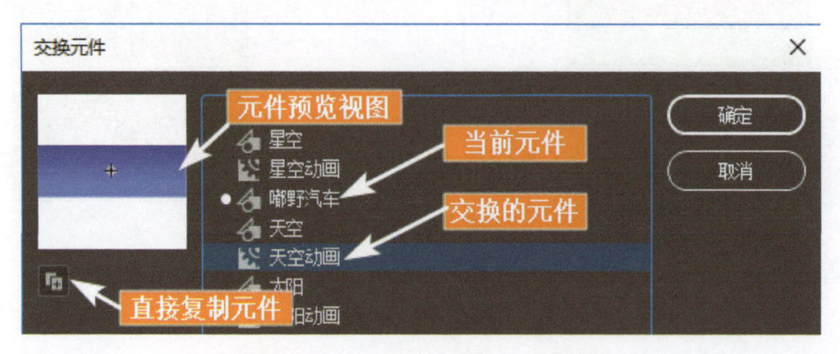

图 2-104　“交换元件”对话框

（3）直接复制元件

选择元件实例后，可以使用两种方式执行“直接复制元件”命令：在右键快捷菜单中选择“直接复制元件”命令、选择“修改”→“元件”→“直接复制元件”命令。在弹出的“直接复制元件”对话框中，只有复制的新元件名称可以修改，如图 2-105 所示。

也可以在“库”面板中选择元件，单击鼠标右键，在弹出的快捷菜单中选择“直接复制”命令，此时弹出的“直接复制元件”对话框和“转换为元件”对话框的属性是一样的，如图 2-106 所示。

图 2-105　“直接复制元件”对话框（1）

直接复制元件
名称(N): 嘟野汽车 复制
类型(T): 图形
文件夹：库根目录
高级
确定
取消

图 2-106　“直接复制元件”对话框（2）

21.“库”面板

“库”面板用于管理、预览各类元素，类型包括元件、字体、图片、音频和视频等，如图 2-107 所示。在同时打开多个文档时，切换文档后库也会随着自动切换。但是单击“固定当前库”按钮可以将库固定，切换文档时库不会跟着切换。

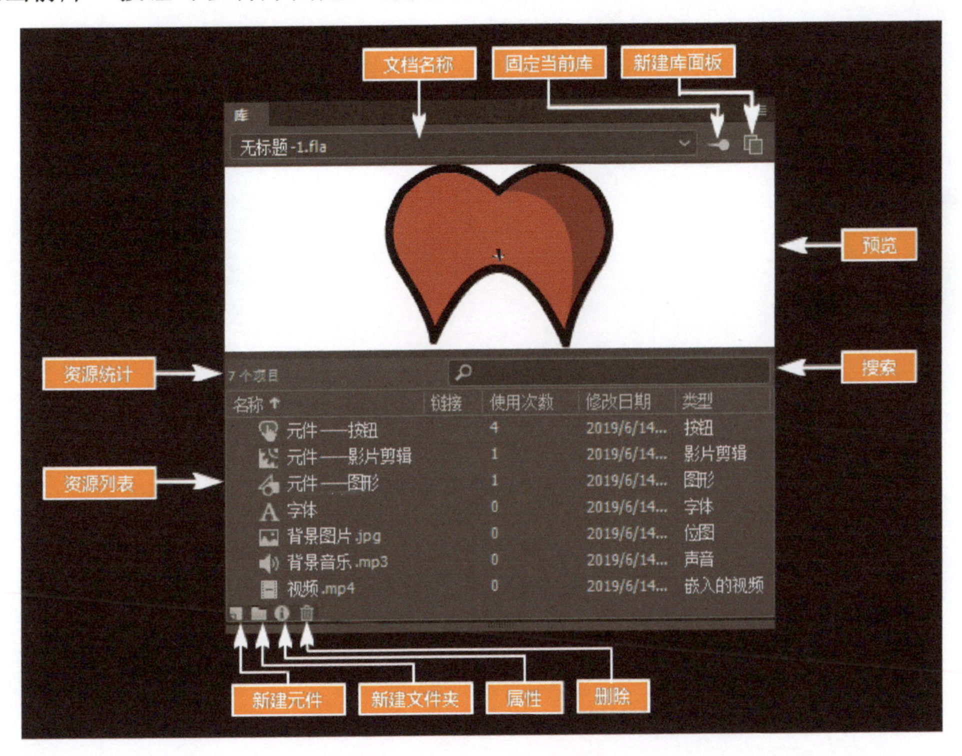

图 2-107　“库”面板

22.“对齐”面板

“对齐”面板用于元素的对齐、分布、匹配大小和间隔等操作，勾选“与舞台对齐”复选框会以舞台作为基准，如图 2-108 所示。只有选择两个或两个以上的元素，单击“对齐”面板的按钮才会执行相应的操作。

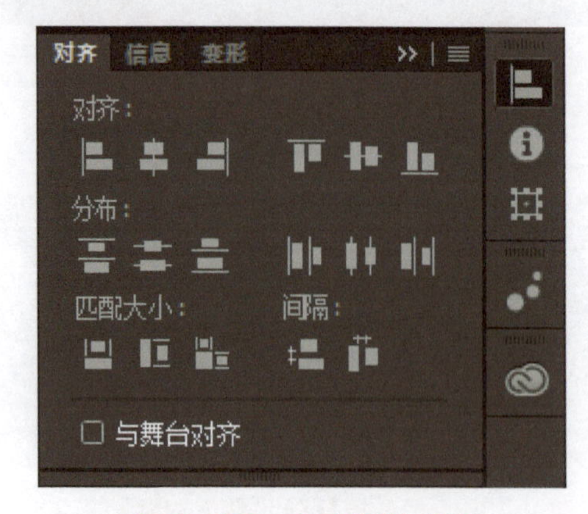

图 2-108 “对齐”面板

实践任务

任务 2　图案造型设计——我的 T 恤

任务背景

春季是出游的好季节，班级策划了一次集体春游，需要设计一件 T 恤。T 恤不仅在出游过程中能够展现统一的集体形象，而且可以作为青春记忆的见证。

任务要求

T 恤能够体现班级特点，有青春活力又个性化，图案和文字搭配合理，构图均衡，色彩搭配协调。

技术要领

选择工具、线条工具、油漆桶工具和文字工具。

解决问题

绘图工具的综合使用。

素材路径

素材\模块 02\T 恤模板.fla。

任务分析

____

____

____

____

主要制作步骤

____

____

____

____

理论考核

1. 单项选择题

（1）部分选取工具的图标是（　　）。

A. 　　B.  　　C. 　　D.

（2）对元件实例进行缩放的工具是（　　）。

A. 选择工具　　B. 资源变形工具

C. 宽度工具　　D. 任意变形工具

2. 多项选择题

（1）调整线条弧度的工具有（　　）。

A. 选择工具　　B. 钢笔工具

C. 转换锚点工具　　D. 部分选取工具

（2）绘制线条的工具有（　　）。

A. 钢笔工具　　B. 矩形工具

C. 铅笔工具　　D. 画笔工具

3. 判断题

（1）“橡皮擦工具”的“内部擦除”选项不能擦除线条。（　　）

（2） 正六边形可以使用“多角星形工具”直接绘制。（　　）

模块 03

制作逐帧动画

能力目标

1. 熟练使用各种绘图工具
2. 掌握逐帧动画的制作方法
3. 掌握绘图纸的使用技巧

知识目标

1. 理解帧的概念
2. 了解逐帧动画的原理
3. 了解图形元件的特点

学时分配

6 课时（讲课 3 课时，实践 3 课时）

模拟任务

任务1　微信动态表情——小白魔

任务背景

微信是现在非常流行的一种即时通信工具，其表情开放平台提供了大量的“表情”供用户使用。各种表情不但极具个性，又能将不利于文字表达的内容生动形象地表现出来。通过表情开放平台可以发布自己绘制的表情供大家使用，借助“打赏”功能还能实现盈利。

任务要求

制作一个表情动画，将其导出为 gif 格式动画用于微信聊天，如图 3-1 所示。动画流畅，构图均衡，色彩搭配协调。

图 3-1　最终效果

重点难点

1．角色造型设计
2．动画的流畅性
3．绘图纸功能的使用

技术要领

使用“绘图工具”绘制角色造型；使用关键帧和持续帧制作逐帧动画；使用“导出”命令将表情动画导出为 gif 格式。

解决问题

动画的流畅性。

素材路径

素材\模块 03\小白魔.fla。

任务分析

在物体快速运动时，人眼看到的影像会保留 0.1～0.4 秒，这种现象称为视觉暂存原理。利用该原理，多张分解动作的图片间隔一定的时间依次出现，可以形成连续运动的影像。当 Animate 的帧速率是 30 帧/秒时，每帧持续时间大约为 0.033 秒，因此会形成连续的影像。虽然 1 秒绘制 30 帧的运动分解图形可以形成流畅连续播放的动画，但是其工作量较大。若采用每间隔 2 帧绘制 1 帧运动分解图形，每个图形间隔 0.1 秒，也可以实现动画效果（在运动幅度较大的情况下会出现轻微的卡顿效果），还可以节省大量绘制时间。

打开素材

01 启动 Animate，打开“素材\模块 03\小白魔.fla”文件，如图 3-2 所示。

图 3-2　打开素材

制作头部逐帧动画

02 在“时间轴”面板的“脸”图层中，分别选择第 2、4、5、6、8、9 帧，按 F6 键插入关键帧；然后选择第 60 帧，按 F5 键插入帧，如图 3-3 所示。

图 3-3　在“脸”图层中插入关键帧和插入帧

提示

“插入关键帧”命令有 3 种操作方式。一是使用菜单“插入”→“时间轴”→“关键帧”命令；二是在“时间轴”面板中，单击鼠标右键，在弹出的快捷菜单中选择“插入关键帧”命令；三是按 F6 键。

“插入帧”命令有 3 种操作方式。一是使用菜单“插入”→“时间轴”→“帧”命令；二是在“时间轴”面板中，单击鼠标右键，在弹出的快捷菜单中选择“插入帧”命令；三是按 F5 键。

03 在“脸”图层中，分别选择第 2 帧和第 8 帧，使用“选择工具”选中“头部”元件实例，按↑键两次将其向上移动。选择第 5 帧，使用“选择工具”选中“头部”元件实例，按↓键两次将其向下移动。形成头部上下移动的动画效果，按 Enter 键预览动画效果，如图 3-4 所示（红色辅助线便于观察头部的位移）。

图 3-4　逐帧效果

04 在“身体”图层中，选择第 60 帧，按 F5 键插入帧，如图 3-5 所示。

图 3-5　在“身体”图层中插入帧

制作嘴部逐帧动画

05 选择“脸”图层的第 9 帧，使用“选择工具”双击“头部”元件实例进入其内部。拖曳选择所有图层的第 60 帧，按 F5 键插入帧，如图 3-6 所示。

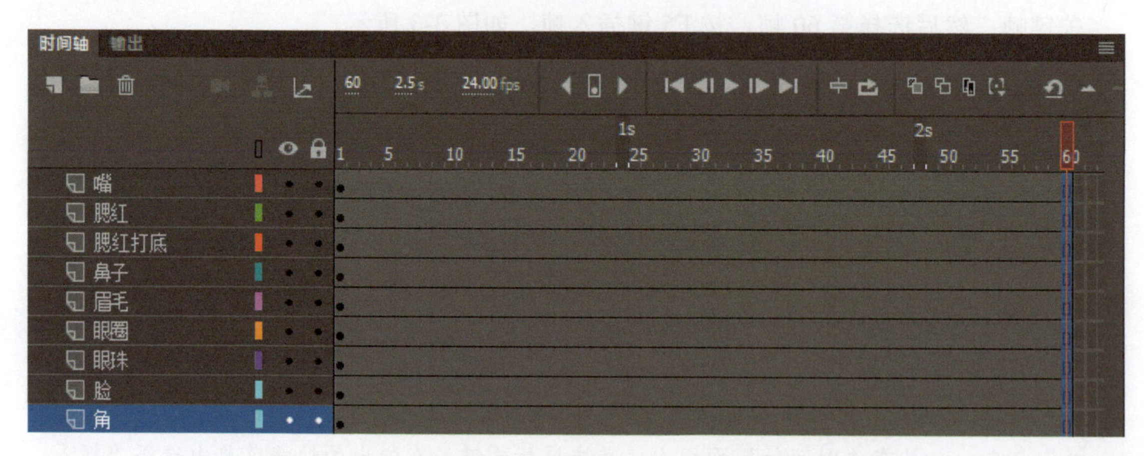

图 3-6　在“头部”元件实例的第 60 帧为所有图层插入帧

06 选择“嘴”图层的第 8 帧，按 F6 键插入关键帧，然后单击“绘图纸外观”按钮将绘图纸功能打开。按 Ctrl+=快捷键放大显示舞台，以便精细调整嘴部形状。使用“选择工具”调整嘴部线条，如图 3-7 所示。

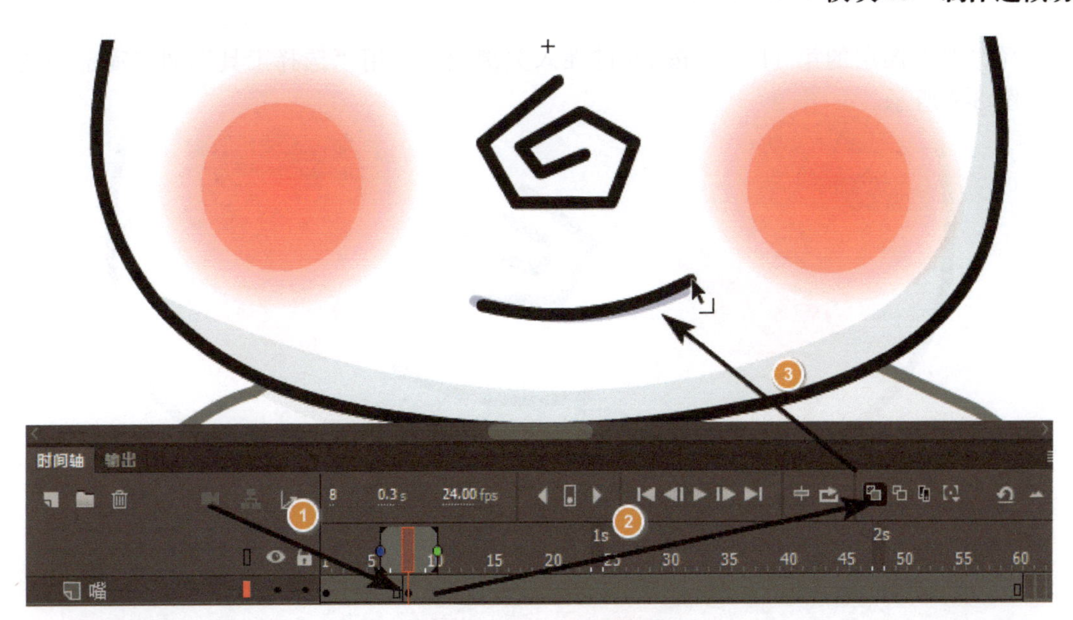

图 3-7　调整嘴部线条

提示

打开绘图纸功能后，会在时间线两侧显示控制手柄，拖曳控制手柄可以选择绘图纸的作用范围。时间线左右两侧作用范围内帧上的图形会以半透明的效果显示出来，左侧帧显示为蓝色的半透明效果，右侧帧显示为绿色的半透明效果。

07 选择“嘴”图层的第 9 帧，按 F6 键插入关键帧，使用“选择工具”调整嘴部线条，如图 3-8 所示。

图 3-8　第 9 帧插入关键帧并调整嘴部线条

08 选择“嘴”图层的第 11 帧，按 F6 键插入关键帧，使用“选择工具”调整嘴部线条，如图 3-9 所示。

图 3-9　第 11 帧插入关键帧并调整嘴部线条

09 选择“嘴”图层的第 13 帧，按 F6 键插入关键帧，使用“选择工具”调整嘴部线条，如图 3-10 所示。

图 3-10　第 13 帧插入关键帧并调整嘴部线条

10 选择“嘴”图层的第 15 帧，按 F6 键插入关键帧，使用“选择工具”调整嘴部线条，如图 3-11 所示。

11 选择“嘴”图层的第 17 帧，按 F6 键插入关键帧，使用“选择工具”调整嘴部线条，如图 3-12 所示。

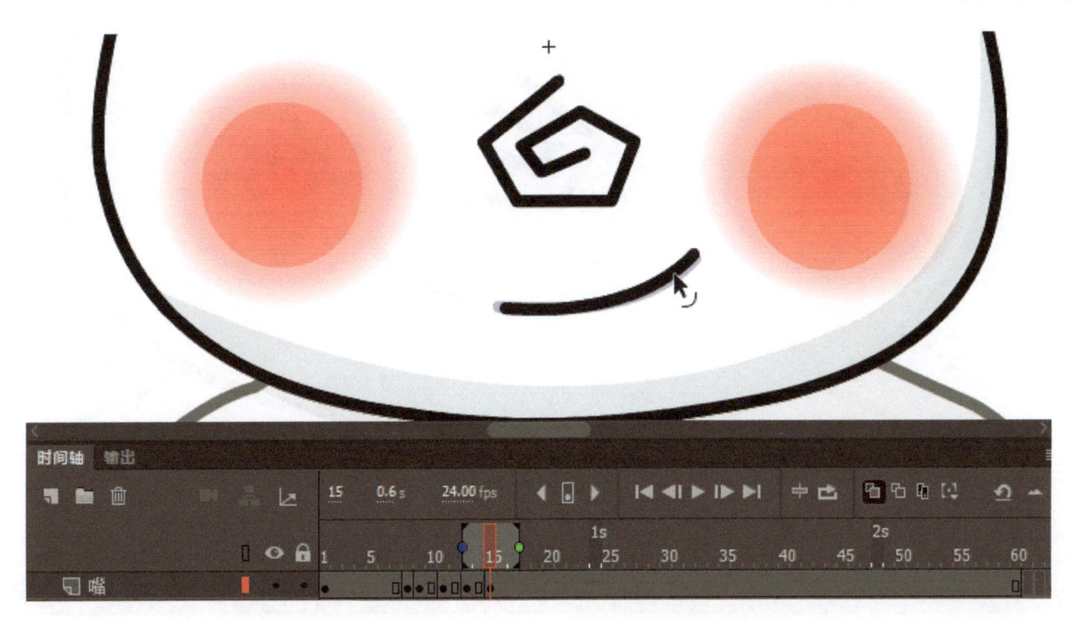

图 3-11　第 15 帧插入关键帧并调整嘴部线条

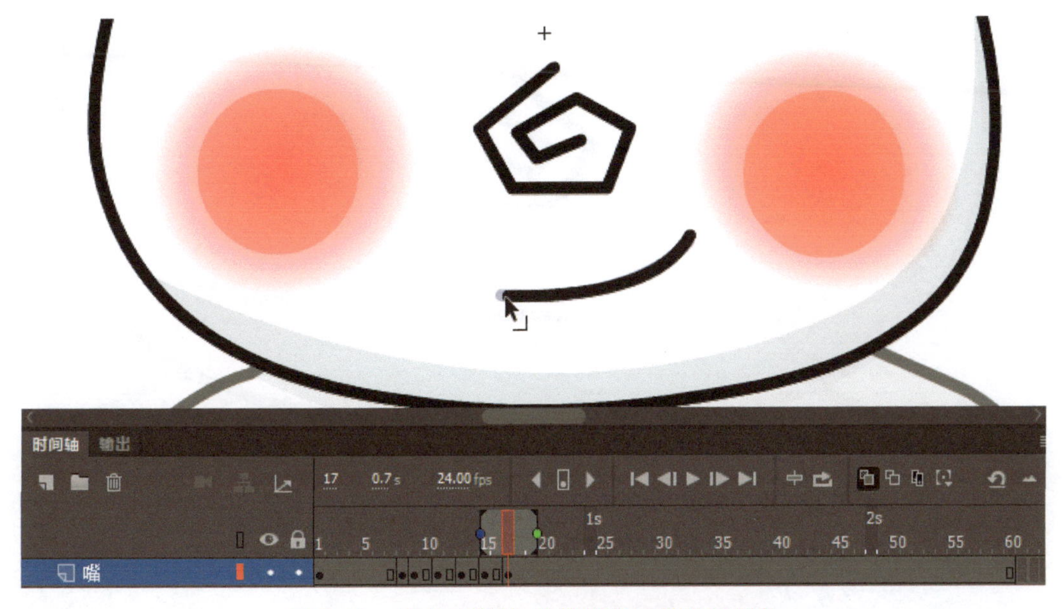

图 3-12　第 17 帧插入关键帧并调整嘴部线条

12 选择“嘴”图层的第 19 帧，按 F6 键插入关键帧，使用“选择工具”调整嘴部线条，如图 3-13 所示。

13 选择“嘴”图层的第 42 帧，按 F7 键插入空白关键帧；选择第 17 帧，按 Ctrl+C 快捷键复制；再选择第 42 帧，按 Ctrl+Shift+V 快捷键粘贴到帧中原位置，如图 3-14 所示。按照上述方法将第 15 帧上的图形复制后粘贴到第 44 帧，将第 13 帧上的图形复制后粘贴到第 46 帧，将第 11 帧上的图形复制后粘贴到第 48 帧，将第 9 帧上的图形复制后粘贴到第 50 帧，将第 8 帧上的图形复制后粘贴到第 51 帧。

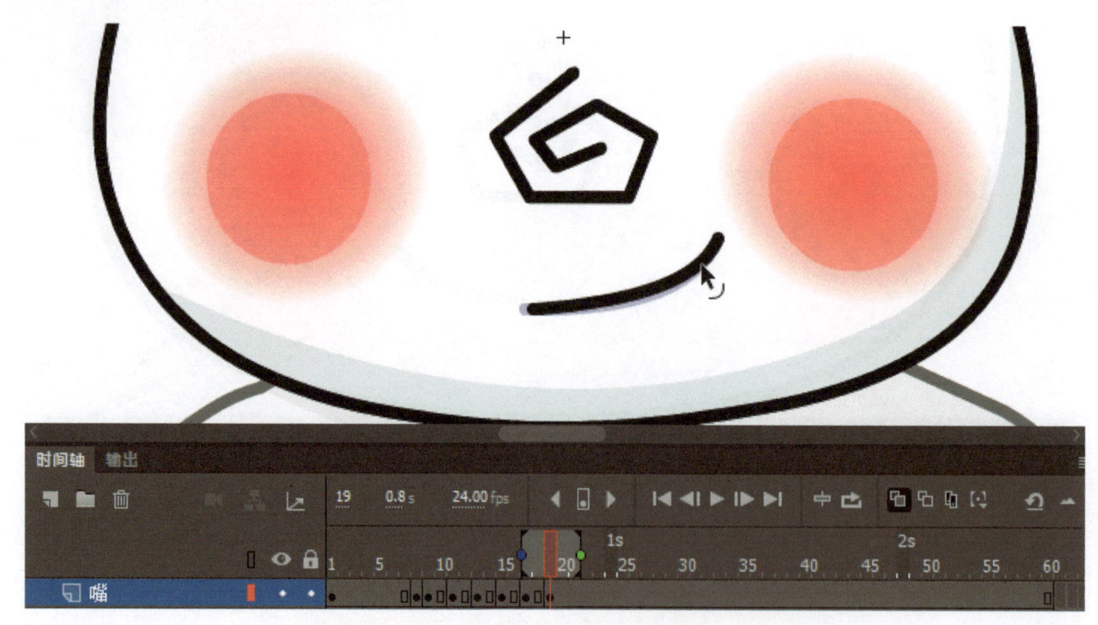

图 3-13　第 19 帧插入关键帧并调整嘴部线条

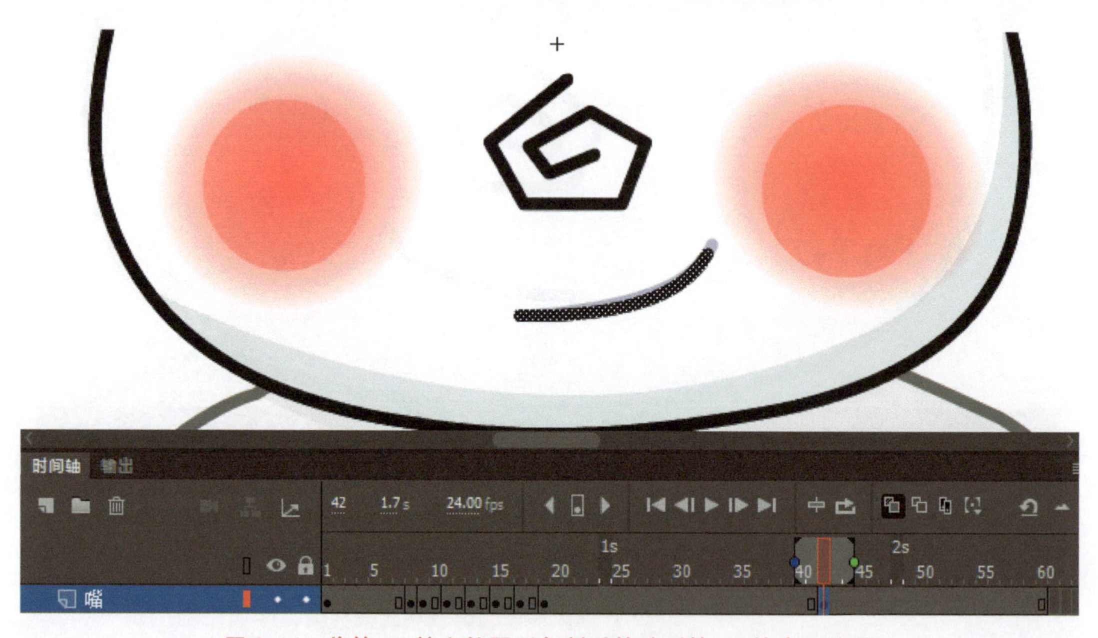

图 3-14　将第 17 帧上的图形复制后粘贴到第 42 帧中原位置

制作眼珠逐帧动画

14 选择“眼珠”图层的第 9 帧，按 F6 键插入关键帧，分别双击左眼珠和右眼珠，拖曳调整眼珠位置，如图 3-15 所示。

15 选择“眼珠”图层的第 11 帧，按 F6 键插入关键帧，分别双击左眼珠和右眼珠，拖曳调整眼珠位置，如图 3-16 所示。

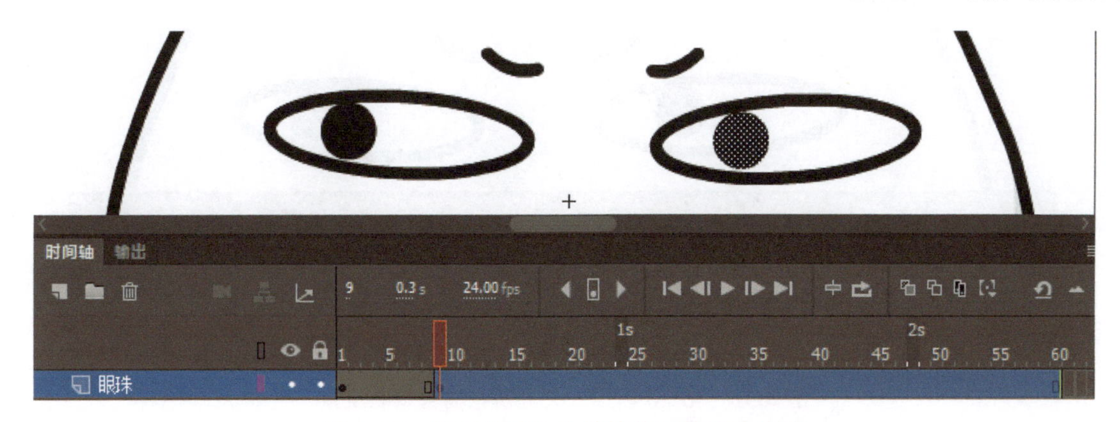

图 3-15　第 9 帧插入关键帧并调整眼珠位置

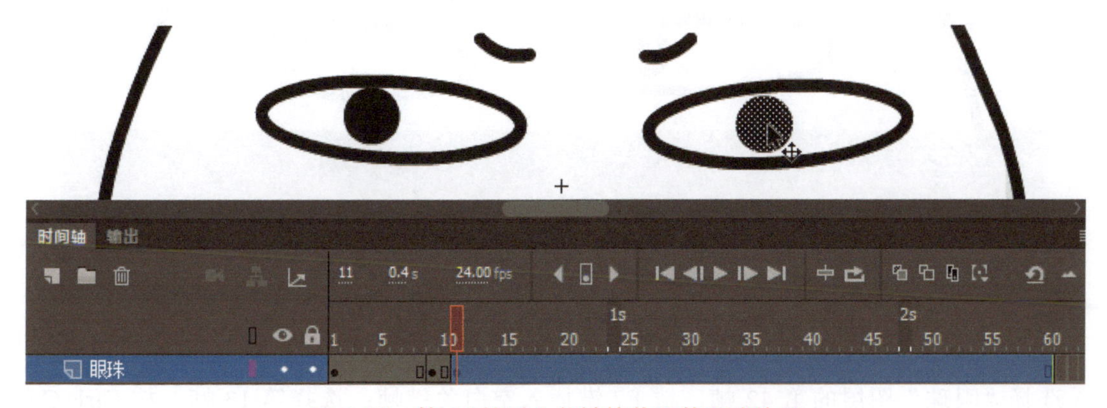

图 3-16　第 11 帧插入关键帧并调整眼珠位置

16 选择“眼珠”图层的第 13 帧，按 F6 键插入关键帧，分别双击左眼珠和右眼珠，拖曳调整眼珠位置，如图 3-17 所示。

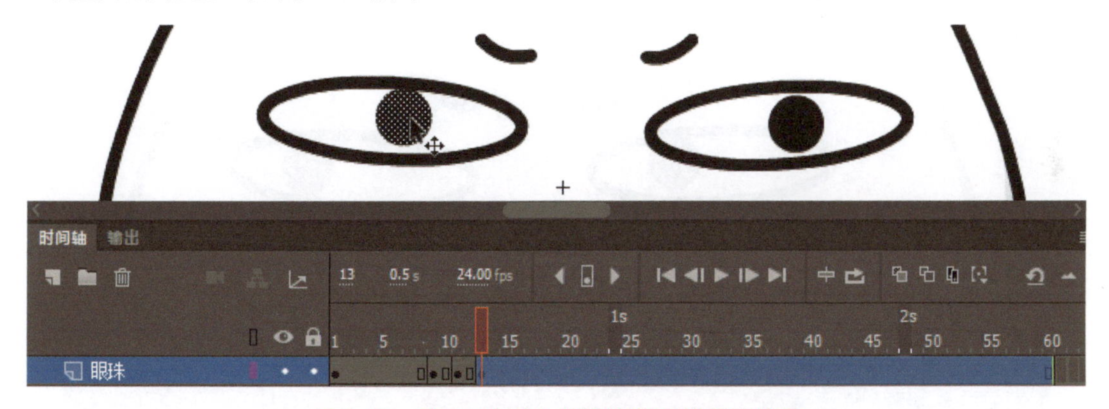

图 3-17　第 13 帧插入关键帧并调整眼珠位置

17 选择“眼珠”图层的第 15 帧，按 F6 键插入关键帧，分别双击左眼珠和右眼珠，拖曳调整眼珠位置，如图 3-18 所示。

18 选择“眼珠”图层的第 17 帧，按 F6 键插入关键帧，分别双击左眼珠和右眼珠，拖曳调整眼珠位置，如图 3-19 所示。

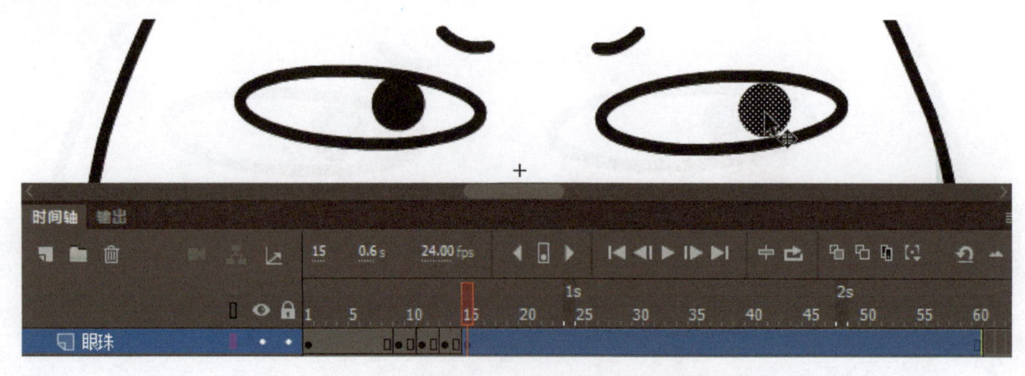

图 3-18　第 15 帧插入关键帧并调整眼珠位置

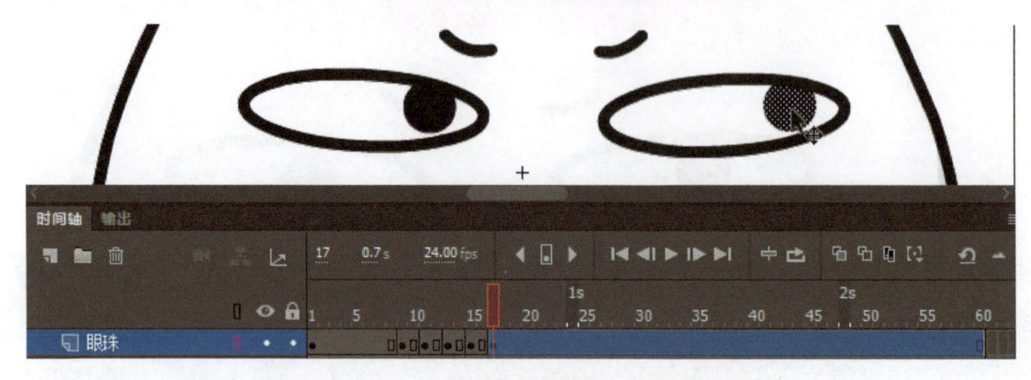

图 3-19　第 17 帧插入关键帧并调整眼珠位置

19 选择“眼珠”图层的第 42 帧，按 F7 键插入空白关键帧；选择第 13 帧，按 Ctrl+C 快捷键复制；再选择第 42 帧，按 Ctrl+Shift+V 快捷键粘贴，如图 3-20 所示。按照上述方法将第 13 帧上的图形复制后粘贴到第 44 帧，将第 11 帧上的图形复制后粘贴到第 46 帧，将第 9 帧上的图形复制后粘贴到第 48 帧，将第 1 帧上的图形复制后粘贴到第 50 帧。

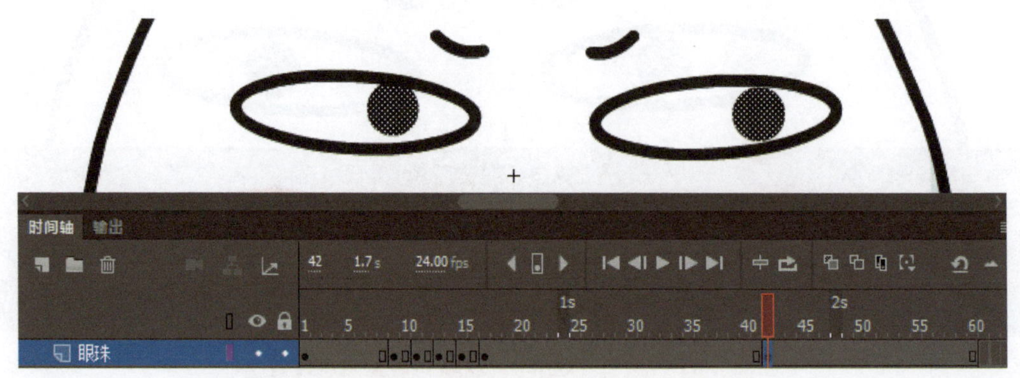

图 3-20　将第 13 帧的眼珠复制后粘贴到第 42 帧

设置图形元件实例的第一帧

20 双击舞台的空白区域，退出元件返回场景 1。选择“头部”元件实例，在“属性”面板中将“第一帧”设置为“9”，如图 3-21 所示。

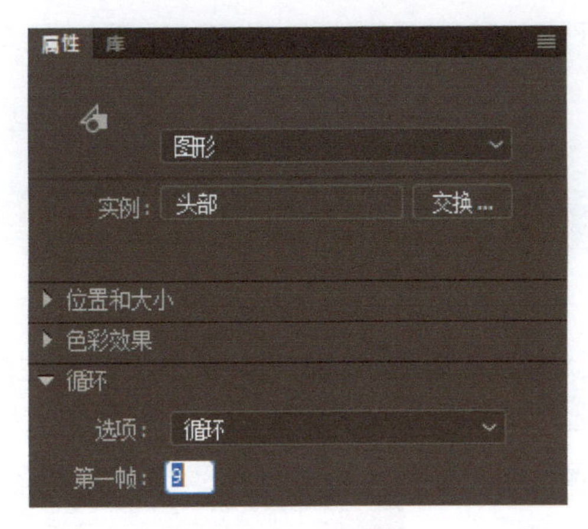

图 3-21　第一帧

在场景时间轴上的图形元件实例内部单个图层的最大帧数大于 1 的情况下，在插入关键帧时图形元件实例的"第一帧"属性值会被自动设置为距离前一个图形元件实例的帧距离加上前一个图形元件实例的"第一帧"属性值。如果帧距离超过了图形元件内部图层的最大帧数，会循环累计帧数。例如，"头部"元件实例内部单个图层的最大帧数是 60，在第 10 帧插入关键帧后，"第一帧"属性会被自动设置为 10；在第 86 帧插入关键帧后，"第一帧"属性会被自动设置为 26。因为第 86 帧与前一个关键帧的距离为 76，前一个关键帧上的"头部"元件的"第一帧"属性值为 10，累加后是 86，循环累计后是 26，所以第 86 帧上的"头部"元件的"第一帧"属性值为 26，如图 3-22 所示。

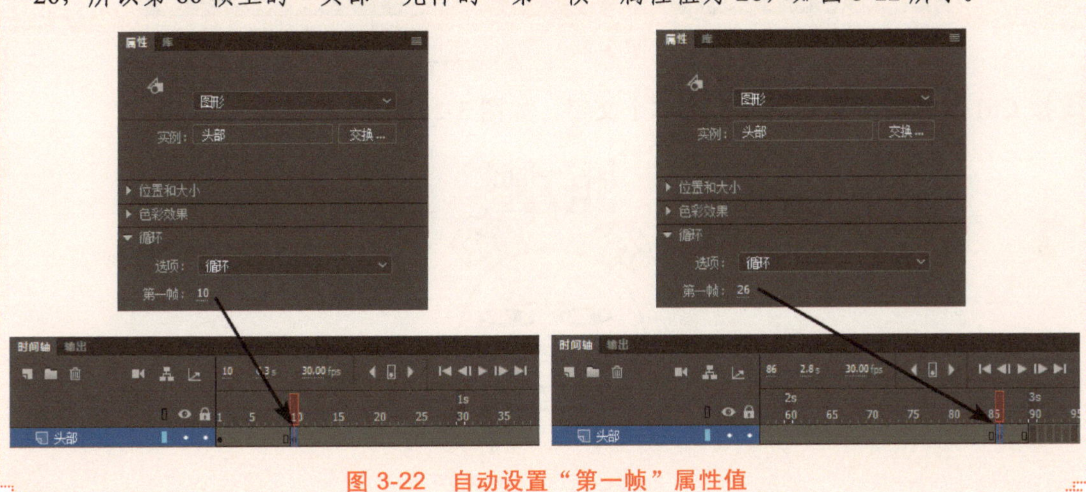

图 3-22　自动设置"第一帧"属性值

制作文字逐帧动画

21 在"时间轴"面板中，单击"新建图层"按钮新建一个图层，将图层名称修改为"文字"，如图 3-23 所示。

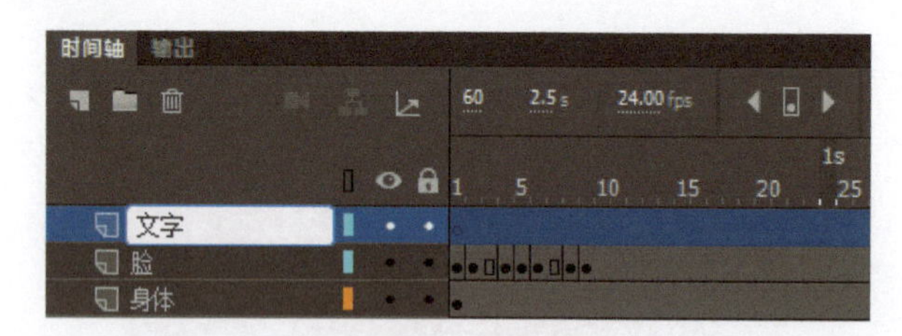

图 3-23　新建图层

22 选择“文本工具”，在“属性”面板中设置文字属性，然后在舞台顶部单击，输入文字“怕了吧”，再使用“选择工具”拖曳或键盘的方向键调整文字位置，如图 3-24 所示。

图 3-24　添加文字

23 按 Ctrl+B 快捷键将文字分离为单个文字，如图 3-25 所示。

图 3-25　分离文字

提示

选择文字后，选择一次“修改”→“分离”命令可以将多个文字分离成单个文字，再次选择“修改”→“分离”命令可以将单个文字转换为形状。

24 在“时间轴”面板中，分别选择第 4、7、10、13、16、19 帧，按 F6 键插入关键帧。选择第 4 帧上的“怕”字，按 Q 键选择“任意变形工具”，按住 Shift 键拖曳对角线上的控制点等比例放大“怕”字。在“属性”面板中单击“颜色”属性，将鼠标指针移动到脸蛋区域，此时鼠标指针会变成吸管形状，单击将其颜色吸取并设置为文字颜色，如图 3-26 所示。按照相同的方法将第 10 帧的“了”字放大并设置颜色，将第 16 帧的“吧”字放大并设置颜色。

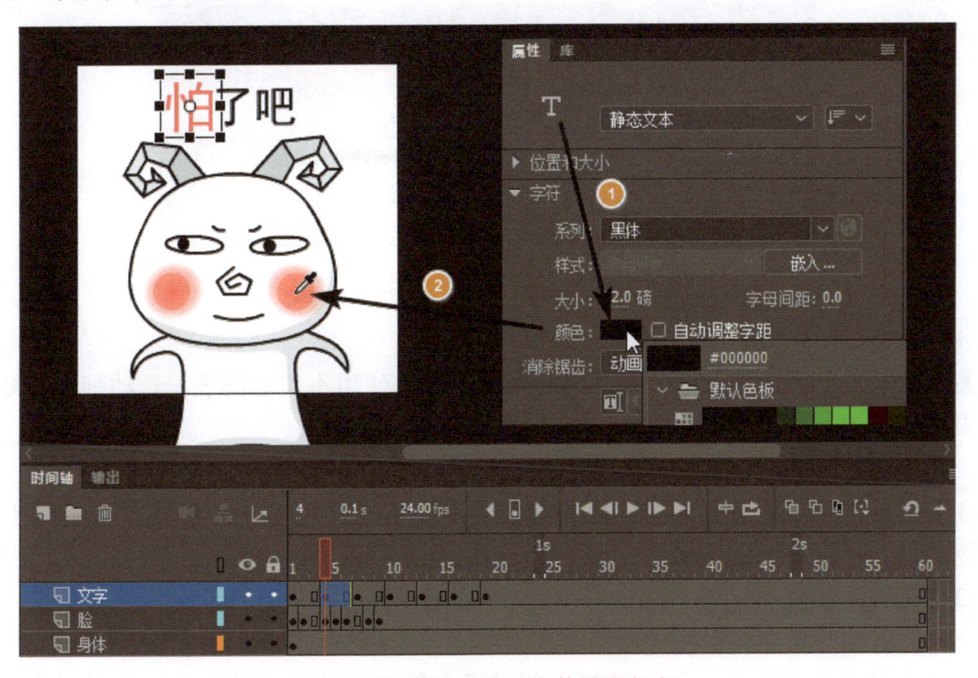

图 3-26　放大“怕”字并设置颜色

导出 gif 格式动画

25 选择“文件”→“导出”→“导出动画 GIF”命令，弹出“导出图像”对话框，单击“完成”按钮导出为“小白魔.gif”文件。导出后 gif 格式动画的 3 张截图效果，如图 3-27 所示。

图 3-27　gif 格式动画截图

拓展知识

1. 帧的类型

帧分为 3 种类型：关键帧、持续帧和空白关键帧，如图 3-28 所示。

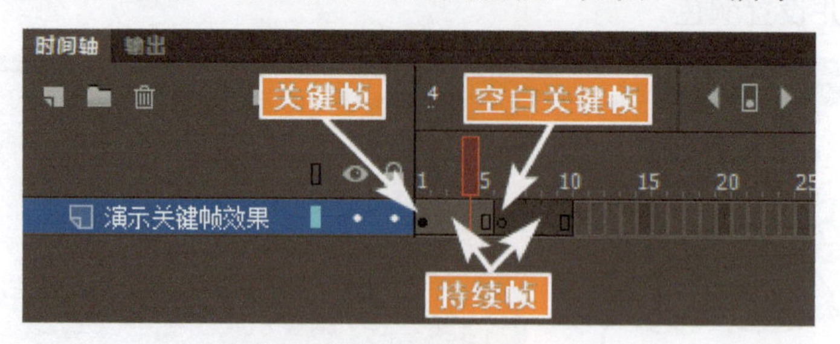

图 3-28 帧的类型

（1）关键帧

关键帧的作用是放置元素，在“时间轴”面板中使用小实心圆表示，动画中需要显示的元素都必须添加到关键帧中。

（2）持续帧

持续帧的作用是将前面一帧的内容延续到持续帧的位置，在“时间轴”面板中使用灰色小色块表示，持续帧结束时使用长方形表示。

（3）空白关键帧

空白关键帧是指在关键帧中没有任何元素，在“时间轴”面板中使用小空心圆表示，但是它具有帧的所有属性。将关键帧上的元素全部删除后，关键帧会自动显示为空白关键帧。

2. 帧的操作

（1）选择帧

在“时间轴”面板中，单击帧可以选择单帧，拖曳可以选择多帧。单击鼠标右键，在弹出的快捷菜单中选择“选择所有帧”命令，可以将所有帧都选中。

（2）移动帧

在“时间轴”面板中，拖曳选择的帧会移动其位置，如图 3-29 所示。拖曳关键帧或空白关键帧后面的持续帧，会复制关键帧或空白关键帧到拖曳的目标位置上。

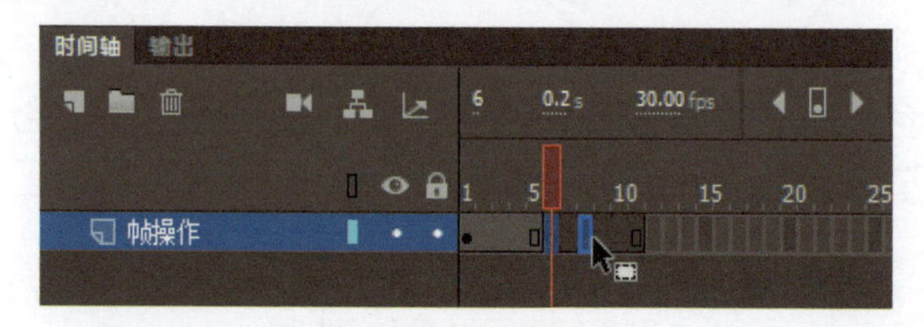

图 3-29 移动帧

（3）删除帧和清除帧

在“时间轴”面板选择的帧上，单击鼠标右键，在弹出的快捷菜单中选择“删除帧”命令可以将其删除，如图 3-30 所示。

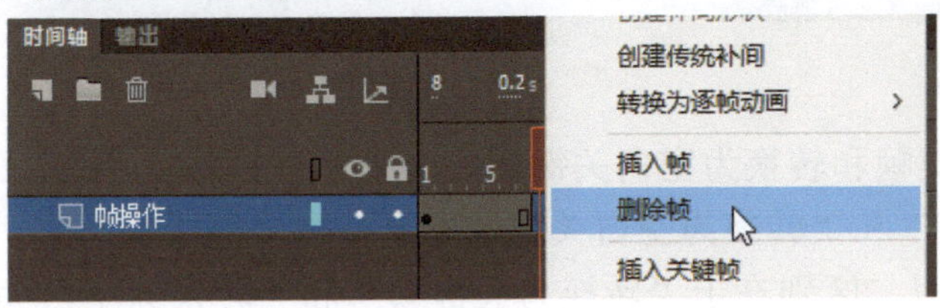

图 3-30　删除帧

在“时间轴”面板选择的帧上单击鼠标右键，在弹出的快捷菜单中选择“清除帧”命令，如果被选择帧后是持续帧，会将其转换为关键帧或空白关键帧（由最后一帧前的帧类型决定），然后将帧上的元素删除，如图 3-31 所示。

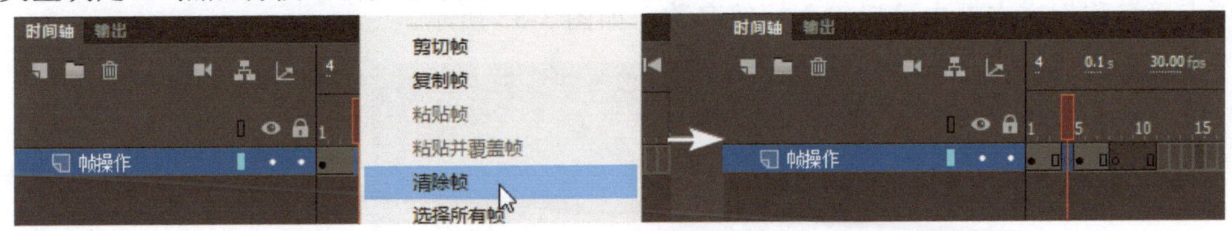

图 3-31　清除帧

（4）复制帧、剪切帧和粘贴帧

在“时间轴”面板选择的帧上，单击鼠标右键，在弹出的快捷菜单中选择“复制帧”命令可以将其复制，如图 3-32 所示。

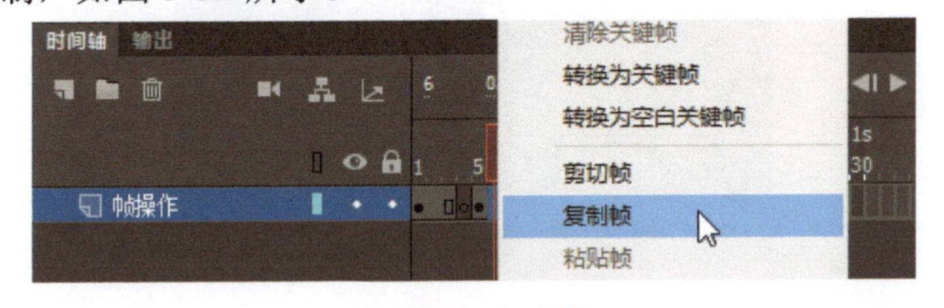

图 3-32　复制帧

在“时间轴”面板选择的帧上，单击鼠标右键，在弹出的快捷菜单中选择“剪切帧”命令可以将其剪切，剪切后被选择的帧会变为空白关键帧或空白关键帧后的持续帧，如图 3-33 所示。

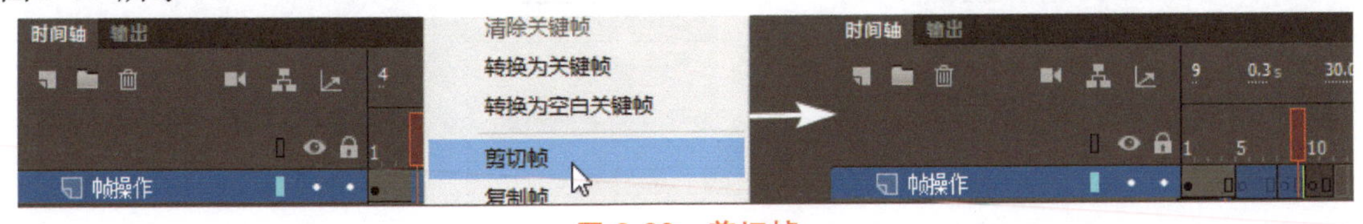

图 3-33　剪切帧

复制帧或剪切帧后，在要粘贴的位置单击鼠标右键，在弹出的快捷菜单中选择“粘贴帧”命令粘贴，如图 3-34 所示。

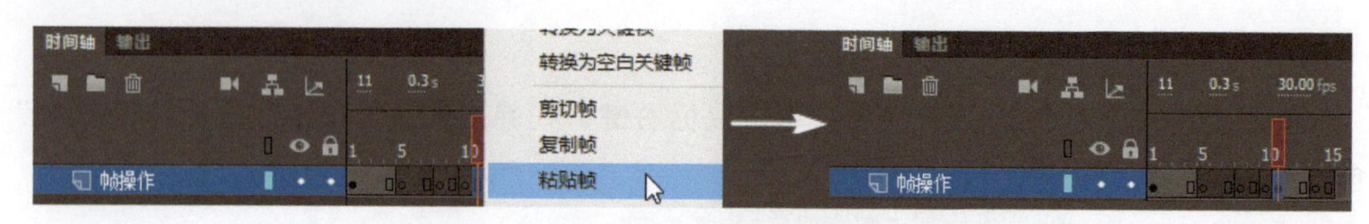

图 3-34　粘贴帧

（5）转换为关键帧和转换为空白关键帧

“转换为关键帧”和“转换为空白关键帧”命令与“插入关键帧”和“插入空白关键帧”命令的功能类似，区别在于“转换为关键帧”和“转换为空白关键帧”命令能够在任意位置操作，而“插入关键帧”和“插入空白关键帧”命令在执行时，如果包含关键帧将不会有任何效果。

（6）帧标签

在“时间轴”面板中，选择单个关键帧或空白关键帧，在“属性”面板的“标签”选项卡“名称”文本框中可以输入标签名称，如图 3-35 所示。

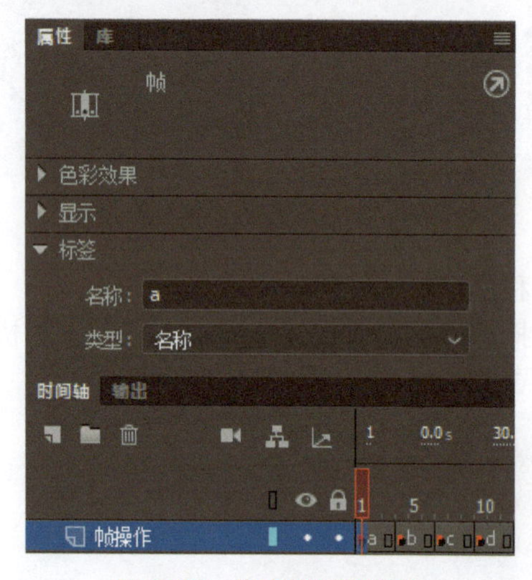

图 3-35　输入帧标签名称

（7）翻转帧

在“时间轴”面板选择的帧上，单击鼠标右键，在弹出的快捷菜单中选择“翻转帧”命令，可以将帧的顺序进行反序排列，如图 3-36 所示。

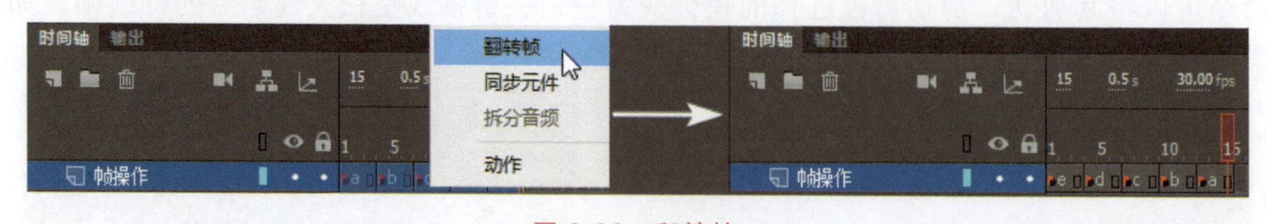

图 3-36　翻转帧

3. 绘图纸

绘图纸是能够在当前帧显示两侧帧元素的辅助功能。在制作逐帧动画时，通过对比前后帧上元素的位置来修改当前帧元素以保障动画的流畅性。

（1）绘图纸外观

在“时间轴”面板中，单击“绘图纸外观”按钮可以将其开启，出现绘图纸标记，拖曳外观两侧的标记可以扩大或缩小显示范围。它的作用是以当前帧为基准，以半透明的形式映射“开始标记”和“终止标记”之间帧上的元素，如图 3-37 所示。

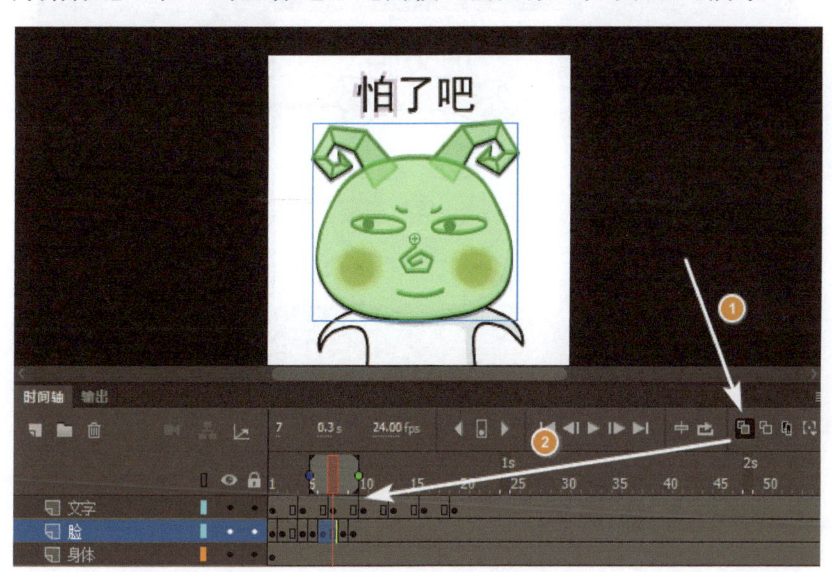

图 3-37　单击“绘图纸外观”按钮

（2）绘图纸外观轮廓

在“时间轴”面板中，单击“绘图纸外观轮廓”按钮可以将其开启，出现绘图纸标记，拖曳外观两侧的标记可以扩大或缩小显示范围。它的作用是以当前帧为基准，以轮廓的形式映射“开始标记”和“终止标记”之间帧上的元素，如图 3-38 所示。

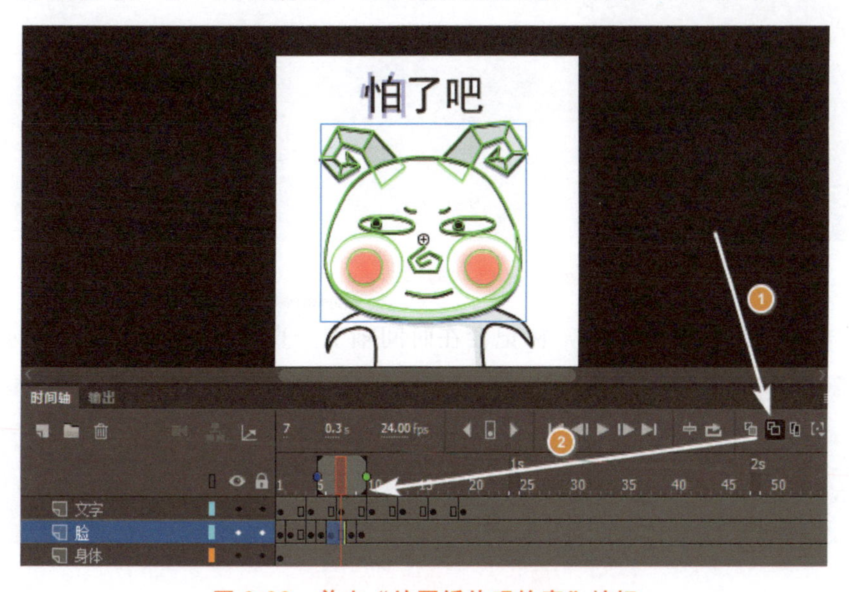

图 3-38　单击“绘图纸外观轮廓”按钮

（3）编辑多个帧

在“时间轴”面板中，单击“编辑多个帧”按钮可以将其开启，显示“开始标记”和“终止标记”之间帧上的元素，并且可以同时编辑多个帧，如图 3-39 所示。该功能可以与“绘图纸外观”或“绘图纸外观轮廓”功能同时开启。

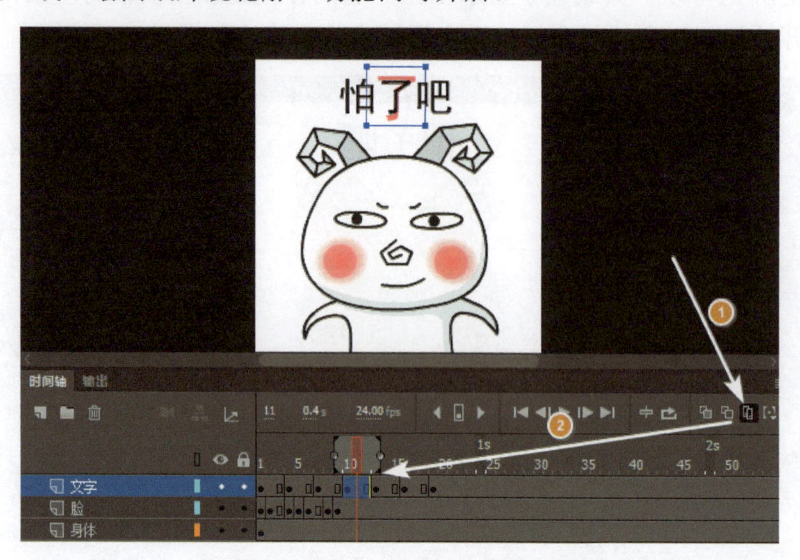

图 3-39　单击“编辑多个帧”按钮

（4）修改标记

在“时间轴”面板中，单击“修改标记”按钮会显示其菜单，该菜单包括“始终显示标记”、“锚定标记”、“切换标记范围”、“标记范围 2”、“标记范围 5”、“标记所有范围”和“获取‘循环播放’范围”命令，如图 3-40 所示。

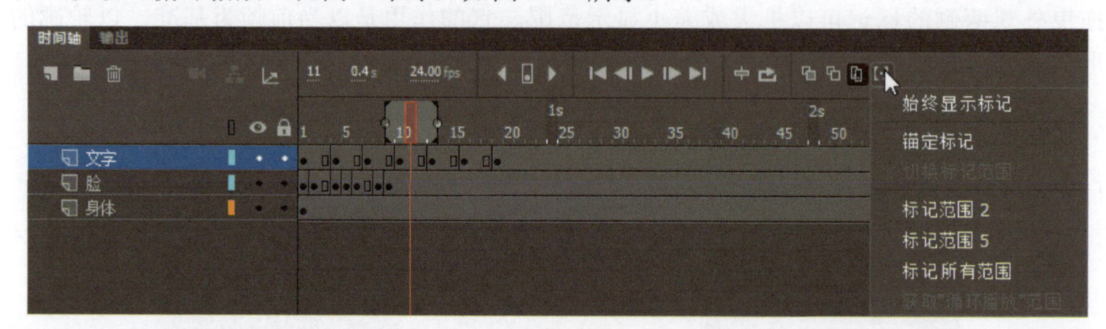

图 3-40　“修改标记”菜单

选择“始终显示标记”命令，标记会在时间轴上一直显示，如图 3-41 所示。

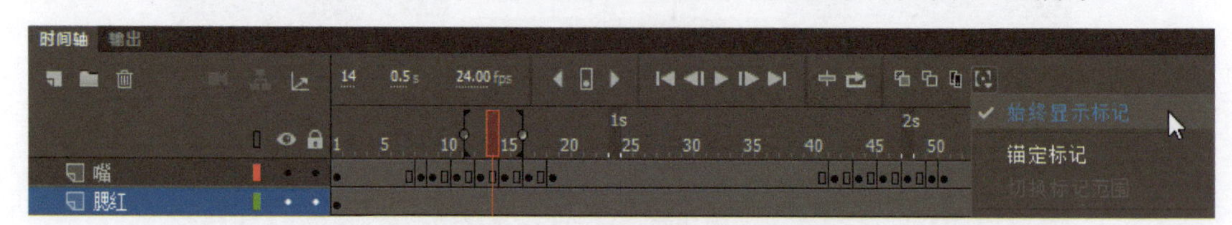

图 3-41　始终显示标记

选择“锚定标记”命令，标记固定在当前时间线的位置，移动时间线的位置后标记不会跟随时间线移动，如图 3-42 所示。

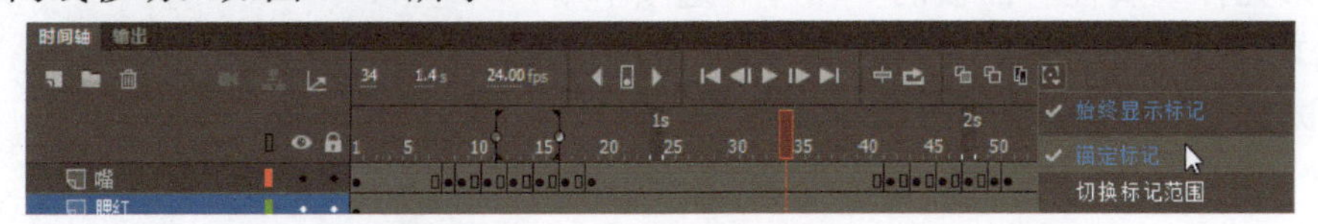

图 3-42　锚定标记

选择“切换标记范围”命令，标记会跳转到当前时间线的位置，如图 3-43 所示。

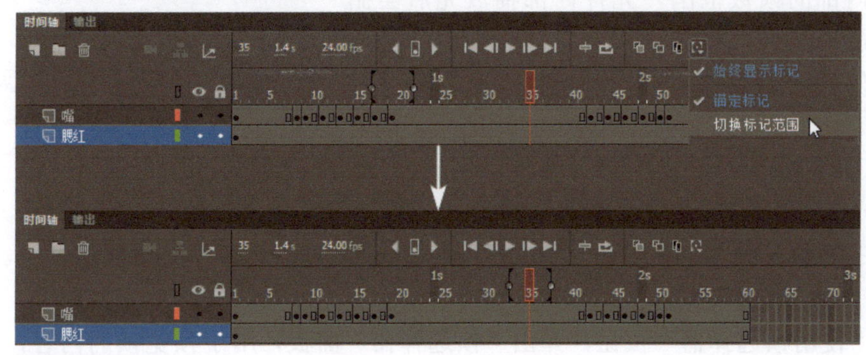

图 3-43　切换标记范围

选择“标记范围 2”命令，标记范围是当前帧的前 2 帧到当前帧的后 2 帧；选择“标记范围 5”命令，标记范围是当前帧的前 5 帧到当前帧的后 5 帧；选择“标记所有范围”命令，标记范围是所有帧；选择“获取‘循环播放’范围”命令，自动选取标记范围，如图 3-44 所示。

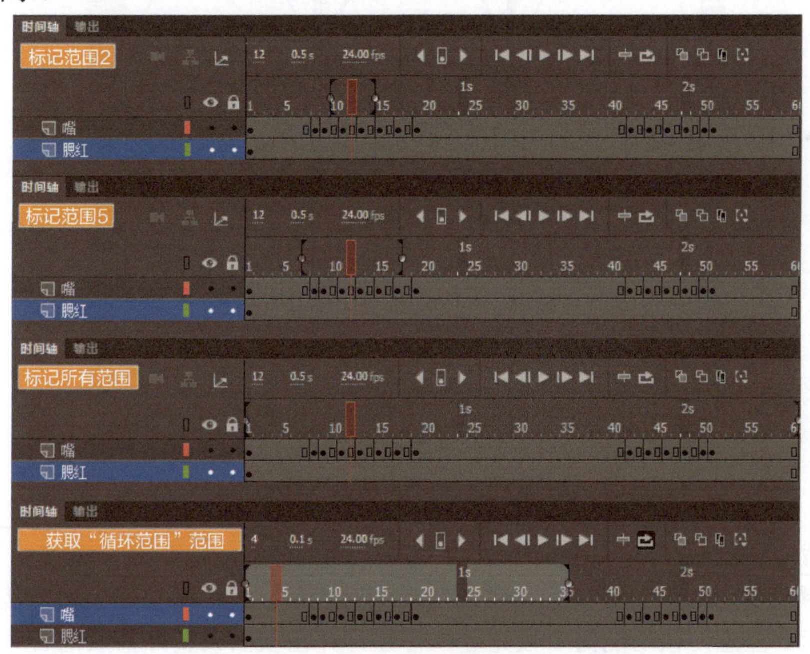

图 3-44　标记范围

4. 图形元件

在图形元件“属性”面板的“循环”选项卡中，包含“选项”、“第一帧”、“使用帧选择器”和“嘴形同步”，如图 3-45 所示。

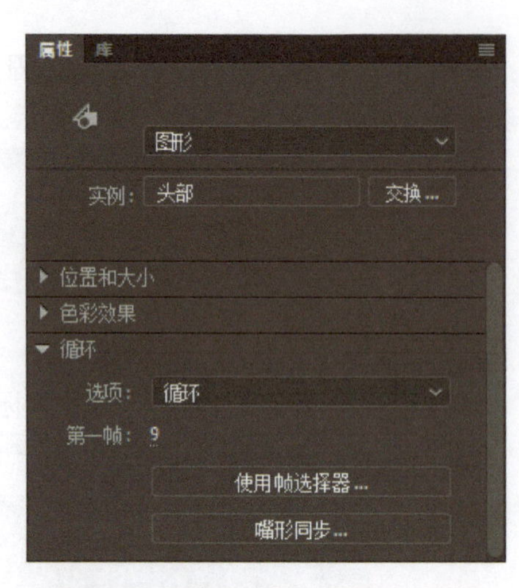

图 3-45 图形元件的“属性”面板

（1）“选项”

“选项”包含“循环”、“播放一次”和“单帧”。选择“循环”时，如果图形元件持续帧范围的帧数多于元件内部的帧数范围，元件内部播放完后会循环进行播放；选择“播放一次”时，元件内部播放完后会暂停在最后一帧；选择“单帧”时，元件只显示“第一帧”所设置的那一帧。

（2）“第一帧”

“第一帧”用于设置图形元件的初始帧。设置“选项”为“循环”或“播放一次”时，会从设置的帧数开始播放；设置“选项”为“单帧”时，会暂停在设置的帧上。

（3）“使用帧选择器”

单击“使用帧选择器”按钮，弹出“帧选择器”面板，用于预览帧的内容，如图 3-46 所示。

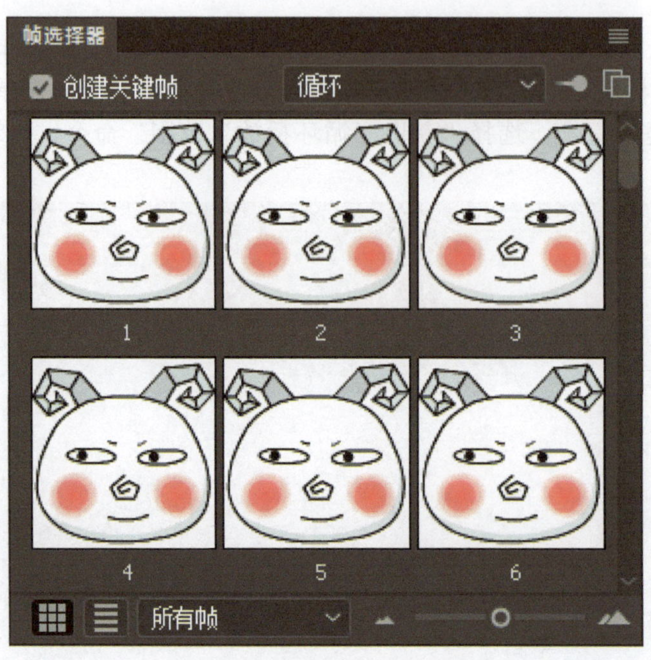

图 3-46 “帧选择器”面板

（4）“嘴形同步”

单击“嘴形同步”按钮，弹出“嘴形同步”对话框，用于根据音频自动匹配口型，如图 3-47 所示。注意，该功能需要预先导入音频，并在帧上设置好播放的音频，才能够自动匹配嘴形。

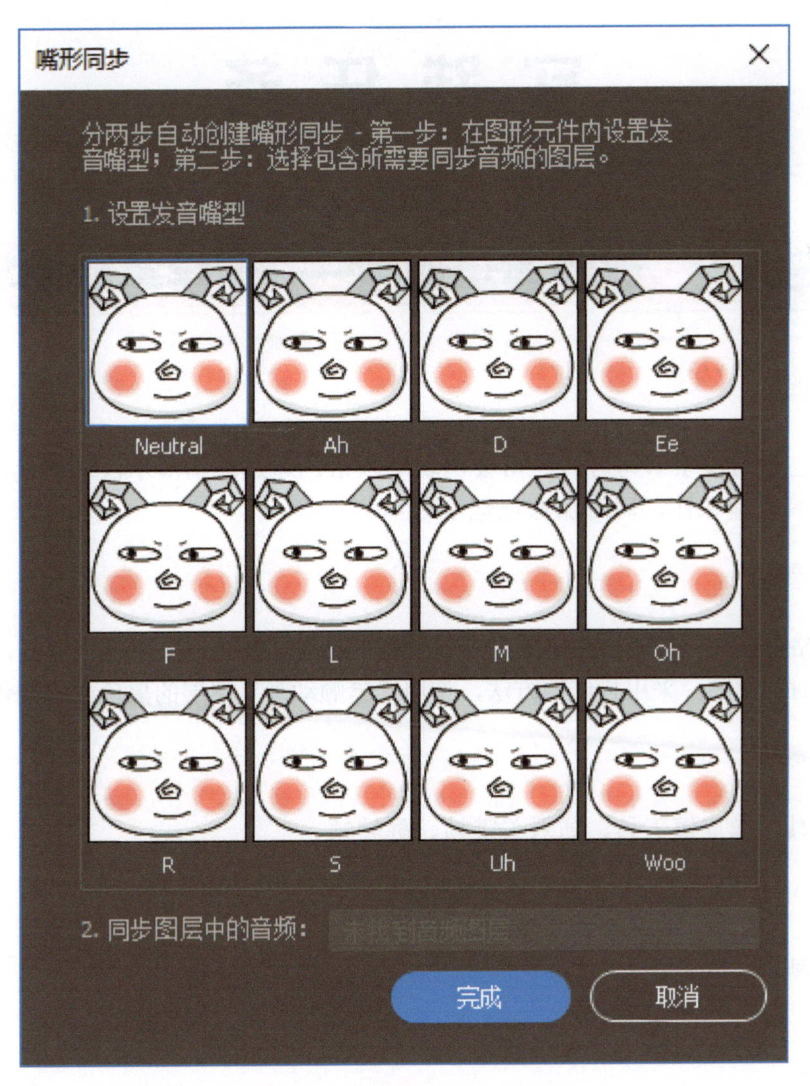

图 3-47　“嘴形同步”对话框

实践任务

任务 2　过程演示动画——汉字笔顺书写

任务背景

小学生在学习汉字书写时，经常会出现笔顺错。通过动画演示汉字的笔顺书写过程，使学习过程具有趣味性，同时加深记忆。

任务要求

在田字格内制作一个“永”字笔顺书写过程的动画，要求：书写过程流畅，每个笔画之间有一定的时间间隔。采用描红的方法，使用“笔顺动画”图层的黑色文字制作书写动画。

技术要领

文本工具、橡皮擦工具、插入关键帧、翻转帧。

解决问题

笔顺动画的流畅性。

素材路径

素材\模块 03\田字格.fla。

任务分析

主要制作步骤

理论考核

1. 单项选择题

（1）逐帧动画的原理是（　　）。

A. 视觉停留原理　　B. 视觉暂存原理
C. 动画暂存原理　　D. 视觉错觉原理

（2）Animate 动画可以导出为（　　）格式动画。

A. png　　B. jpg　　C. pdf　　D. gif

2. 多项选择题

（1）图形元件属性中的循环选项包含（　　）。

A. 循环　　B. 播放一次　　C. 单帧　　D. 多帧

（2）绘图纸功能包含（　　）。

A. 绘图纸外观　　B. 绘图纸内部
C. 绘图纸外观轮廓　　D. 绘图纸内部轮廓

3. 判断题

（1）绘图纸外观功能关闭后标记会消失。（　　）

（2）绘图纸的标记可以自定义颜色。（　　）

模块 04

制作运动补间动画

能力目标

1. 掌握补间动画和传统补间动画的制作方法
2. 掌握影片剪辑元件的使用方法
3. 掌握元件嵌套的使用方法

知识目标

1. 了解补间的原理
2. 了解传统补间动画与补间动画的区别
3. 理解图形元件和影片剪辑元件的区别

学时分配

8 课时（讲课 4 课时，实践 4 课时）

模拟任务

任务 1　网站广告动画——嘟野汽车广告

任务背景

嘟野汽车发布一款新的 SUV 汽车，目标客户人群是城市中的年轻人，展现对自由生活的向往。计划在各类媒体平台上进行广告宣传，其中在各大网站门户平台的主页上使用小动画对新款汽车进行宣传。

任务要求

动画广告的尺寸为 480 像素×160 像素，创意符合产品定位，突出产品特点，如图 4-1 所示。动画流畅，构图均衡，色彩鲜明。

图 4-1　最终效果

重点难点

1．补间动画的使用
2．影片剪辑元件的使用
3．元件的嵌套

技术要领

使用补间动画制作汽车运动的动画；在影片剪辑内制作车轮旋转的动画；使用“发布”命令将动画发布为 swf 格式文件。

解决问题

补间动画的制作。

素材路径

素材\模块 04\嘟野汽车广告.fla。

任务分析

汽车启动和停下时有加速和减速的效果，可使用补间动画的缓动属性实现。利用影片剪辑元件内部动画自动循环播放的特性，在其内部制作车轮旋转动画。

操作步骤

打开素材

01 启动 Animate，打开“素材\模块 04\嘟野汽车广告.fla”文件，如图 4-2 所示。

图 4-2 打开素材

02 选择“选择工具”，将“汽车”图层上的“汽车”元件实例拖曳到舞台区域的右侧，如图 4-3 所示。

图 4-3 移动汽车位置

制作文字的动画

03 依次选择“文字”图层的第 7 帧、第 15 帧、第 31 帧和第 40 帧，按 F6 键插入关键帧。再选择第 1 帧的“嘟野汽车”元件实例，选择“选择工具”将其拖曳到舞台右侧，如图 4-4 所示。

图 4-4 调整“嘟野汽车”元件实例的位置

04 在“属性”面板中，“样式”选择“Alpha”选项，将“Alpha”的值设置为 0%，如图 4-5 所示。

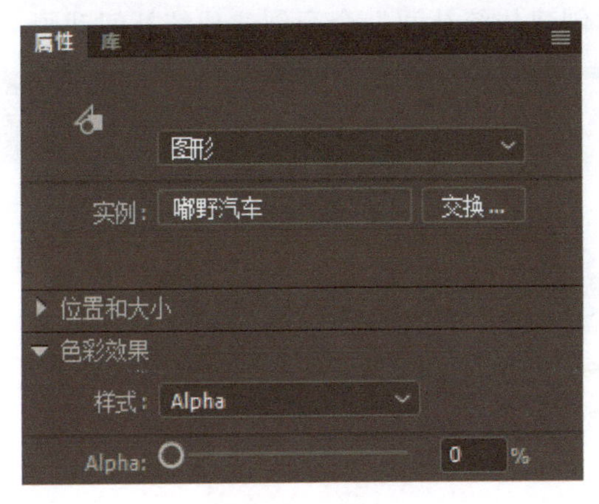

图 4-5　Alpha

05 选择“文字”图层的第 10 帧，按 F6 键插入关键帧。单击“绘图纸外观”按钮，将左侧标记拖曳到第 7 帧，将右侧标记拖曳到第 10 帧。按 Q 键选择“任意变形工具”，在元件实例顶部第 1 个和第 2 个控制点之间向左拖曳实现倾斜效果。按 Q 键选择“选择工具”，按←键调整元件实例的位置，使其与第 7 帧上元件实例的左下角重合，再次单击“绘图纸外观”按钮将其关闭，如图 4-6 所示。

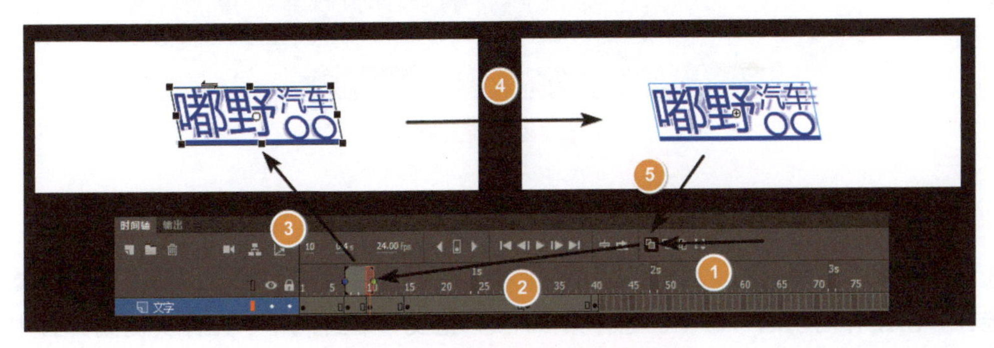

图 4-6　实现倾斜效果并调整位置

06 在第 2 帧至第 6 帧之间，单击鼠标右键，在弹出的快捷菜单中选择“创建传统补间”命令创建传统补间动画，如图 4-7 所示。使用相同的方法，在第 8 帧和第 9 帧之间、第 11 帧和第 14 帧之间、第 32 帧和第 39 帧之间创建传统补间动画。

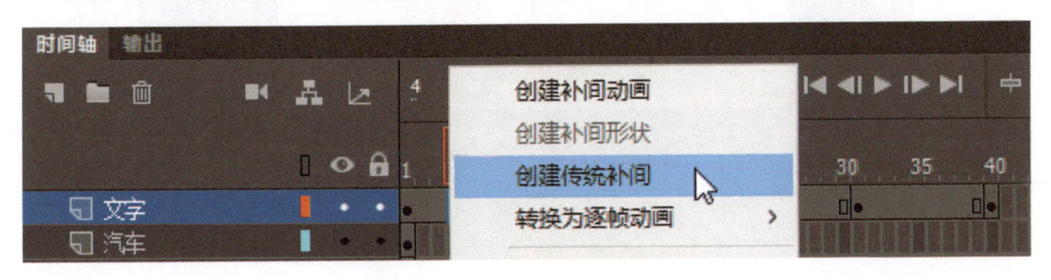

图 4-7　创建传统补间（1）

07 选择第 40 帧的“嘟野汽车”元件实例。在“属性”面板中，“样式”选择“Alpha”选项，将“Alpha”的值设置为 0%。在第 32 帧和第 39 帧之间，单击鼠标右键，在弹出的快捷菜单中选择“创建传统补间”命令创建传统补间动画，如图 4-8 所示。

图 4-8　创建传统补间（2）

08 拖曳选择除“文字”图层外所有图层的第 40 帧，按 F5 键插入帧，如图 4-9 所示。

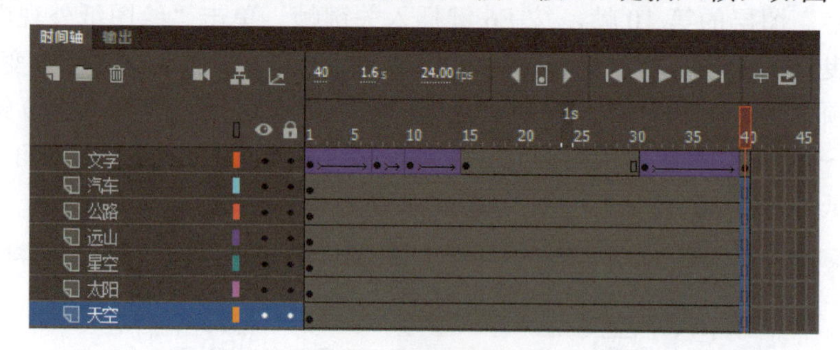

图 4-9　插入帧

制作汽车的动画

09 选择“汽车”图层的第 220 帧，按 F5 键插入帧，单击鼠标右键，在弹出的快捷菜单中选择“创建补间动画”命令。选择第 80 帧，拖曳“嘟野汽车”元件实例到舞台中央的位置，此时会自动为补间动画添加关键帧，如图 4-10 所示。选择第 200 帧，单击鼠标右键，在弹出的快捷菜单中选择“插入关键帧”→“位置”命令，如图 4-11 所示。

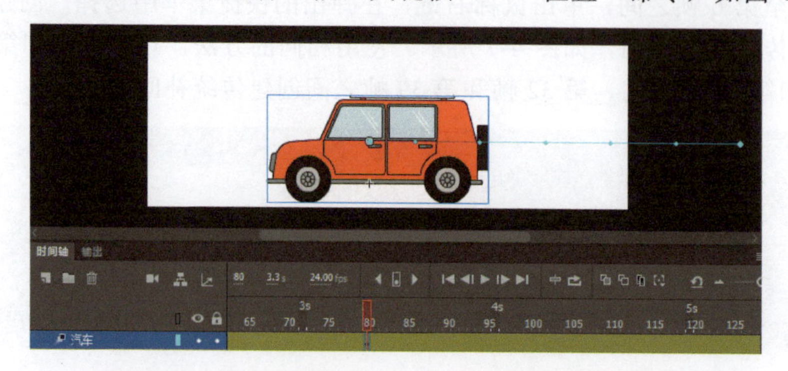

图 4-10　拖曳“嘟野汽车”元件实例自动添加关键帧

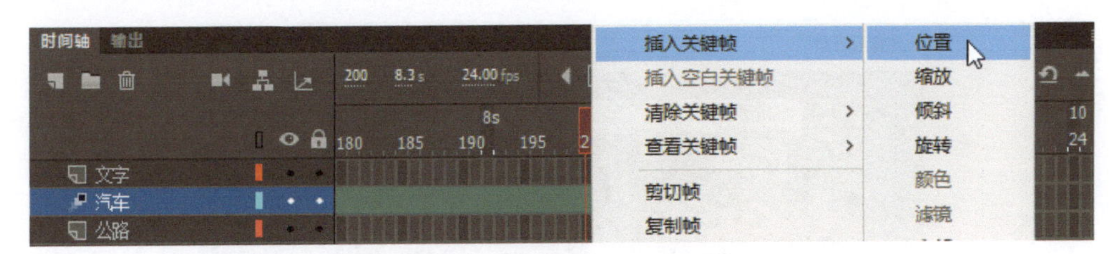

图 4-11　为“位置”插入关键帧

10 选择第 220 帧，拖曳“嘟野汽车”元件实例到舞台外，此时会自动为补间动画添加关键帧，如图 4-12 所示。

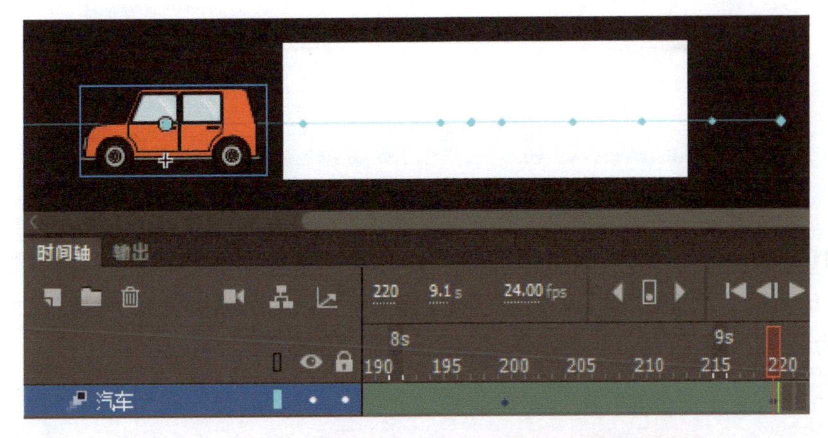

图 4-12　拖曳“嘟野汽车”元件实例自动添加关键帧

11 拖曳选择除“文字”图层和“汽车”图层外所有图层的第 220 帧，按 F5 键插入帧，如图 4-13 所示。

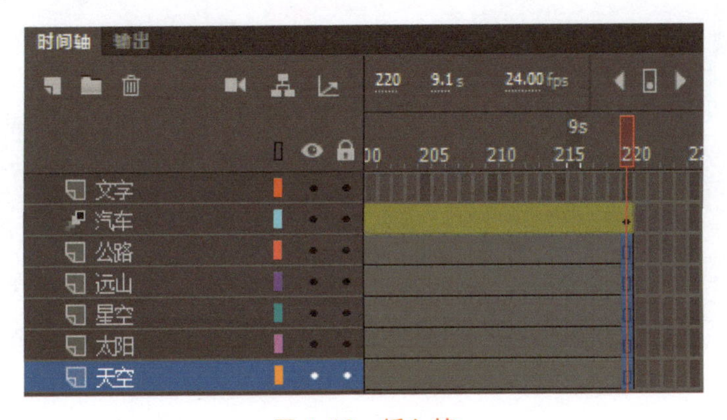

图 4-13　插入帧

12 双击第 200 帧的“嘟野汽车”元件实例进入其内部，选择右侧的“车轮”元件，按 F8 键。在“转换为元件”对话框中，“名称”输入“车轮动画”，“类型”选择“影片剪辑”，单击“确定”按钮，如图 4-14 所示。

13 双击“车轮动画”元件实例进入其内部，分别选择第 10 帧、第 20 帧和第 29 帧，按 F6 键插入关键帧，如图 4-15 所示。

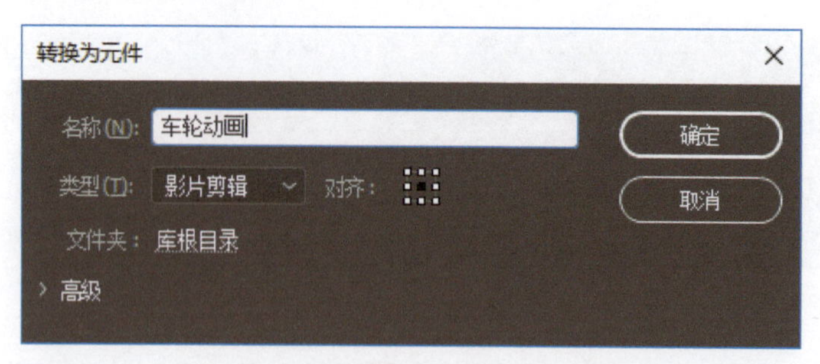

图 4-14 “转换为元件”对话框

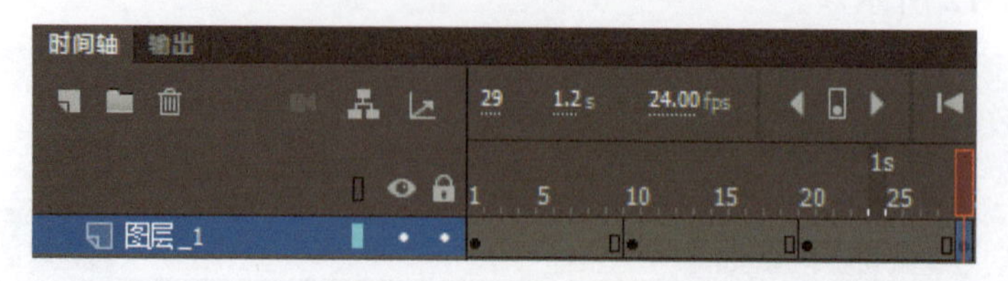

图 4-15 插入关键帧

14 选择第 10 帧的“车轮动画”元件实例，打开“变形”面板，输入旋转角度为“−120”，如图 4-16 所示。再选择第 20 帧的“车轮动画”元件实例，在“变形”面板中输入旋转角度为“−240”。

图 4-16 输入旋转角度

提示

使用“任意变形工具”拖曳可以旋转元件实例，但是使用“变形”面板可以精确设置旋转角度。

15 分别在第 2 帧至第 9 帧之间、第 11 帧至第 19 帧之间、第 21 帧至第 28 帧之间的任意一帧上，单击鼠标右键，在弹出的快捷菜单中选择“创建传统补间”命令创建传统补间动画，如图 4-17 所示。

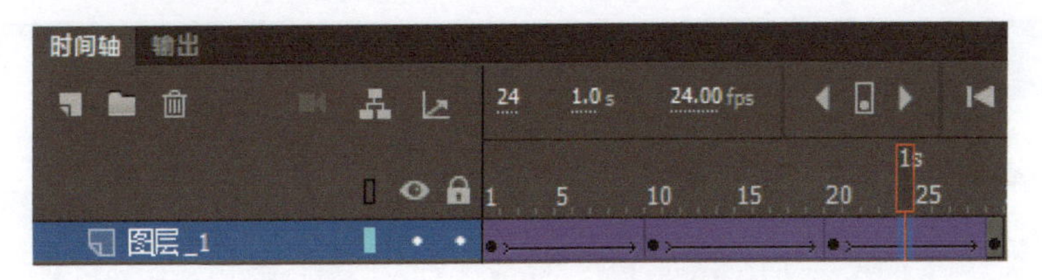

图 4-17　创建传统补间动画

16 双击舞台的空白区域返回“汽车”元件实例，选择左侧的“车轮”元件实例，单击鼠标右键，在弹出的快捷菜单中选择“交换元件”命令弹出“交换元件”对话框。在“交换元件”对话框中，选择“车轮动画”元件实例，如图 4-18 所示，单击“确定”按钮关闭对话框。

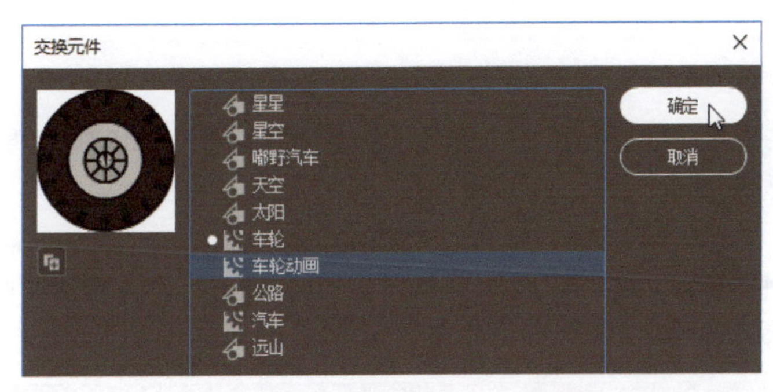

图 4-18　“交换元件”对话框

提示

在按 Enter 键或拖曳时间线预览动画时，影片剪辑元件实例中的动画不能播放出来，而图形元件实例中的动画可以播放出来。

制作远山的动画

17 双击舞台的空白区域返回“场景 1”场景。选择“远山”图层的“远山”元件实例，按 F8 键将其转换为元件。在“转换为元件”对话框中，输入“名称”为“远山动画”，“类型”选择“影片剪辑”，如图 4-19 所示，单击“确定”按钮。

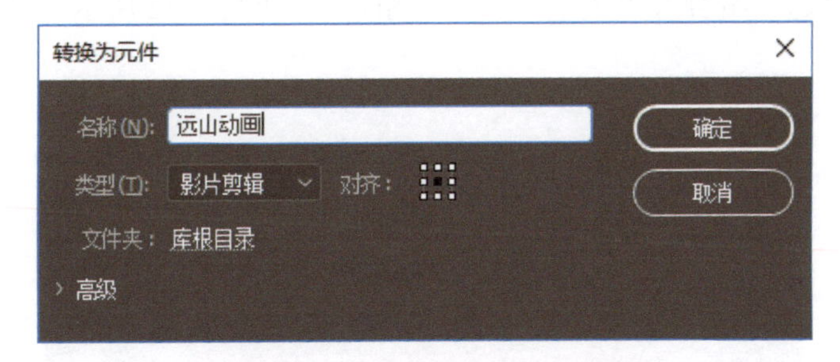

图 4-19　“转换为元件”对话框

18 双击“远山动画”元件实例进入其内部，连续按←键移动“远山”元件实例，使其右侧边缘与舞台边缘对齐，如图 4-20 所示。

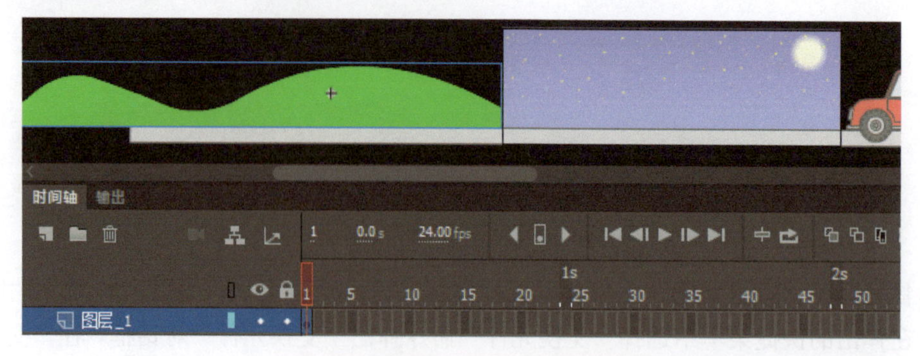

图 4-20　移动“远山”元件实例

提示

选择元件实例后按键盘上的方向键可以将其移动，按住 Shift 键后再按方向键可以增加移动的单位距离。

19 按 Ctrl+C 快捷键复制“远山”元件实例，按 Ctrl+Shift+V 快捷键粘贴，然后连续按→键将其向右移动与被复制的“远山”元件实例右侧对齐，如图 4-21 所示。

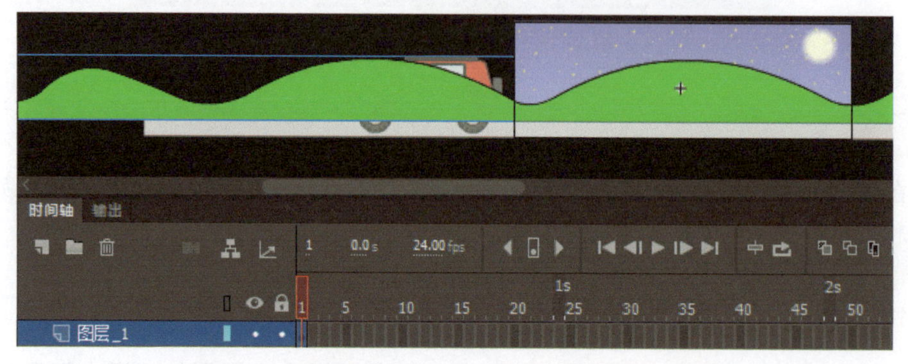

图 4-21　复制粘贴“远山”元件实例并移动位置

20 框选两个“远山”元件实例，按 F8 键将其转换为元件。在“转换为元件”对话框中，输入“名称”为“远山组合”，“类型”选择“图形”，如图 4-22 所示，单击“确定”按钮。

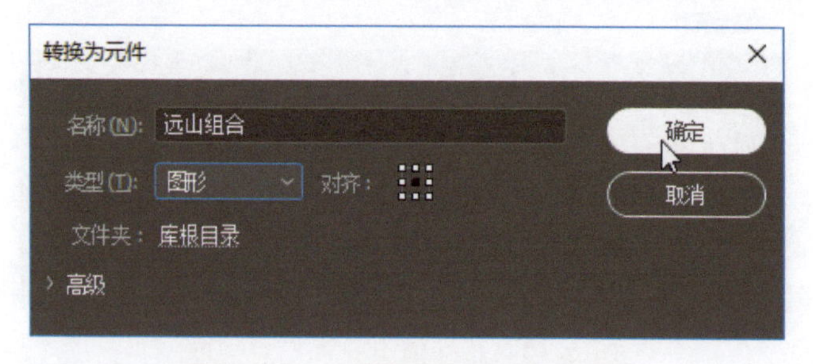

图 4-22　“转换为元件”对话框

21 选择第 100 帧，按 F6 键插入关键帧，并将“远山组合”元件实例向右移动使其左侧与舞台右侧对齐，如图 4-23 所示。

图 4-23　插入关键帧并移动位置

22 在第 2 帧至第 99 帧之间的任意一帧上，单击鼠标右键，在弹出的快捷菜单中选择“创建传统补间”命令创建传统补间动画，如图 4-24 所示。

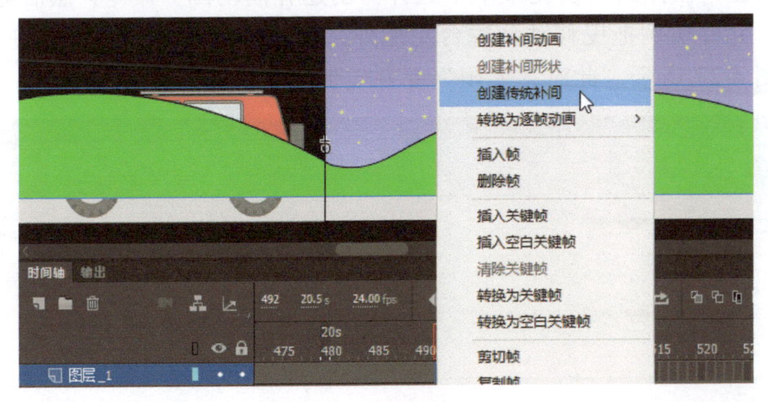

图 4-24　创建传统补间

制作太阳的动画

23 双击舞台的空白区域返回“场景 1”场景，选择“太阳”图层的“太阳”元件实例，按 F8 键将其转换为元件。在“转换为元件”对话框中，“名称”输入“太阳动画”，“类型”选择“影片剪辑”，如图 4-25 所示，单击“确定”按钮。

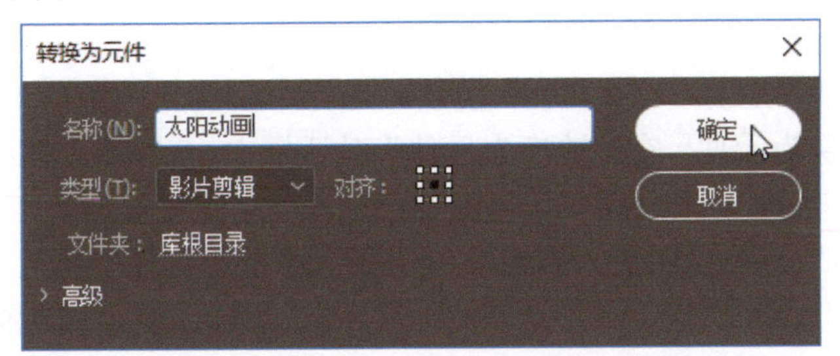

图 4-25　“转换为元件”对话框

24 双击“太阳动画”元件实例进入其内部，将“太阳”元件实例移动到舞台右侧外，选择第 500 帧，按 F5 键插入帧，如图 4-26 所示。

图 4-26 插入帧

25 单击鼠标右键，在弹出的快捷菜单中选择“创建补间动画”命令，然后选择第 200 帧，将“太阳”元件实例拖曳移动到舞台左侧外，拖曳补间动画的运动轨迹成向上凸起的弧线，如图 4-27 所示，此时“太阳”元件实例会按照运动轨迹移动。

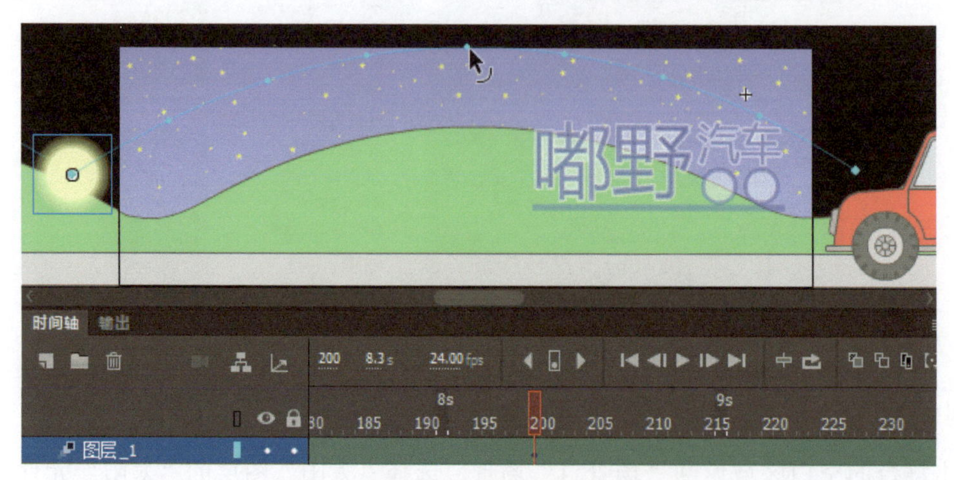

图 4-27 创建补间动画并调整运动轨迹

制作星空的动画

26 双击舞台的空白区域返回“场景 1”场景，选择“星空”图层的“星空”元件实例，按 F8 键将其转换为元件。在“转换为元件”对话框中，“名称”输入“星空动画”，“类型”选择“影片剪辑”，如图 4-28 所示，单击“确定”按钮。

27 双击“星空动画”元件实例进入其内部，选择“星空”元件实例。在“属性”面板中，“样式”设置为“Alpha”选项，拖动“Alpha”拖动条到左侧使其数值为 0%，如图 4-29 所示。

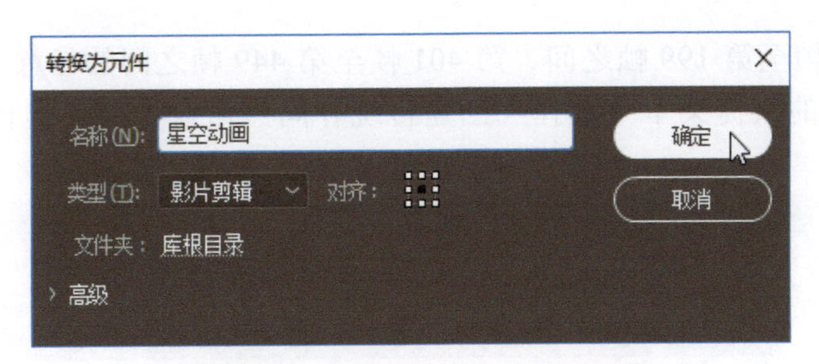

图 4-28　“转换为元件”对话框

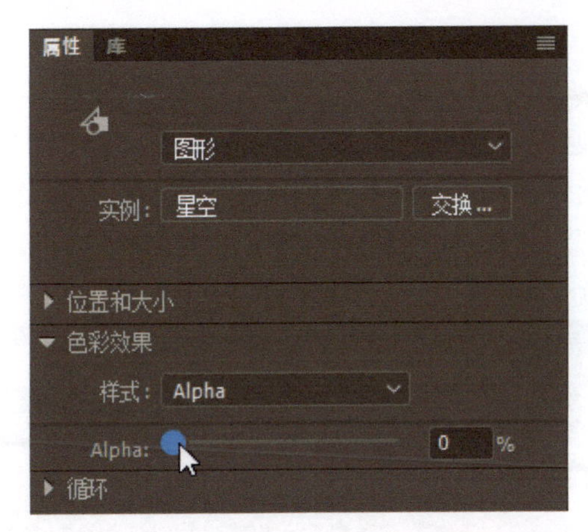

图 4-29　拖动“Alpha”拖动条至数值为 0%

提示

必须双击元件实例上有元素的区域才能进入其内部，双击元件实例空白的区域则不会进入其内部。

28 依次选择第 150 帧、第 200 帧、第 400 帧和第 450 帧，按 F6 键插入关键帧；再选择第 500 帧，按 F5 键插入帧。依次选择第 200 帧和第 400 帧的“星空”元件实例，在“属性”面板中，拖动“Alpha”拖动条至最右侧，使其数值为 100%，如图 4-30 所示。

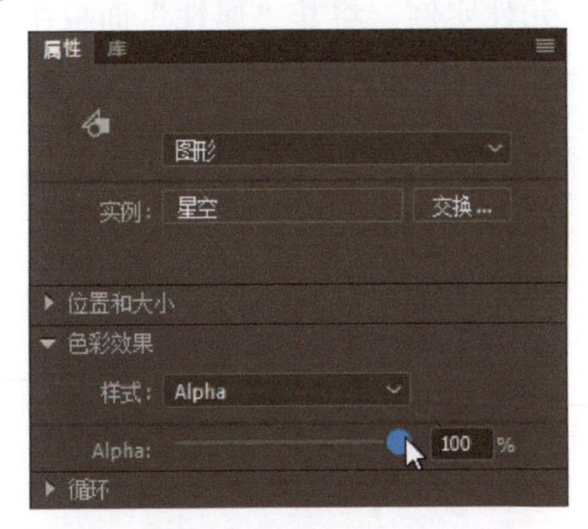

图 4-30　拖动“Alpha”拖动条至最右侧，使其数值为 100%

29 依次在第 151 帧至第 199 帧之间、第 401 帧至第 449 帧之间的任意一帧上，单击鼠标右键，在弹出的快捷菜单中选择“创建传统补间”命令为其创建传统补间动画，如图 4-31 所示。

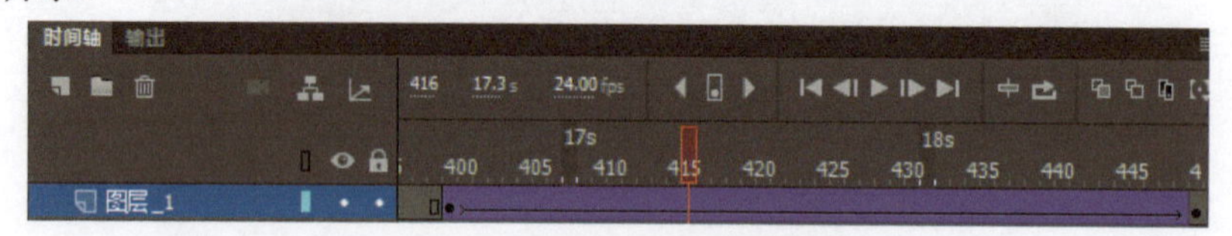

图 4-31　创建传统补间动画

制作天空的动画

30 双击舞台的空白区域返回“场景 1”场景，选择“天空”图层的“天空”元件实例，按 F8 键将其转换为元件。在“转换为元件”对话框中，“名称”输入“天空动画”，“类型”选择“影片剪辑”，如图 4-32 所示，单击“确定”按钮。

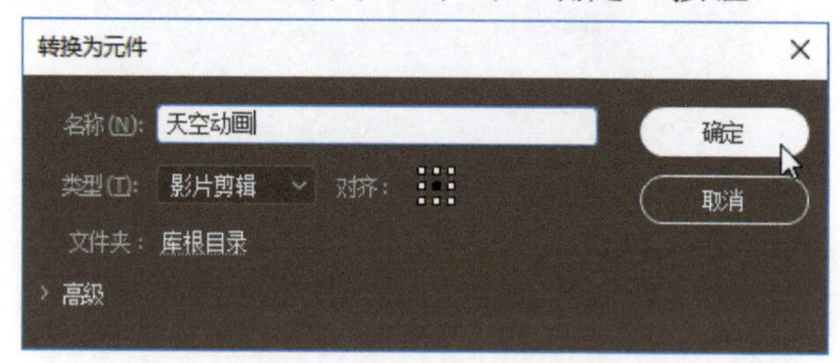

图 4-32　“转换为元件”对话框

> **提示**
>
> 当想要选择的元素被其他图层的元素遮挡而导致无法直接选择时，可以将有遮挡元素的图层隐藏或锁定后再选择。

31 双击“天空动画”元件实例进入其内部，依次选择第 150 帧、第 200 帧、第 400 帧和第 450 帧，按 F6 键插入关键帧；再选择第 500 帧，按 F5 键插入帧。依次选择第 200 帧和第 400 帧的“天空”元件实例，将其“属性”面板中的“样式”设置为“亮度”选项，“亮度”的数值为−50%，如图 4-33 所示。

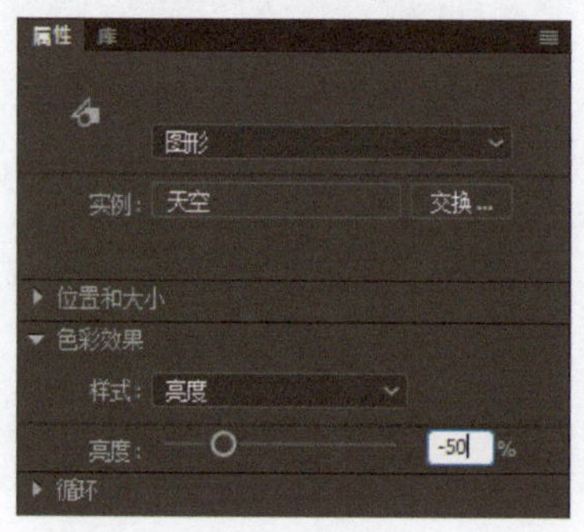

图 4-33　“样式”设置为“亮度”

32 依次在第 151 帧至第 199 帧之间、第 401 帧至第 449 帧之间的任意一帧上，单击鼠标右键，在弹出的快捷菜单中选择“创建传统补间”命令创建传统补间动画，如图 4-34 所示。

图 4-34　创建传统补间动画

设置动画的缓动效果

33 双击舞台的空白区域返回“场景 1”场景，单击“文字”图层的第 2 帧至第 6 帧之间的任意一帧。在“属性”面板中，将“补间”选项卡的“缓动强度”数值修改为-100，如图 4-35 所示。单击数值左侧的“编辑缓动”按钮（铅笔形状的按钮），弹出“自定义缓动”对话框，可以看到缓动变成了曲线（数值为 0 时是一条直线），如图 4-36 所示，此时补间动画会先慢速加速再快速减速（数值为 100 时则先快速加速再慢速减速）。

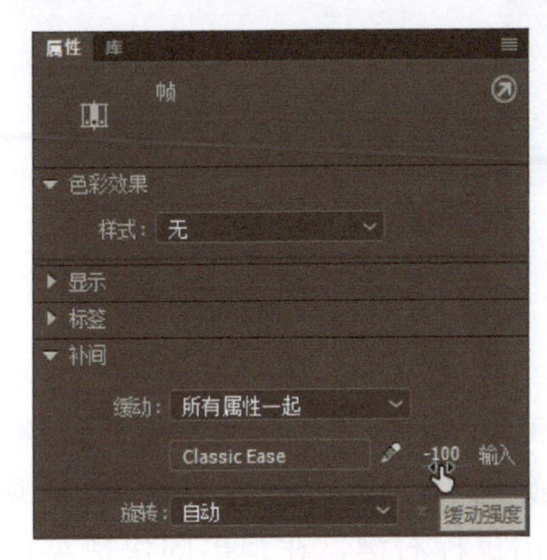

图 4-35　修改“缓动强度”数值

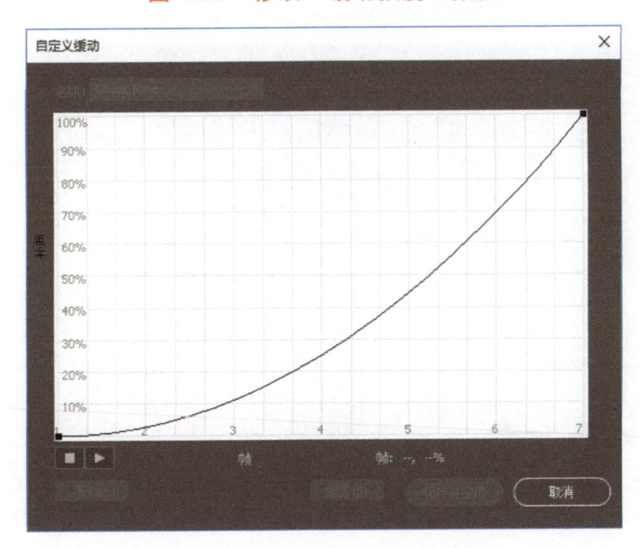

图 4-36　“自定义缓动”对话框

提示

“缓动强度”可以单击数值后直接输入数值，也可以将鼠标指针放在数值上左右拖曳修改数值。

34 选择“文字”图层的第 11 帧至第 14 帧之间的任意一帧，单击“编辑缓动”按钮弹出“自定义缓动”对话框。在“自定义缓动”对话框中，先拖曳直线的中间形成一个凸起的曲线；再单击左下角的控制点，拖曳贝塞尔曲线控制器将左边的曲线调整成直线；最后单击右上角的控制点，拖曳贝塞尔曲线控制器将右侧的曲线调整成向上凸起的曲线，如图 4-37 所示。“名称”输入“文字减速”，单击“保存并应用”按钮。

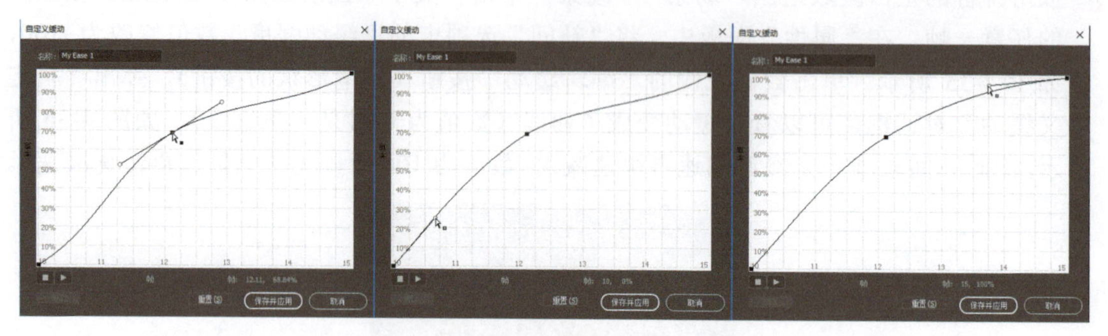

图 4-37　调整缓动曲线

添加滤镜

35 选择“星空”图层，在“属性”面板中单击“滤镜”选项卡的添加按钮，选择“发光”滤镜，将滤镜属性中的“颜色”设置为黄色，如图 4-38 所示。按 Ctrl+Enter 快捷键测试影片。在播放窗口中单击鼠标右键，在弹出的快捷菜单中选择“放大”命令，可以看到星星的发光效果，如图 4-39 所示。

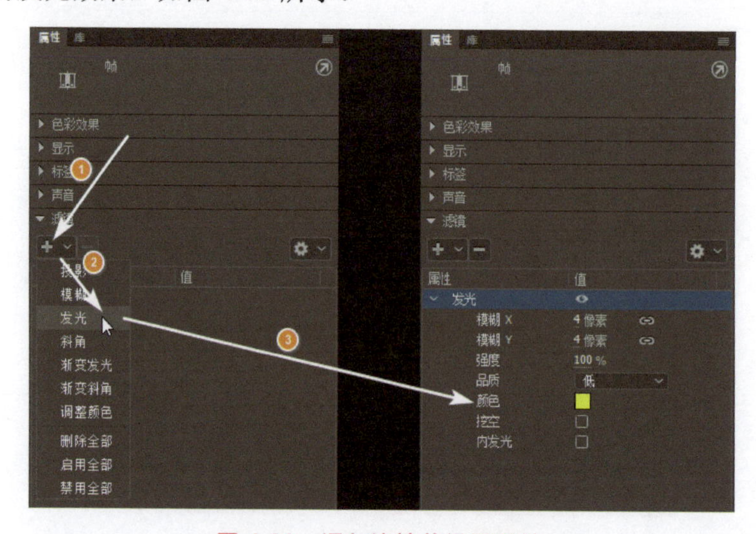

图 4-38　添加滤镜并设置属性

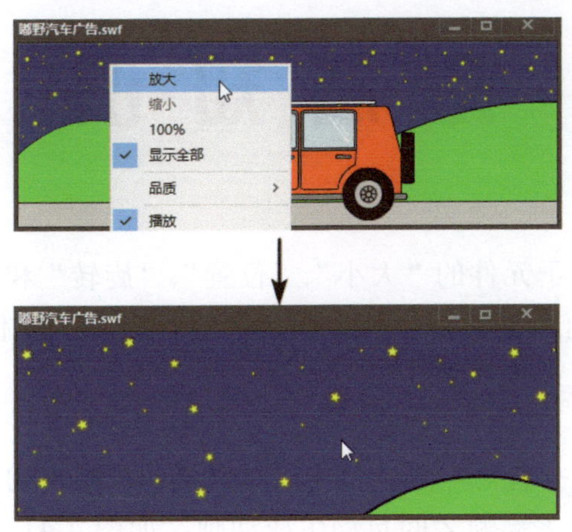

图 4-39　测试查看滤镜效果

提示

在帧、影片剪辑元件实例和按钮元件实例的“属性”面板中都有“滤镜”选项卡，可以添加滤镜效果。注意，只有在“文档设置”开启“使用高级图层”功能后，才会在帧的属性中出现“滤镜”选项卡。

发布动画

36 选择“文件”→“发布设置”命令，弹出“发布设置”对话框，单击“发布”按钮，如图 4-40 所示。

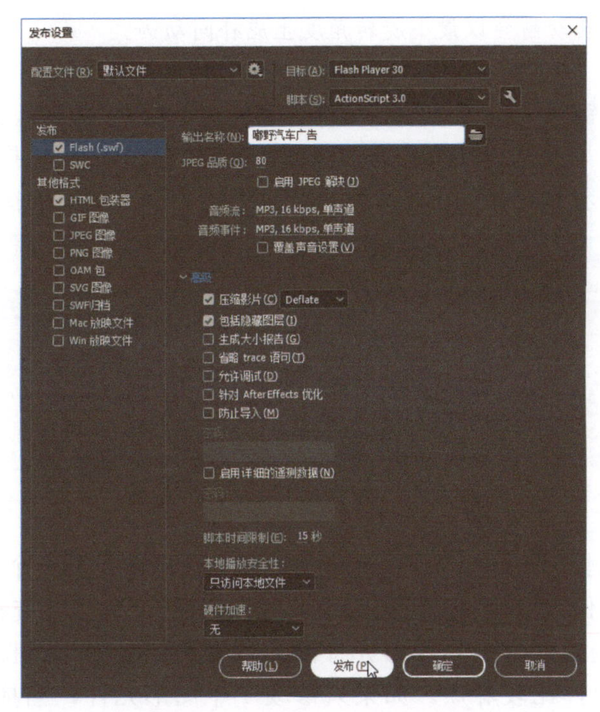

图 4-40　“发布设置”对话框

拓展知识

1. 传统补间动画

传统补间动画可以用于元件的“大小”、“位置”、“旋转”和“色彩效果”等动画的制作。传统补间动画会在两个关键帧之间按照最短路径自动生成位移、旋转和缩放动画，其属性值会按照由小到大或由大到小进行变化。

（1）创建传统补间

在两个关键帧之间选择任意一帧，单击鼠标右键，在弹出的快捷菜单中选择“创建传统补间”命令，会在两个关键帧之间自动生成动画，如图 4-41 所示。

图 4-41　创建传统补间

提示

传统补间动画在没有配合引导层制作引导线动画的情况下，位移动画会以最短路径生成补间动画，旋转动画会以最小旋转角度生成补间动画。

如果前后两个关键帧上没有元件实例或有元件实例以外的元素，就弹出一个提示对话框，如图 4-42 所示。单击“确定”按钮，将每个关键帧上的内容转换为一个单独的元件，在“库”面板中可以看到转换的图形元件，元件名称自动生成，如图 4-43 所示。

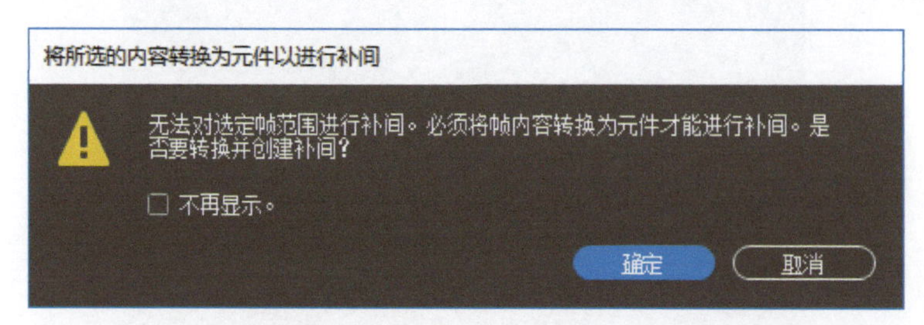

图 4-42　“将所选的内容转换为元件以进行补间”对话框

通常情况下，创建传统补间动画的两个关键帧上使用的是同一个元件实例。如果两个关键帧上没有元件实例或除元件实例外还有其他元素时，“创建传统补间”命令会将两个关键帧上的内容分别自动转换为图形元件的元件实例。如果修改图形元件内的元素，就需要分别进行修改，比较麻烦。如果只修改 1 个图形元件，当播放第 2 个关键帧时就会显示第 2 个关键帧上未修改的图形元件效果。因此在创建传统补间动画时，最好先将第 1 个关键帧上的内容转换为元件，然后插入第 2 个关键帧，再执行“创建传统补间”命令。

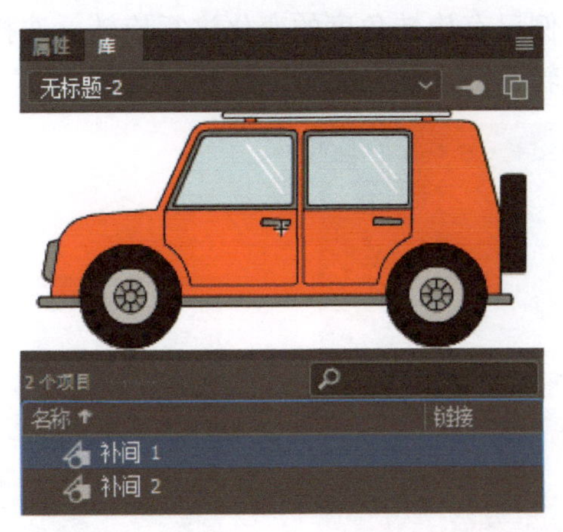

图 4-43 “库”面板中为传统补间动画自动转换的图形元件

提示

老版本的 Flash 软件没有自动转换为图形元件的提示对话框，很多初学者在修改其中 1 个关键帧上的图形元件后会发现，当播放第 2 个关键帧时，元件还是未修改的效果，同时在“库”面板中会发现很多以“补间”为前缀名的元件，这些都给初学者带来了很大的困惑。

（2）传统补间属性

选择补间区域的任意一帧，在“属性”面板中可以设置补间的“缓动”和“旋转”，如图 4-44 所示。

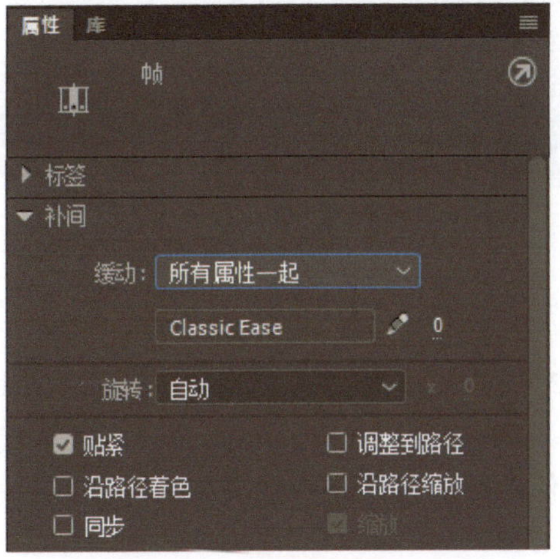

图 4-44 帧的“补间”属性

“缓动”不仅可以使用相同的设置，还可以为每个属性单独设置，包括缓动类型、编辑缓动和缓动强度，如图 4-45 所示。

“旋转”用于设置补间动画的过程中元件实例是否进行旋转及旋转方向和旋转次数，选择“无”时即使元件实例已有旋转角度也不会进行旋转并且使旋转角度失效；选择“自动”时会自动根据元件实例已有旋转角度的变化进行旋转；选择“顺时针”或“逆时针”时可以设置旋转次数，旋转次数只能是整数，旋转一次为 360°，如图 4-46 所示。

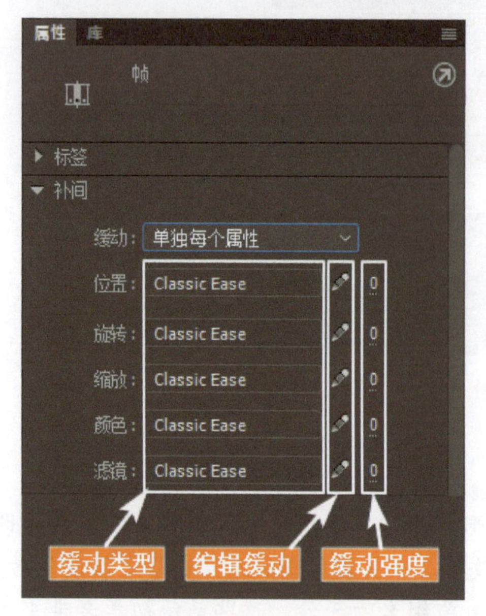

图 4-45　单独设置每个属性的缓动

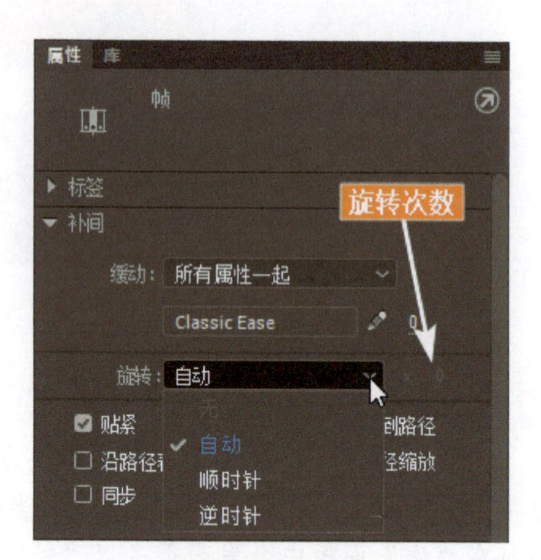

图 4-46　旋转

（3）删除传统补间动画

在补间区域的任意一帧上，单击鼠标右键，在弹出的快捷菜单中选择“删除经典补间动画”命令可以删除传统补间动画，如图 4-47 所示。

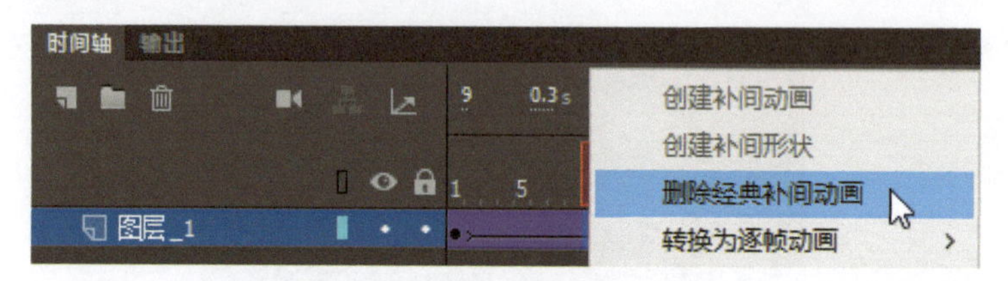

图 4-47　删除经典补间动画

2. 补间动画

补间动画是传统补间动画的便捷形式，并且融合了路径动画（传统补间动画需要引导层配合才能实现路径动画）。大部分情况下，补间动画可以替代传统补间动画（传统补间动画配合引导层可以更方便地实现某些路径动画）。补间动画使用的是专用图层，在该图层上不能再创建传统补间动画。

（1）创建补间动画

在关键帧或关键帧后的持续帧上，单击鼠标右键，在弹出的快捷菜单中选择“创建补间动画”命令创建补间动画，如图 4-48 所示。

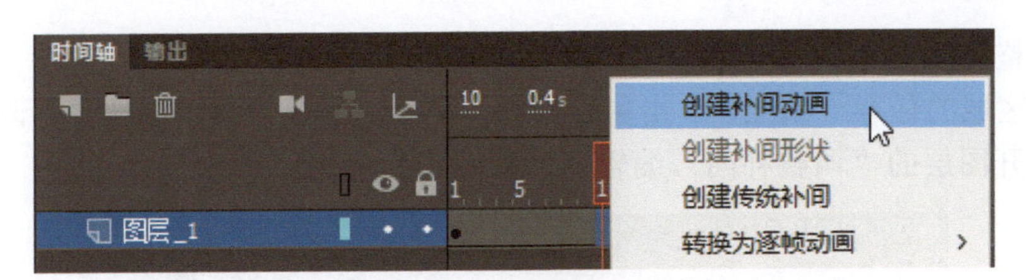

图 4-48　创建补间动画

补间动画操作起来更加直观，选择任意一帧后直接在舞台上移动元件实例位置会自动添加一个关键帧，如图 4-49 所示。

图 4-49　移动元件实例自动添加关键帧

在舞台上拖曳补间动画关键帧之间的运动路径，可以实现曲线运动。运动路径上每个圆点表示一个关键帧，通过这些圆点可以直观地看到动画的轨迹，如图 4-50 所示。

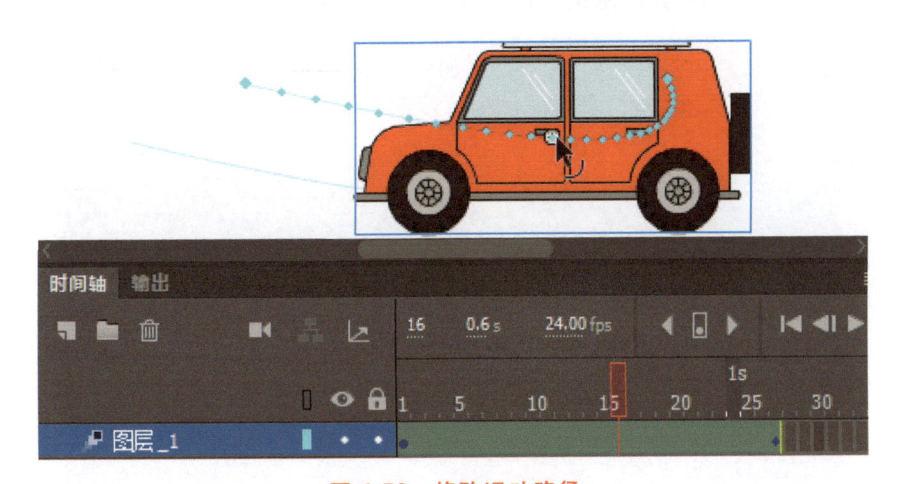

图 4-50　修改运动路径

提示

补间动画的图层图标与普通图层图标不同，在补间动画图层上不能再创建传统补间动画。

（2）调整补间

在补间区域的任意一帧上，单击鼠标右键，在弹出的快捷菜单中选择“调整补间”命令，可以打开图层的“调整补间”编辑器，如图 4-51 所示。

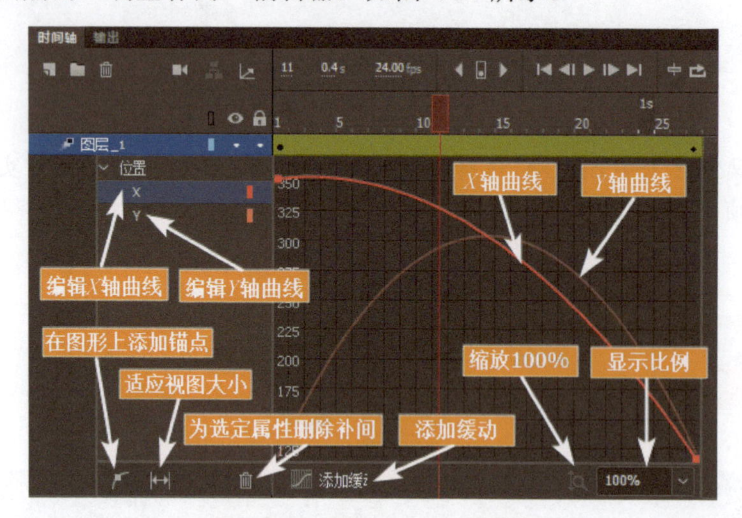

图 4-51 “调整补间”编辑器

在“调整补间”编辑器中，选择“X”或“Y”可以切换编辑一个轴向的运动曲线。单击“在图形上添加锚点”按钮，鼠标指针变成“添加锚点工具”指针，在 *X* 轴或 *Y* 轴曲线上单击会添加锚点，同时添加一个关键帧，如图 4-52 所示。单击选择锚点后会显示锚点的手柄，拖曳手柄调整运动曲线，如图 4-53 所示。单击“添加缓动”按钮，选择预设缓动曲线，如图 4-54 所示。拖曳关键帧移动关键帧的位置，如图 4-55 所示。

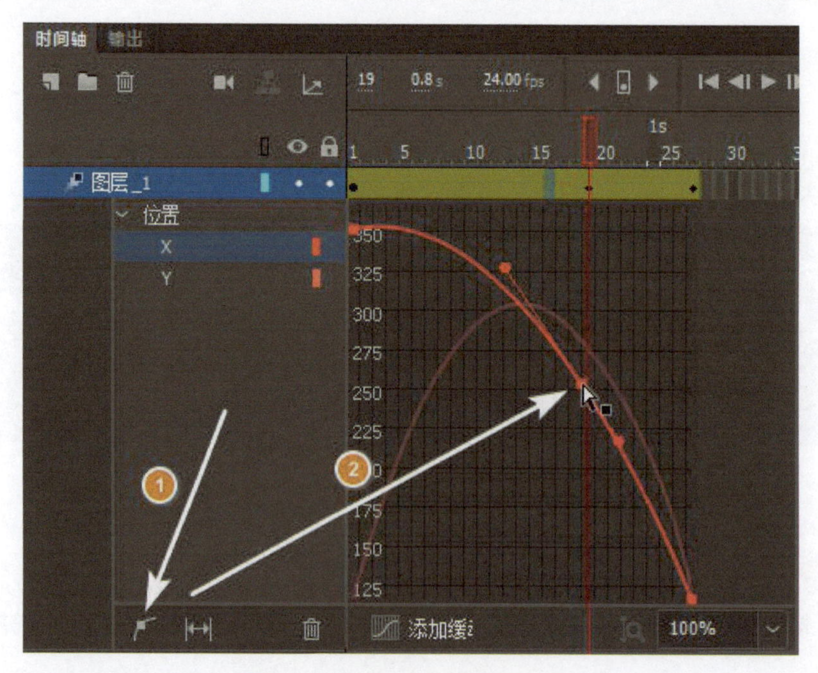

图 4-52 为运动曲线添加锚点

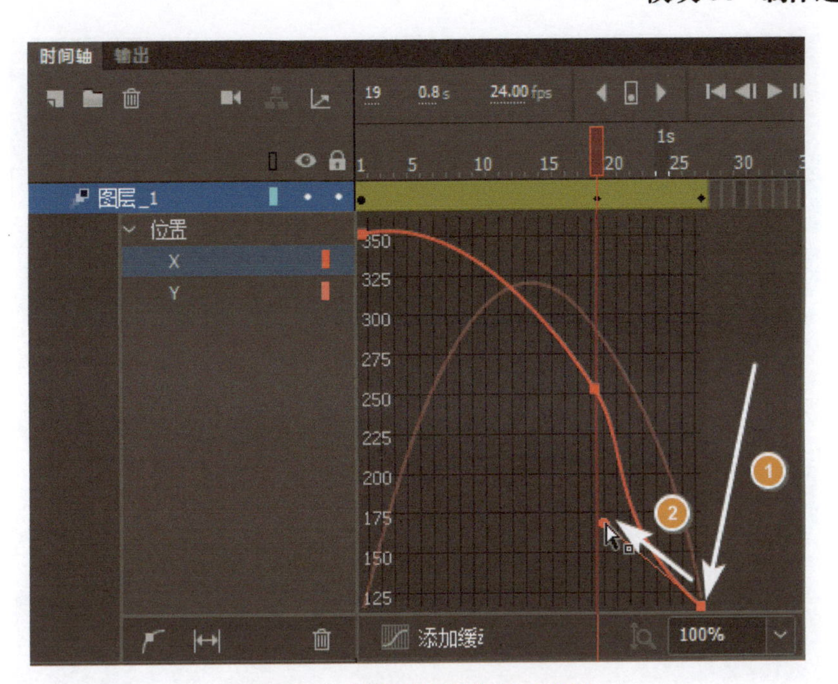

图 4-53　拖曳手柄调整运动曲线

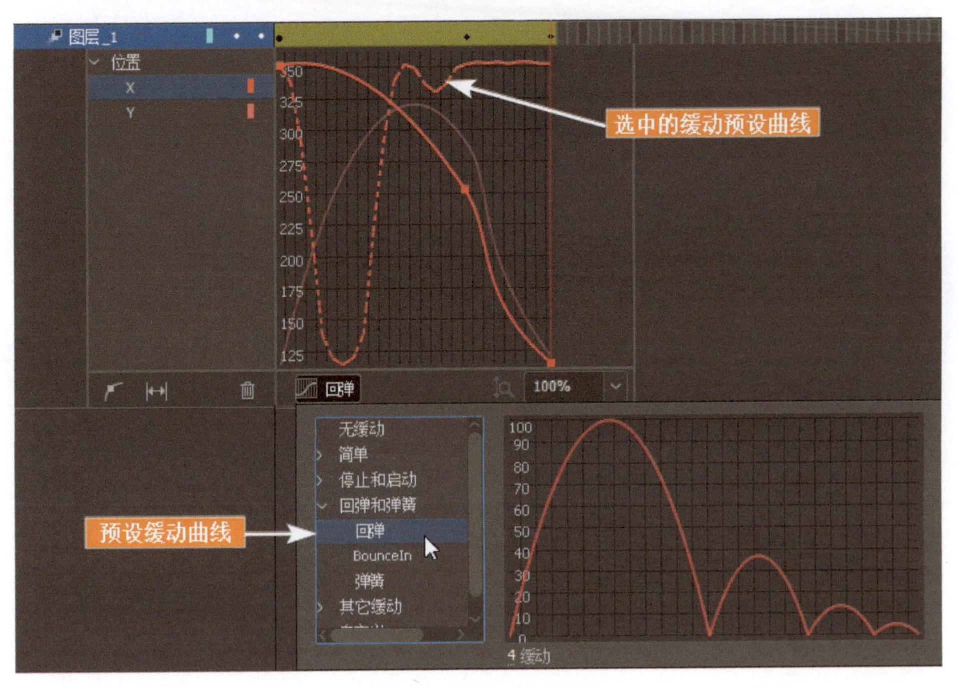

图 4-54　预设缓动曲线

在补间区域的任意一帧上，单击鼠标右键，在弹出的快捷菜单中选择“插入关键帧”命令组可以选择为其他属性或全部属性插入关键帧，如图 4-56 所示。添加“旋转”属性后，在“调整补间”编辑器中会出现 Z 轴的旋转曲线，选择“Z”后对“旋转”对应的曲线进行操作，如添加锚点及通过锚点的手柄调整曲线，如图 4-57 所示。

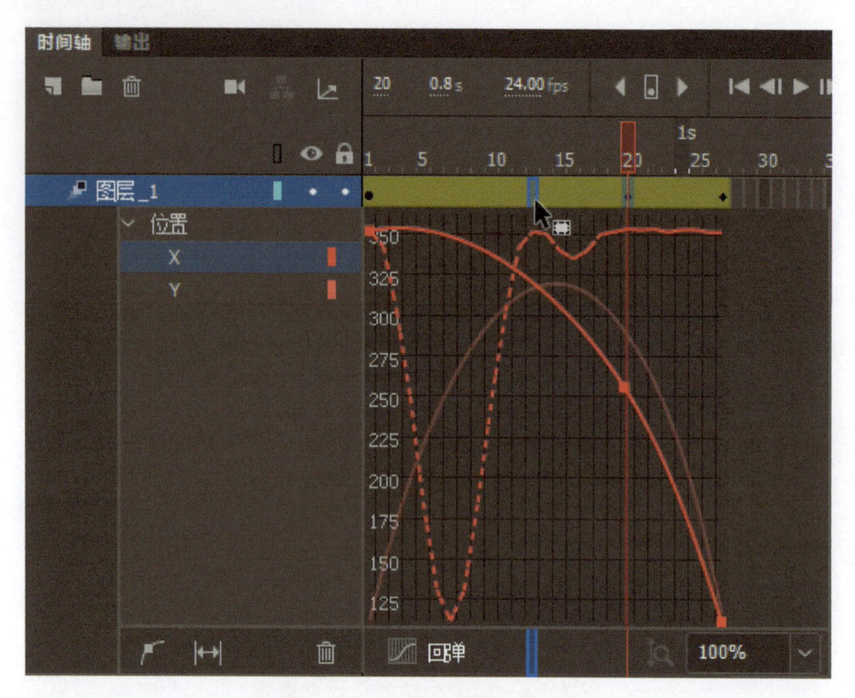

图 4-55　移动关键帧的位置

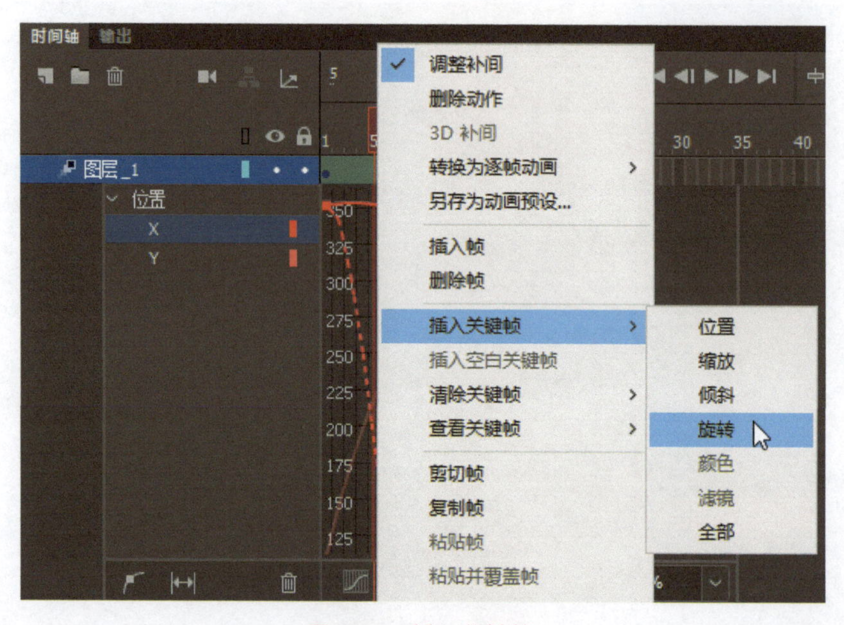

图 4-56　插入关键帧

每种属性的关键帧用不同颜色进行表示。在补间区域的任意一帧上，单击鼠标右键，在弹出的快捷菜单中选择“查看关键帧”命令组可以选择查看需要显示的关键帧属性，如图 4-58 所示。

在补间区域的任意一帧上，单击鼠标右键，在弹出的快捷菜单中再次选择“调整补间”命令可以关闭图层的“调整补间”编辑器，如图 4-59 所示。

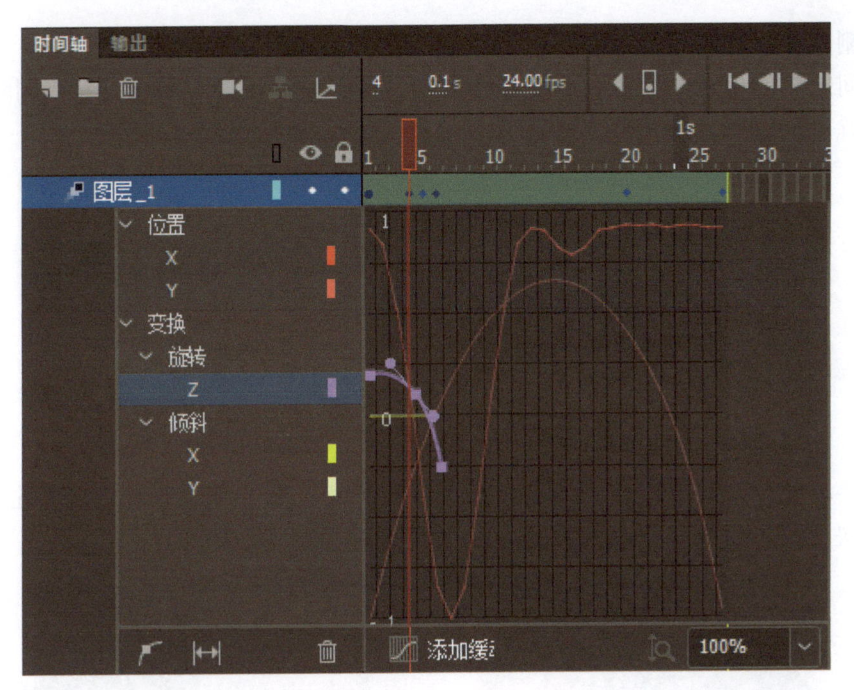

图 4-57　调整“旋转”曲线

图 4-58　查看关键帧

图 4-59　关闭图层的“调整补间”编辑器

（3）删除补间动画

在补间区域的任意一帧上，单击鼠标右键，在弹出的快捷菜单中选择“删除动作”命令可以删除补间动画，如图 4-60 所示。

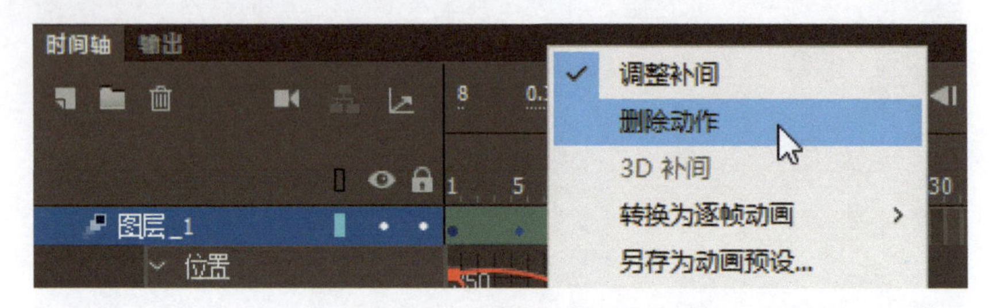

图 4-60 删除补间动画

如果要单独删除某个属性的关键帧，可以在补间区域的任意一帧上，单击鼠标右键，在弹出的快捷菜单中选择“清除关键帧”命令组进行删除，如图 4-61 所示。

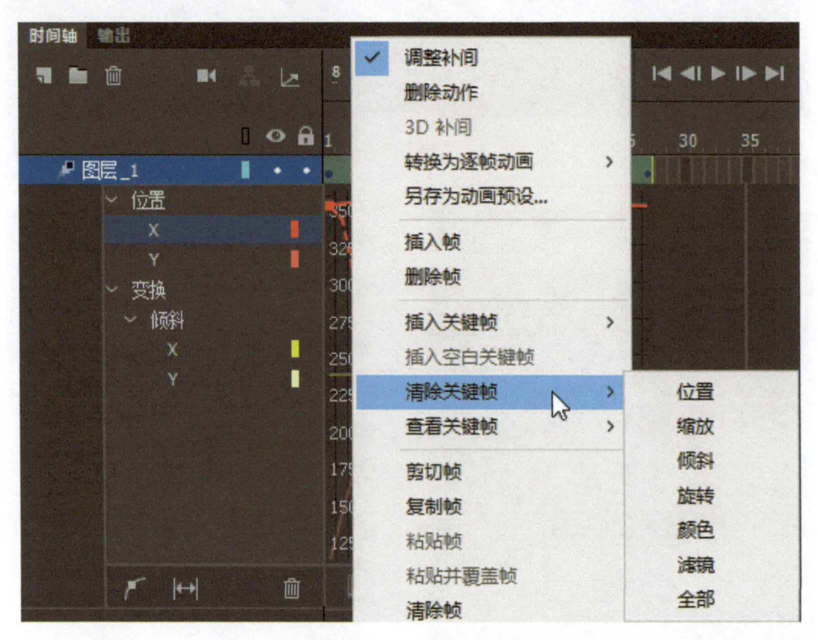

图 4-61 清除关键帧

3．“变形”面板

“变形”面板用于元素的缩放、旋转、倾斜、3D 旋转、翻转等操作，如图 4-62 所示。“变形”面板中的大部分操作都可以使用“任意变形工具”实现。

选择元素后，单击“复制变形”按钮会根据变形参数的设置将其复制，也可以连续复制多个规则变形的元素，如图 4-63 所示。

4．影片剪辑元件实例

影片剪辑元件实例的独有属性在“3D 定位和视图”选项卡中，“显示”选项卡和“滤镜”选项卡是影片剪辑元件实例和按钮元件实例都有的选项卡。

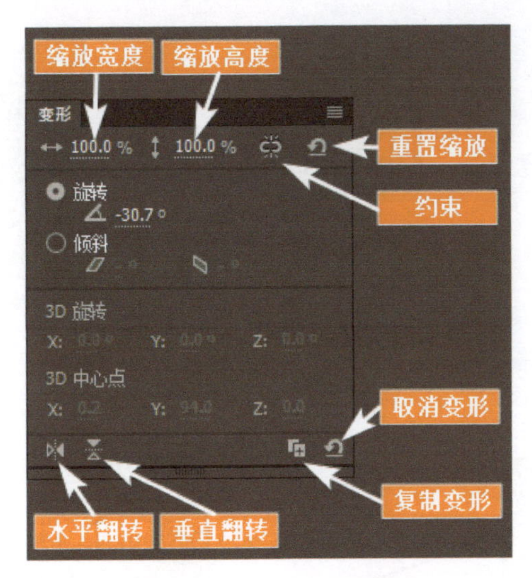

图 4-62　“变形”面板

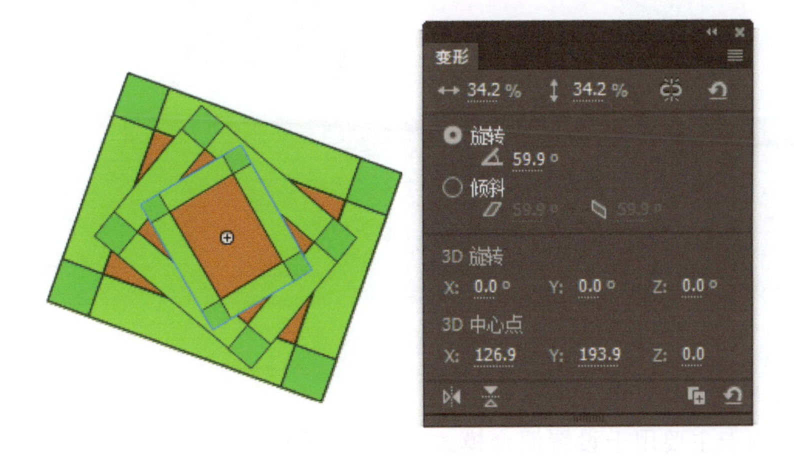

图 4-63　复制变形

（1）“3D 定位和视图”选项卡

“3D 定位和视图”选项卡中包含“X”、“Y”、“Z”、“透视角度”、“消失点”和“重置”按钮。“透视角度”和“消失点”是舞台上所有影片剪辑元件实例公用的属性，修改任意一个影片剪辑元件实例，其他影片剪辑元件实例的这两个属性也会同时改变。

“X”表示水平坐标，“Y”表示垂直坐标，“Z”表示深度坐标。默认情况下，“Z”为 0，“X”和“Y”的数值与“位置和大小”选项卡中“X”和“Y”的数值相同。在“X”和“Y”的值修改后，“位置和大小”选项卡中“X”和“Y”会失效。

“透视角度”的取值范围为[1,179]，是指摄像机镜头所能摄取的场景上距离最大的两点（*A* 与 *B*）与镜头（*C*）连线的夹角，如图 4-64 所示。

“消失点”用于设置透视消失点的位置，当“Z”趋近于无穷大时影片剪辑元件实例会在消失点显示为一个点。“消失点”位置的不同会改变舞台上影片剪辑元件实例的倾斜效果，如图 4-65 所示。

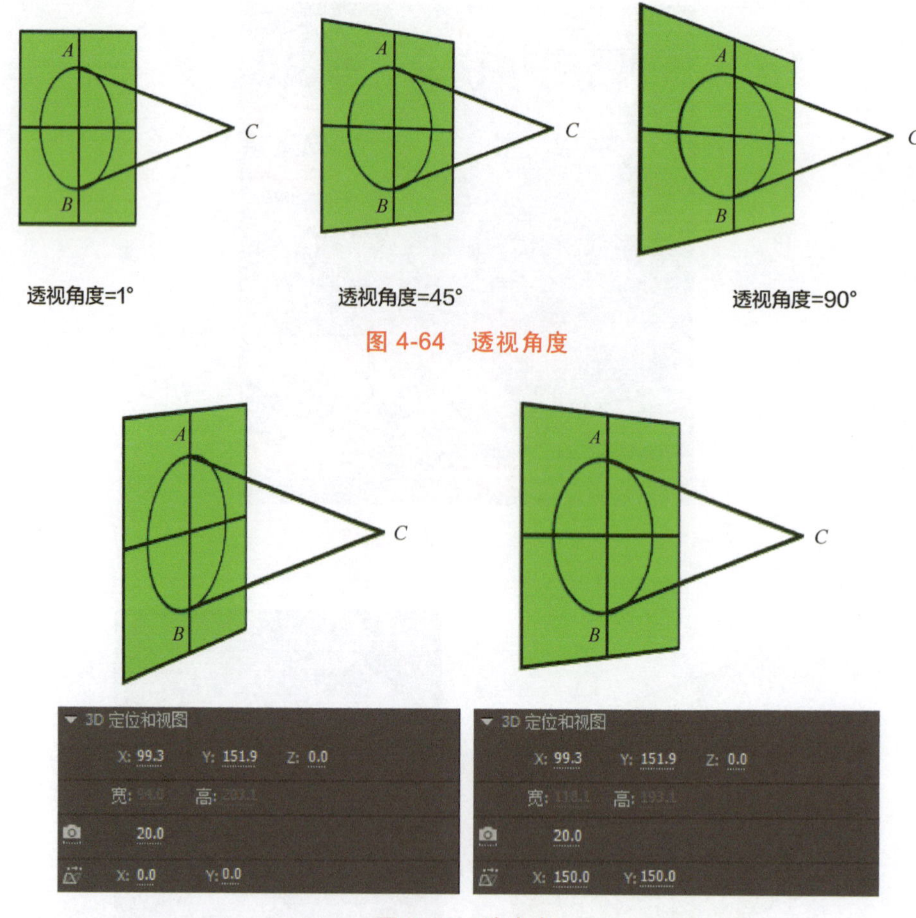

图 4-64　透视角度

图 4-65　消失点

（2）“显示”选项卡

“显示”选项卡主要用于设置混合模式，包含“可见”、“混合”和“呈现”等，如图 4-66 所示。

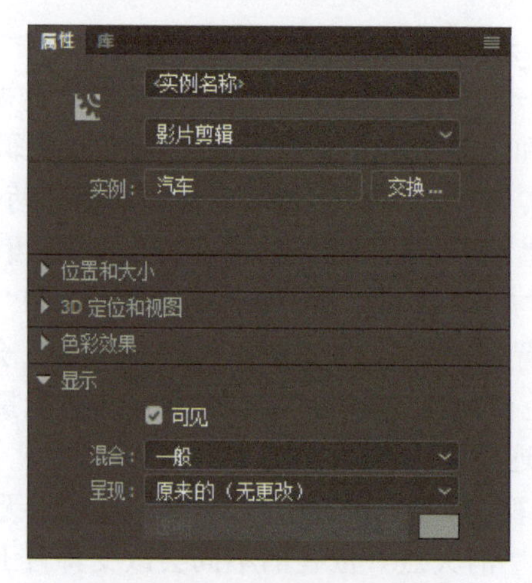

图 4-66　“显示”选项卡

“可见”复选框默认状态下是勾选的，取消勾选后元件实例会被隐藏。

“混合”用于设置混合模式，混合模式是混合颜色（应用于混合模式的颜色）与基准颜色（混合颜色下面像素的颜色）的复合关系。影片剪辑元件实例设置“混合”后，会与其下方元素重叠区域按照混合模式的设置进行复合。“混合”包括“一般”、“图层”、“变暗”、“正片叠底”、“变亮”、“滤色”、“叠加”、“强光”、“增加”、“减去”、“差值”、“相反”、“Alpha”和“擦除”等模式。其中，“图层”模式需要作为父级影片剪辑与其内部的“Alpha”和“擦除”模式配合使用，否则没有任何效果。在“Alpha”或“擦除”模式下，“汽车”影片剪辑元件实例的“混合”设置为“图层”，其内部的元件实例设置为“Alpha”或“擦除”模式，退出“汽车”影片剪辑元件实例后，混合效果才生效。混合模式的部分效果如表 4-1 所示，演示文档的路径是“源文件\模块 04\混合模式.fla”。

表 4-1　混合模式

<table>
<tr><td colspan="2">
一般：正常应用颜色，不与基准颜色发生交互</td></tr>
<tr><td>
变暗：只替换比混合颜色亮的区域，比混合颜色暗的区域将保持不变</td><td>
正片叠底：将基准颜色与混合颜色复合，从而产生较暗的颜色</td></tr>
<tr><td>
变亮：只替换比混合颜色暗的区域，比混合颜色亮的区域将保持不变</td><td>
滤色：将混合颜色的反色与基准颜色复合，从而产生漂白效果</td></tr>
</table>

续表

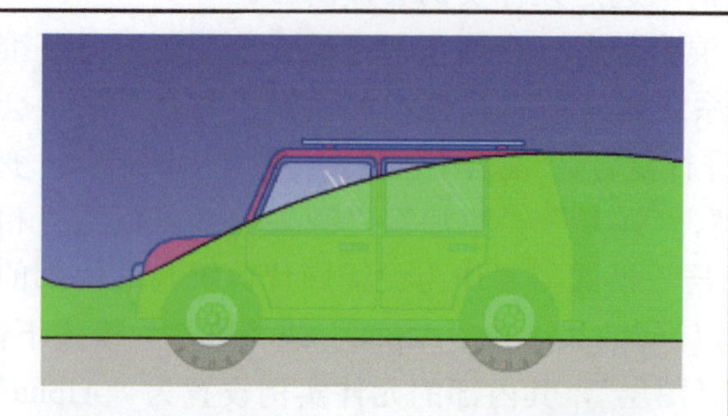 叠加：复合或过滤颜色，具体操作取决于基准颜色	 强光：复合或过滤颜色，具体操作取决于混合颜色
 增加：混合颜色加上基准颜色，通常用于在两个图像之间创建动画的变亮分解效果	 减去：混合颜色减去基准颜色，通常用于在两个图像之间创建动画的变暗分解效果
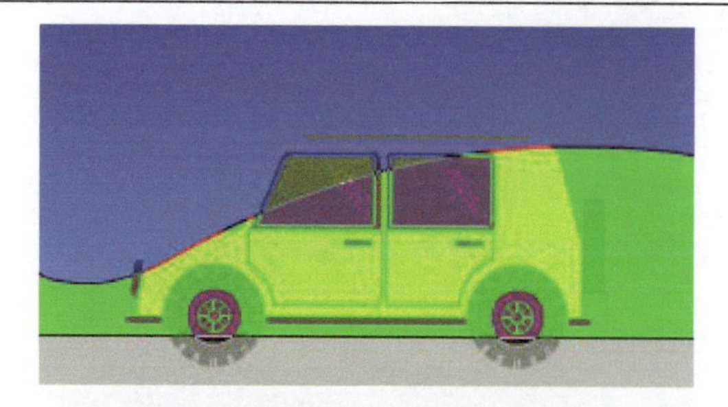 差值：从基色减去混合色或从混合色减去基色，具体操作取决于哪一种的亮度值较大	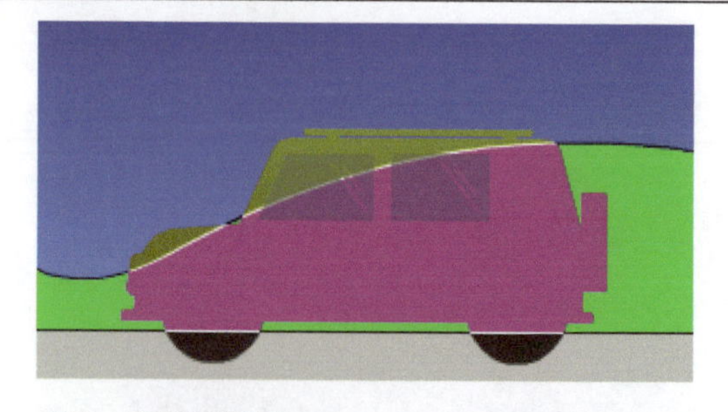 相反：反转基准颜色
 Alpha：应用 Alpha 遮罩层。左侧车轮的 Alpha 为 100，右侧车轮的 Alpha 为 50	 擦除：删除所有基准颜色像素，包括背景图像中的基准颜色像素。左侧车轮的 Alpha 为 100，右侧车轮的 Alpha 为 50

“呈现”用于设置影片剪辑元件实例的渲染模式，包括“原来的（无更改）”、“缓存为位图”和“导出为位图”。“原来的（无更改）”选项不会对渲染模式进行优化；“缓存为位图”选项会将影片剪辑元件实例转换为位图后再进行渲染；“导出为位图”选项会在发

布时将影片剪辑元件实例转换为位图保存以节省渲染时间。位图虽然在一定程度上可以减少渲染时间，但是放大后有斑点状“马赛克”效果。选择“缓存为位图”或“导出为位图”选项后，还可以设置是否保留透明区域，若不保留透明区域则可以设置透明区域的颜色，如图 4-67 所示。

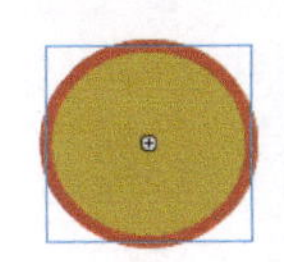
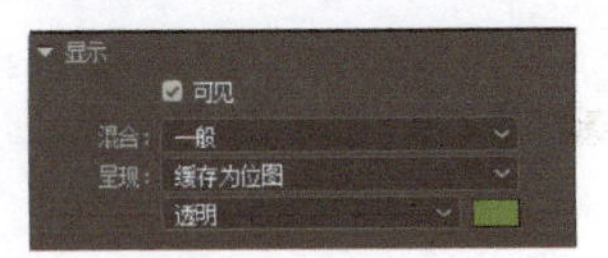

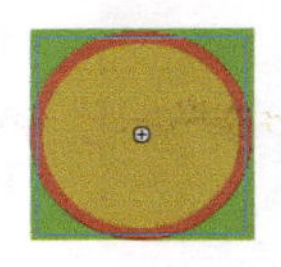
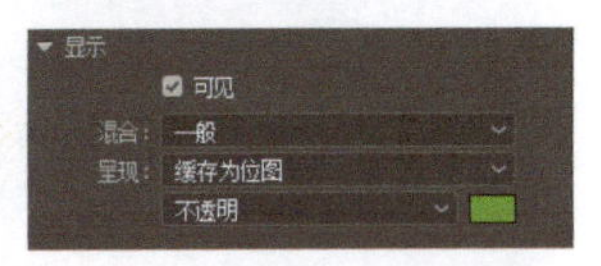

图 4-67　“透明”和“不透明”的区别

5. 图形元件实例和影片剪辑元件实例的区别

（1）实例的“属性”面板

图形元件实例的“属性”面板中有“循环”选项卡，影片剪辑元件实例的“属性”面板中有“3D 定位和视图”选项卡、“显示”选项卡和“滤镜”选项卡。

（2）实例的时间轴同步

图形元件实例内部时间轴的播放受其所在的时间轴播放的控制(不可以使用 ActionScript 进行控制)；而影片剪辑元件实例内部时间轴的播放是独立控制的，默认情况下其内部时间轴是循环播放的（可以使用 ActionScript 进行单独控制）。

默认情况下，时间轴上只有一帧，图形元件实例内的动画是不能播放的，而影片剪辑元件实例内的动画是可以播放的，可参照演示文档“源文件\模块 04\时间轴同步 1.fla”。

默认情况下，时间轴上只有一个关键帧，其后的帧都是持续帧，图形元件实例内的动画会从“第一帧”属性设置的帧数开始循环播放，但是在图形元件实例所在的时间轴播放完再次循环到第一帧时，其内的动画会从“第一帧”属性设置的帧数开始重新播放动画。而影片剪辑元件实例内的动画会始终循环播放，在影片剪辑元件实例所在的时间轴播放完再次循环到第一帧时，其内的动画依然是循环播放的，不会被重置到第一帧重新播放，可参照演示文档“源文件\模块 04\时间轴同步 2.fla”。

6. 滤镜

滤镜功能可以应用于帧（当发布 swf 格式文件开启“使用高级图层”模式后）、影片剪辑元件实例和按钮元件实例。按 Ctrl+J 快捷键或在文档的“属性”选项卡中单击“高级设置”按钮，打开“文档设置”对话框后，勾选“使用高级图层”复选框开启高级图层模式，如图 4-68 所示。

选择帧（发布 swf 格式文件开启“使用高级图层”模式后）、影片剪辑元件实例或按钮元件实例后，在“属性”面板的“滤镜”选项卡中，单击“添加”按钮，可以添加 7 种类型的滤镜：“投影”、“模糊”、“发光”、“斜角”、“渐变发光”、“渐变斜角”和“调整颜色”，以及选择“删除全部”、“启用全部”和“禁用全部”等功能，如图 4-69 所示。

不同滤镜的效果和参数是有很大区别的，如表 4-2 所示。注意，滤镜消耗的系统资源较多，复杂或大尺寸元素慎用滤镜，可以考虑将元素导出成位图在 Adobe Photoshop 中添加滤镜效果后，再导入 Animate 使用。

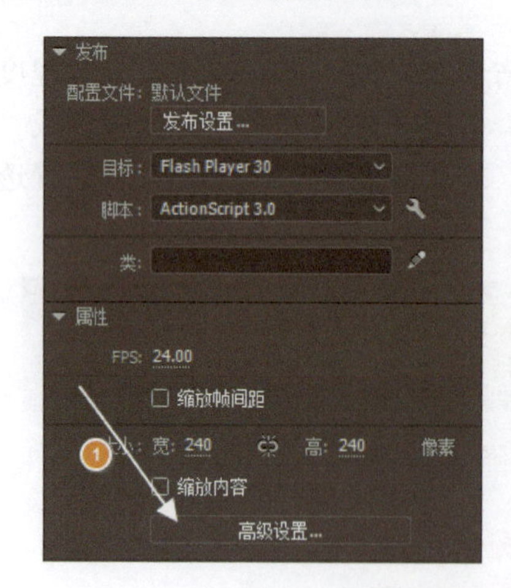

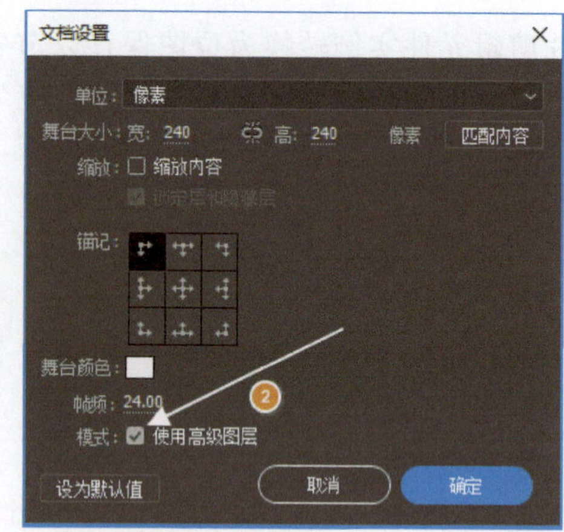

图 4-68　开启高级图层模式

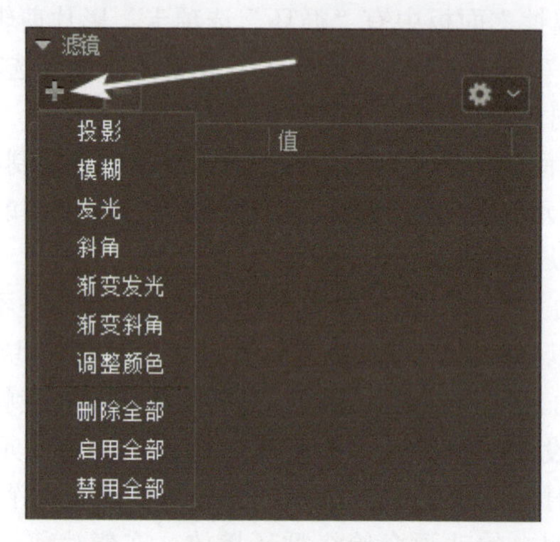

图 4-69　“滤镜”选项卡的“添加”按钮

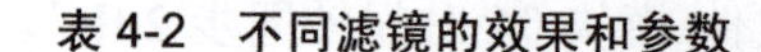

表 4-2　不同滤镜的效果和参数

效　果	参　数

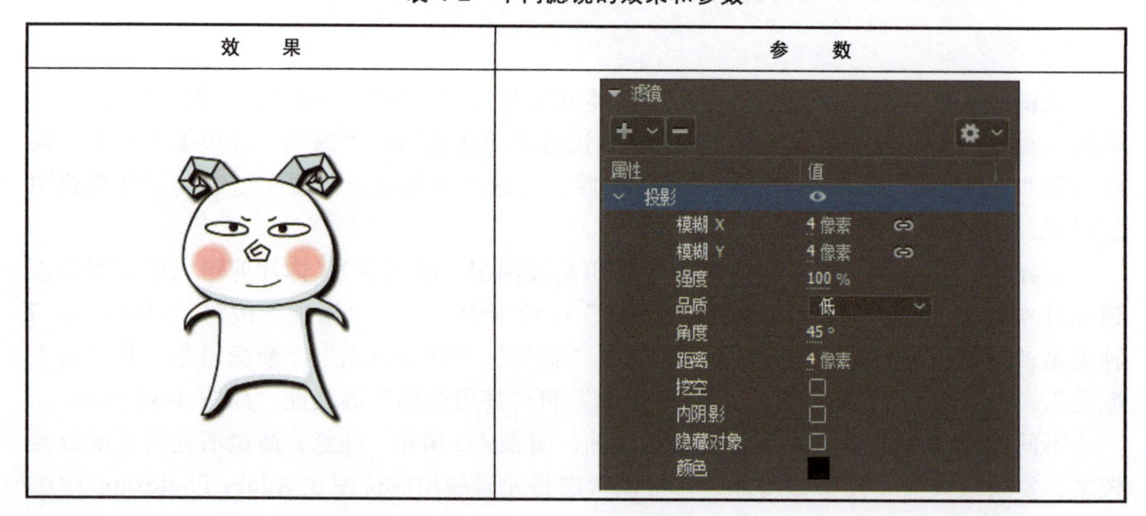

 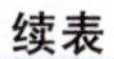

续表

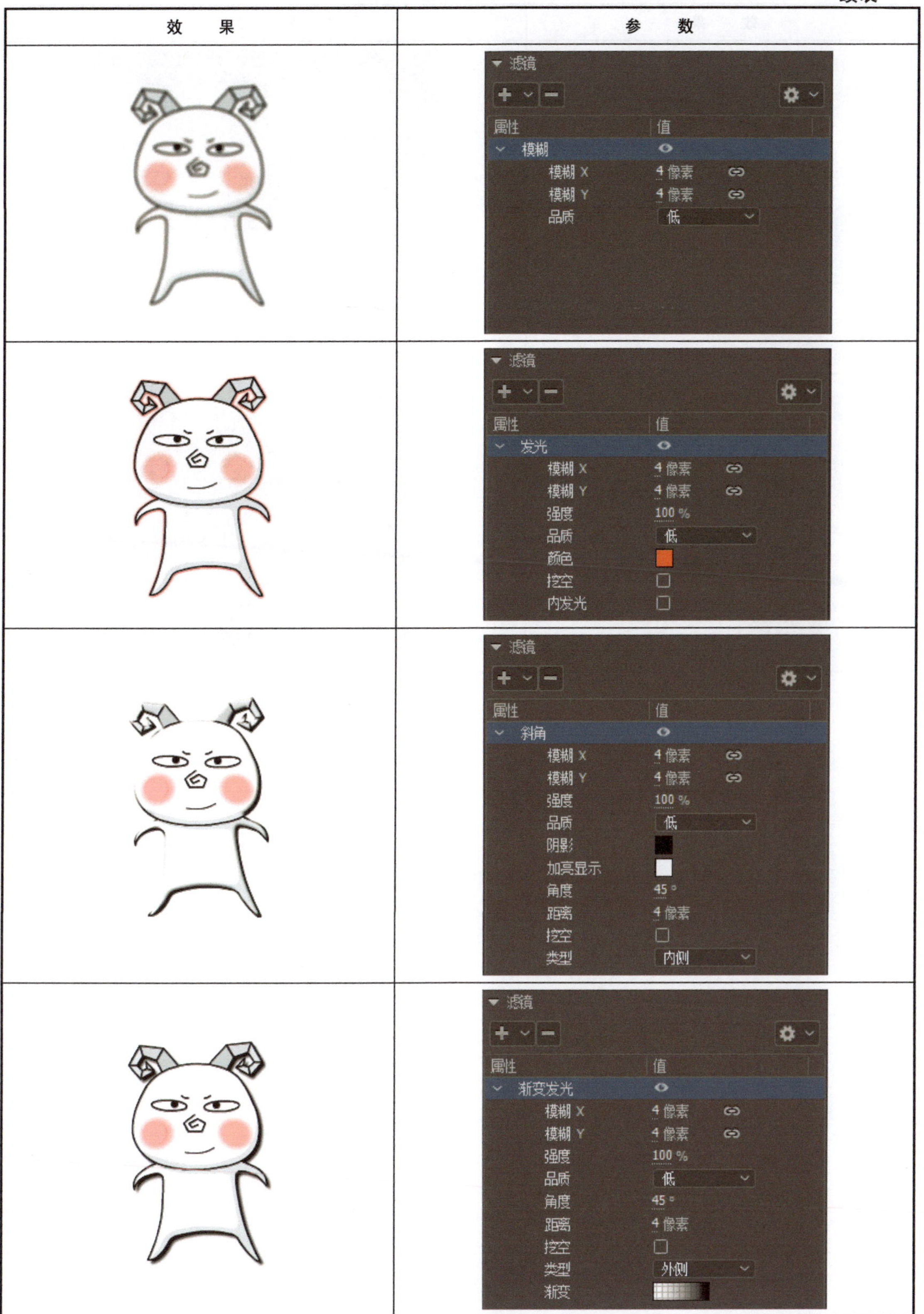
效　果
参　数
滤镜
属性
值
模糊
模糊 X
4 像素
模糊 Y
4 像素
品质
低
滤镜
属性
值
发光
模糊 X
4 像素
模糊 Y
4 像素
强度
100 %
品质
低
颜色
挖空
内发光
滤镜
属性
值
斜角
模糊 X
4 像素
模糊 Y
4 像素
强度
100 %
品质
低
阴影
加亮显示
角度
45 °
距离
4 像素
挖空
类型
内侧
滤镜
属性
值
渐变发光
模糊 X
4 像素
模糊 Y
4 像素
强度
100 %
品质
低
角度
45 °
距离
4 像素
挖空
类型
外侧
渐变

续表

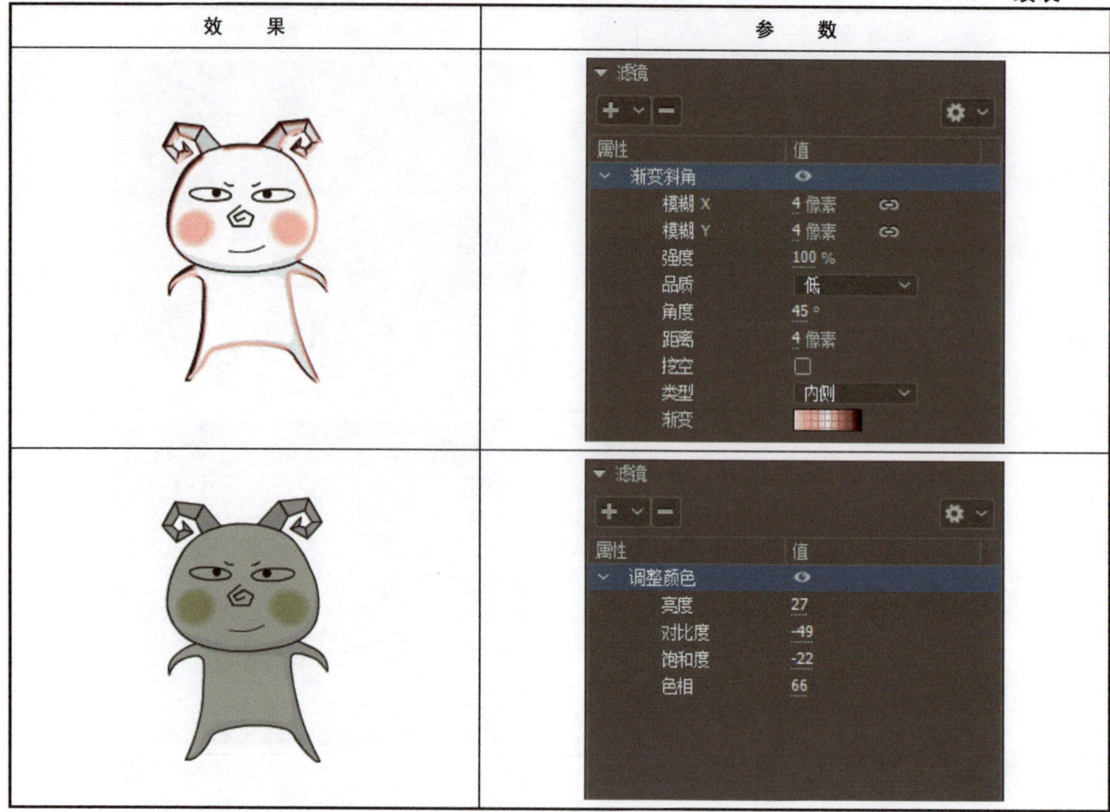
效 果
参 数
滤镜
属性
值
渐变斜角
模糊 X
4 像素
模糊 Y
4 像素
强度
100 %
品质
低
角度
45 °
距离
4 像素
挖空
类型
内侧
渐变
滤镜
属性
值
调整颜色
亮度
27
对比度
-49
饱和度
-22
色相
66

实践任务

任务 2　手机广告动画——双十一购物节

任务背景

每年的双十一购物节都是各个商家较重视的促销季，除主打商品的选择和定价策略外，广告也是十分重要的。有些商家甚至会提前一个月进行广告战，以吸引买家的注意。

任务要求

广告设计符合产品的宣传定位，并且能够体现产品的特点。使用传统补间动画或补间动画为产品和文字制作动画，符合运动规律。色彩搭配合理，动画效果流畅。

技术要领

创建传统补间、创建补间动画、缓动、影片剪辑元件。

解决问题

使用“缓动”实现加速或减速效果。

任务分析

主要制作步骤

理论考核

1．单项选择题

（1）补间动画制作减速效果需要使用（　　）属性。

A．加速度　　B．缓动　　C．惯性　　D．阻力

（2）传统补间动画的关键帧上可以有（　　）个元件实例。

A．1　　B．2　　C．3　　D．4

2．多项选择题

（1）元件类型包括（　　）。

A．按钮　　B．图形　　C．视频　　D．影片剪辑

（2）滤镜可以用于（　　）。

A．帧　　B．图形元件实例

C．影片剪辑元件实例　　D．按钮元件实例

3．判断题

（1）传统补间动画只能使用图形元件实例。（　　）

（2）传统补间动画和补间动画能够制作相同效果的动画。（　　）

模块 05

使用引导层制作动画

能力目标

1. 掌握将普通图层转换为引导层的方法
2. 掌握被引导层与引导层关联的方法
3. 掌握多场景制作动画的方法

知识目标

1. 了解路径动画的原理
2. 了解引导层的作用
3. 理解引导层和被引导层的关系

学时分配

6 课时（讲课 2 课时，实践 4 课时）

模 拟 任 务

任务1 品牌宣传视频广告——EACHOLL 香水

任务背景

EACHOLL 是一个国产的香水品牌，主要客户是都市白领和大学生。为了对品牌进行宣传推广，需要制作一个用于电视和互联网播放的品牌宣传视频广告。

任务要求

视频尺寸为 1280 像素×720 像素，能够展现品牌特点，体现时尚简洁的视觉效果，如图 5-1 所示。构图均衡，色彩清新明快，动画具有节奏感。

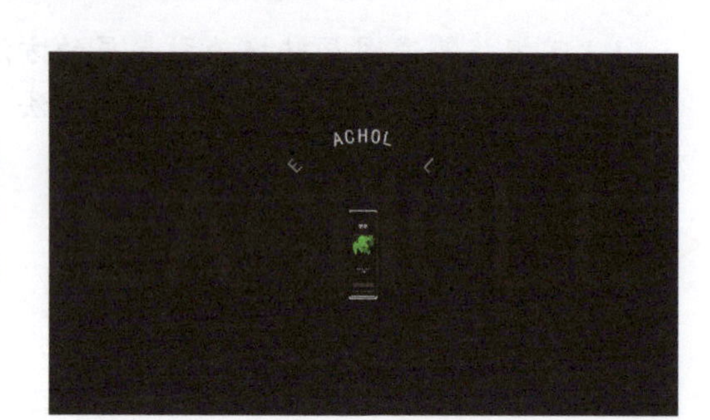

图 5-1 最终效果

重点难点

1．将普通图层转换为引导层
2．引导层与被引导层的关联
3．多场景的使用

技术要领

使用引导层绘制运动路径，将字母拖曳到运动路径上制作传统补间动画，使用“场景”面板。

解决问题

沿着预定路径控制元件实例的运动。

素材路径

素材\模块 05\EACHOLL 香水.fla。

任务分析

使用引导层的线条作为传统补间动画的运动路径。字母沿着环形中部从两侧由透明度 0 到 100 运动到顶部，并使用“缓动”制作减速效果。

打开素材

01 启动 Animate，打开“素材\模块 05\EACHOLL 香水.fla”文件，如图 5-2 所示。

图 5-2　打开素材

将元件放置到新场景

02 选择“窗口”→“场景”命令打开“场景”面板，单击左下角的“添加场景”按钮新建一个场景，如图 5-3 所示。

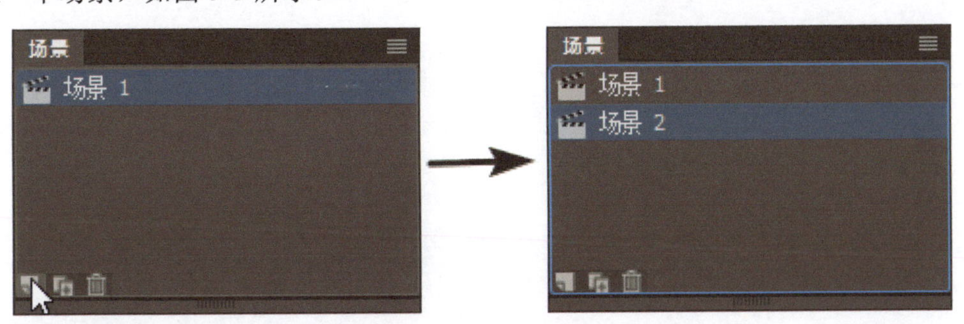

图 5-3　新建场景

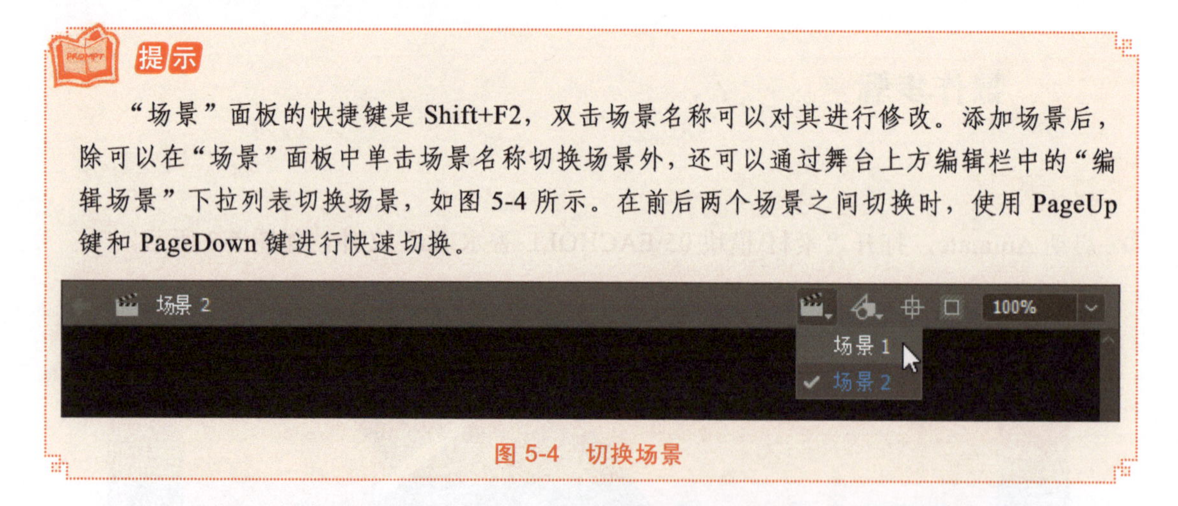

提示

“场景”面板的快捷键是 Shift+F2，双击场景名称可以对其进行修改。添加场景后，除可以在“场景”面板中单击场景名称切换场景外，还可以通过舞台上方编辑栏中的“编辑场景”下拉列表切换场景，如图 5-4 所示。在前后两个场景之间切换时，使用 PageUp 键和 PageDown 键进行快速切换。

图 5-4　切换场景

03 新建 11 个图层，分别将库中的元件拖曳放置在相应的图层并修改图层名称，如图 5-5 所示，其中“L1”图层和“L2”图层放置的都是 L 元件实例。

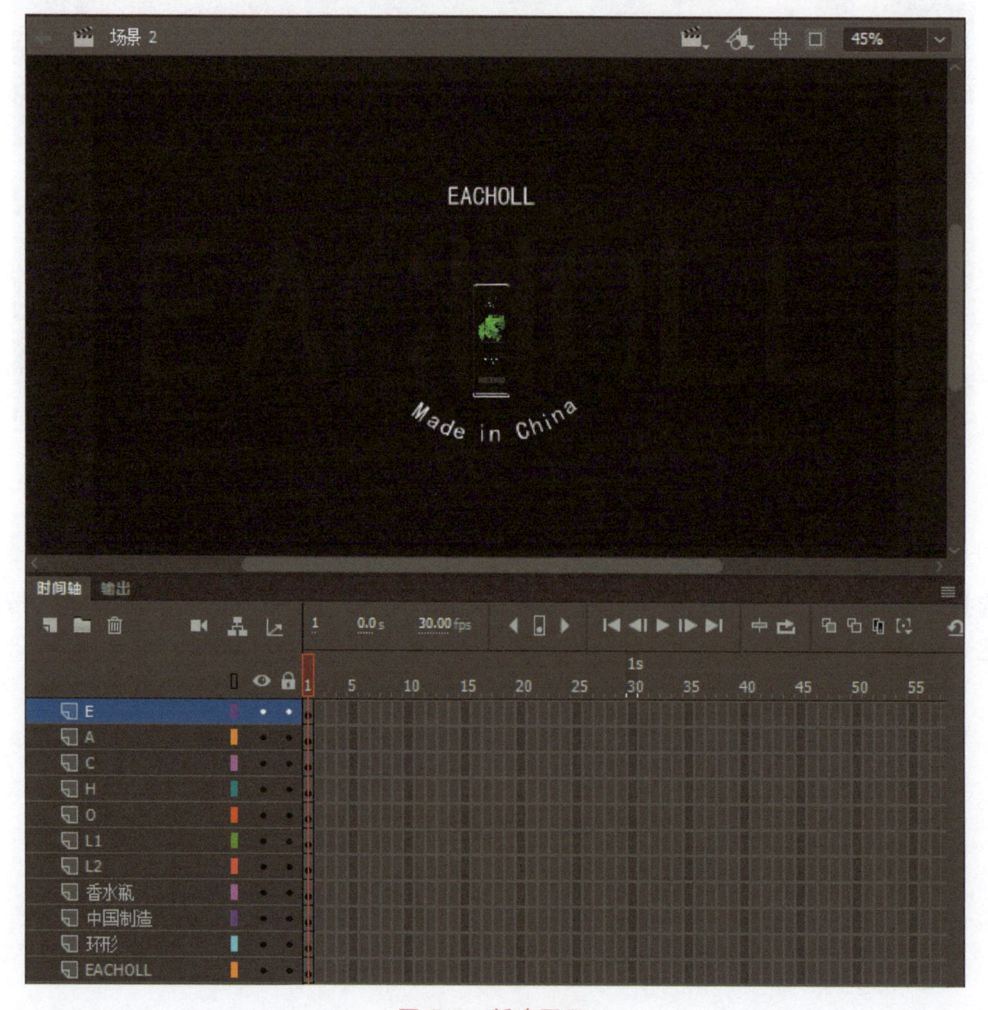

图 5-5　新建图层

制作字母的引导线动画

04 新建一个图层，命名为“引导线”。在该图层上单击鼠标右键，在弹出的快捷菜单中选择“引导层”命令将其转换为引导层，然后在该图层上选择“椭圆工具”，按住 Shift+Alt 键以环形的圆心为圆心绘制一个圆形，再将圆形的形状删除保留线条，如图 5-6 所示。

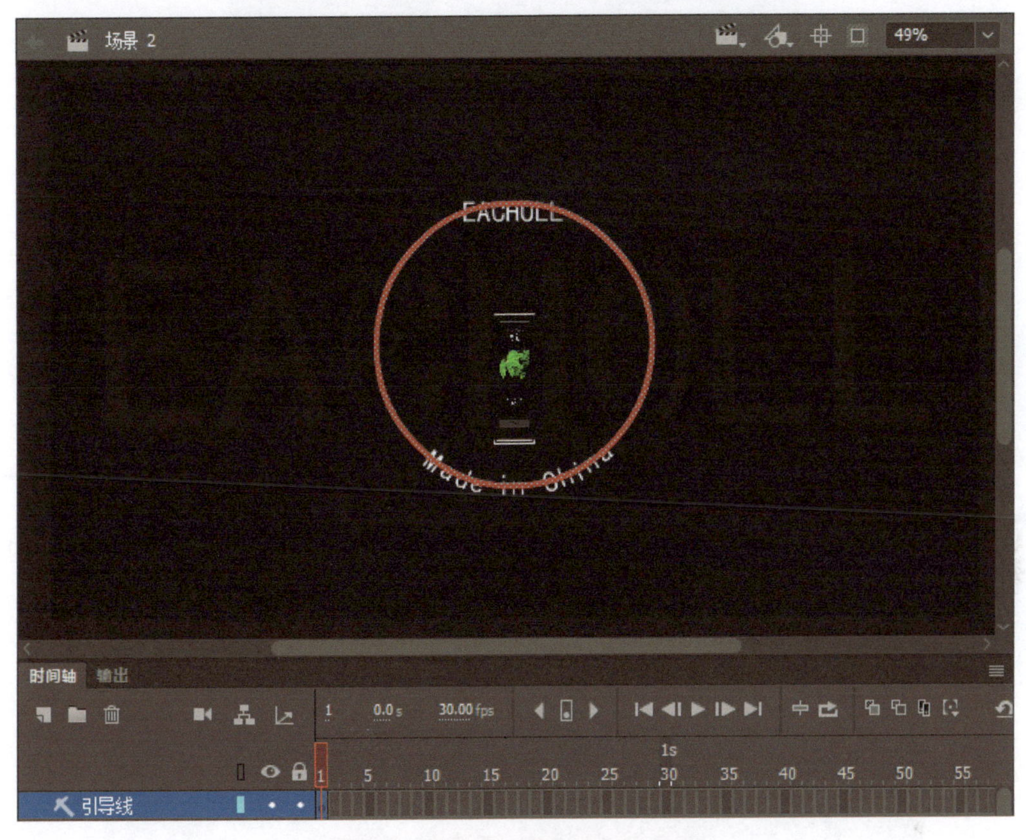

图 5-6　新建引导层并绘制引导线

05 依次将“E”、“A”、“C”、“H”、“O”、“L1”和“L2”图层拖曳到“引导线”图层的右下方，使其与引导层相关联，如图 5-7 所示。

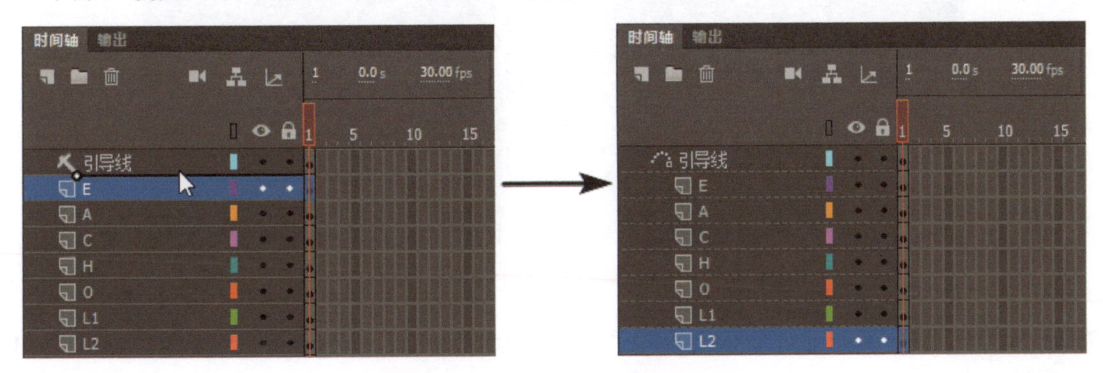

图 5-7　引导层与被引导层相关联

06 拖曳选择“E”、“A”、“C”、“H”、“O”、“L1”和“L2”图层的第 10 帧，按 F6 键插入关键帧。然后依次选择“引导线”、“香水瓶”、“中国制造”、“环形”和“EACHOLL”图层的第 10 帧，按 F5 键插入帧，如图 5-8 所示。

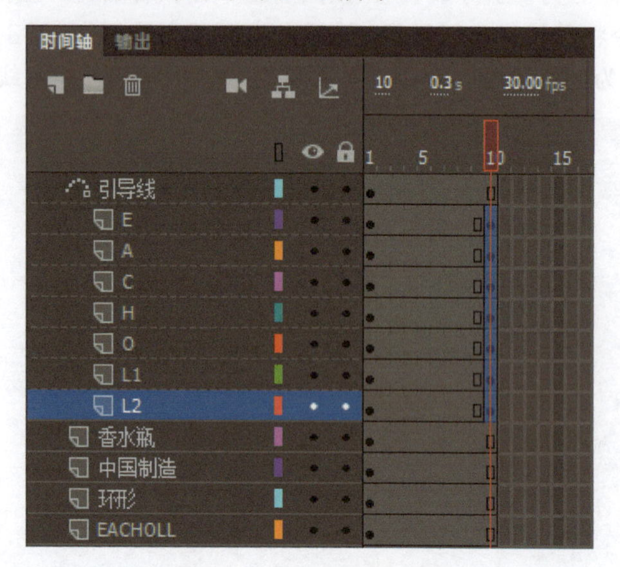

图 5-8 插入关键帧和帧

07 依次选择“E”、“A”和“C”图层上的元件实例，设置“样式”为“Alpha”，“Alpha”值为 0%，旋转 90° 后移动到引导线左侧中心位置，如图 5-9 所示。

图 5-9 设置样式并旋转移动位置

08 选择“H”图层上的元件实例，设置“样式”为“Alpha”，“Alpha”值为 0%，如图 5-10 所示。

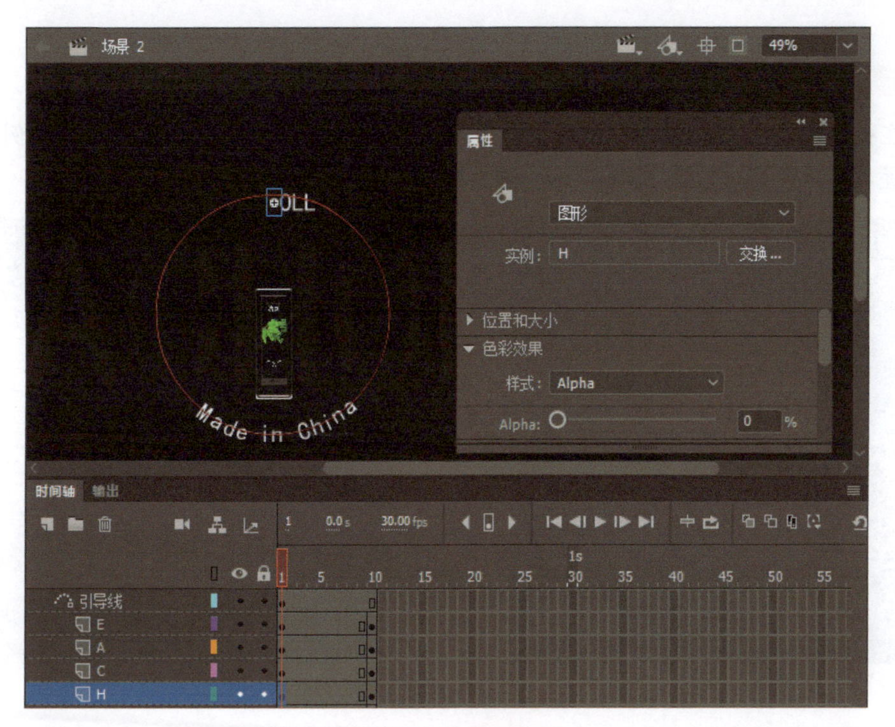

图 5-10　设置样式

09 依次选择“O”、“L1”和“L2”图层上的元件实例，设置“样式”为“Alpha”，“Alpha”值为 0%，旋转 90° 后移动到引导线右侧中心位置，如图 5-11 所示。

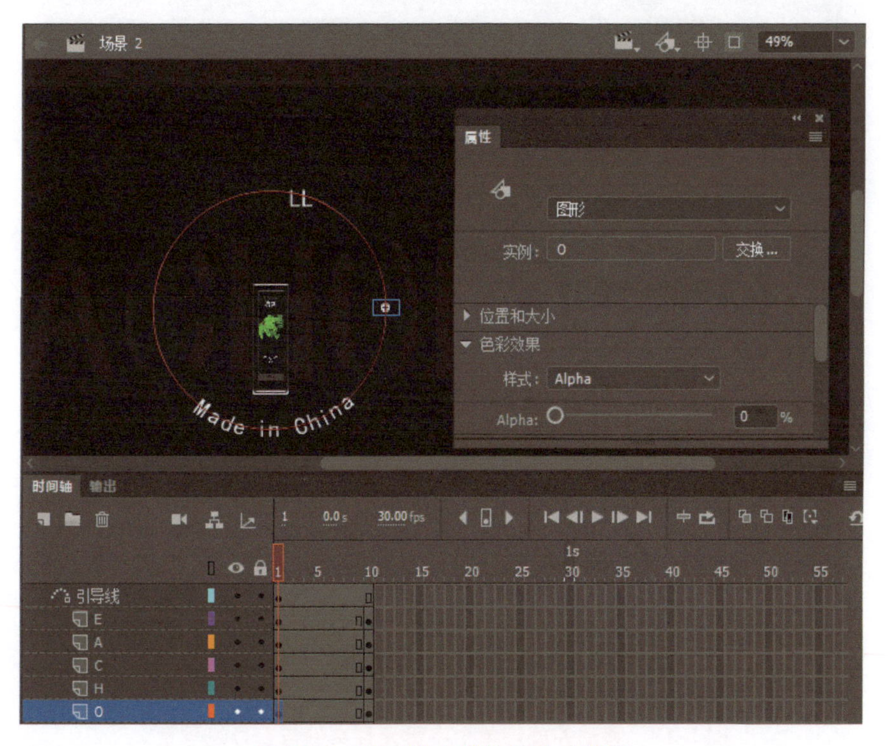

图 5-11　设置样式并旋转移动位置

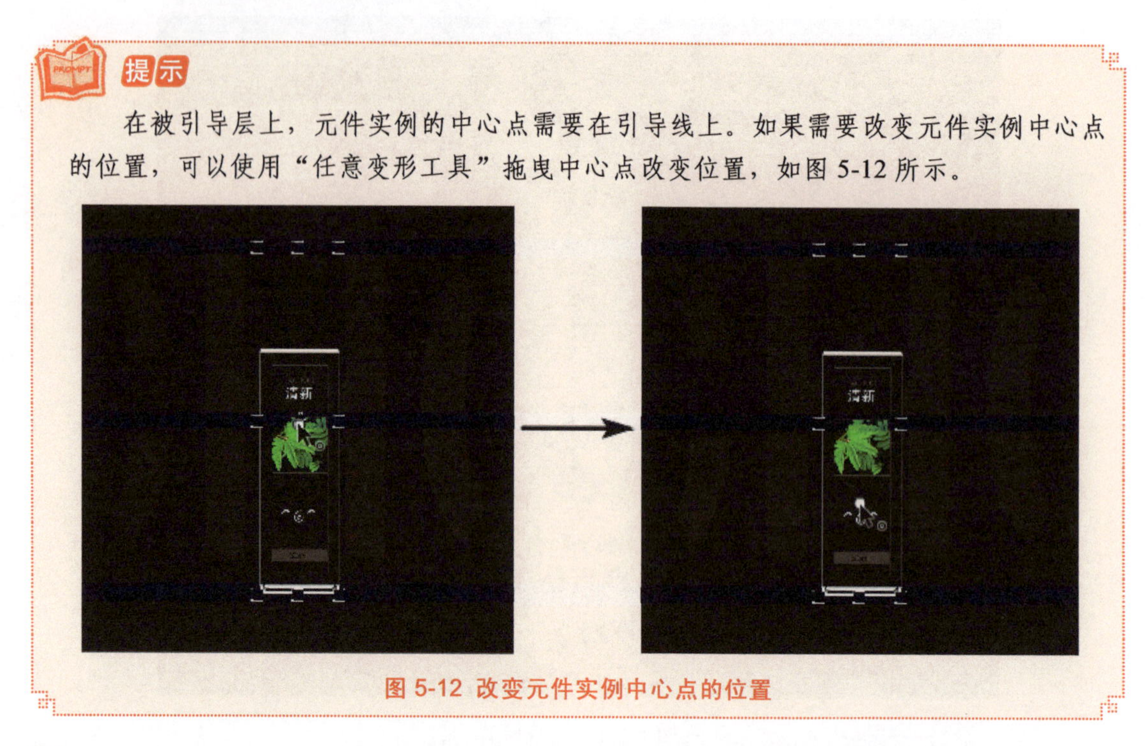

提示

在被引导层上，元件实例的中心点需要在引导线上。如果需要改变元件实例中心点的位置，可以使用“任意变形工具”拖曳中心点改变位置，如图 5-12 所示。

图 5-12 改变元件实例中心点的位置

10 依次选择“E”、“A”、“C”、“H”、“O”、“L1”和“L2”图层第 10 帧上的元件实例，移动到引导线上并旋转一定的角度使其与引导线垂直，如图 5-13 所示。

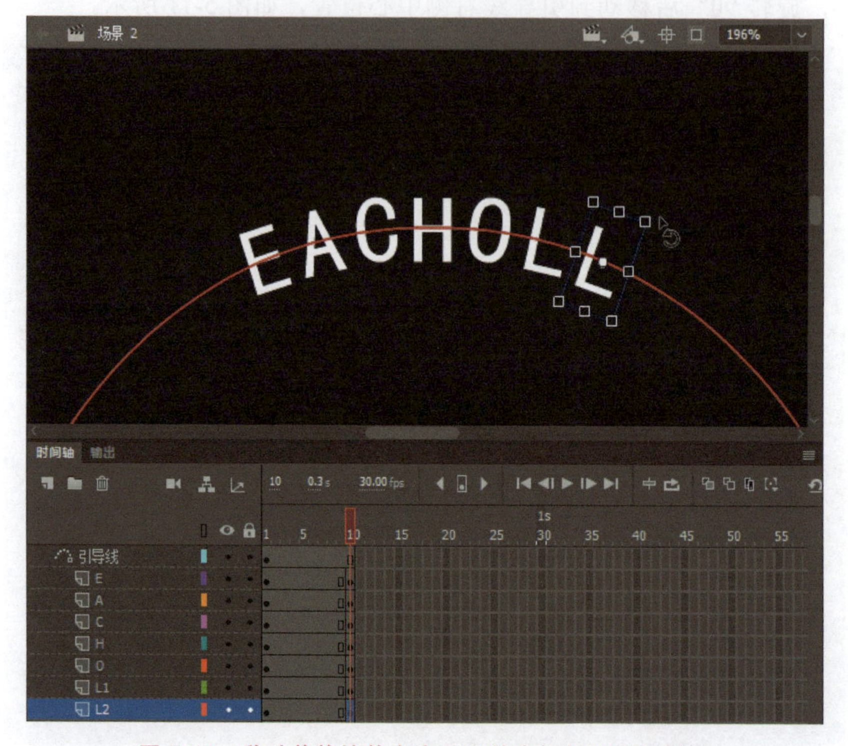

图 5-13 移动并旋转单个字母元件实例与引导线垂直

11 拖曳选择“E”、“A”、“C”、“H”、“O”、“L1”和“L2”图层上两组关键帧之间的任意一帧，单击鼠标右键，在弹出的快捷菜单中选择“创建传统补间”命令，在“属性”面板中设置“缓动强度”为 100，如图 5-14 所示。

图 5-14　创建传统补间动画并设置缓动强度

12 拖曳选择所有图层的第 50 帧，按 F5 键插入帧。拖曳选择“E”图层的第 1～10 帧移动到第 20 帧，拖曳选择“A”图层的第 1～10 帧移动到第 15 帧，拖曳选择“C”图层的第 1～10 帧移动到第 10 帧，拖曳选择“H”图层的第 1～10 帧移动到第 10 帧，拖曳选择“O”图层的第 1～10 帧移动到第 10 帧，拖曳选择“L1”图层的第 1～10 帧移动到第 15 帧，拖曳选择“L2”图层的第 1～10 帧移动到第 20 帧，如图 5-15 所示。

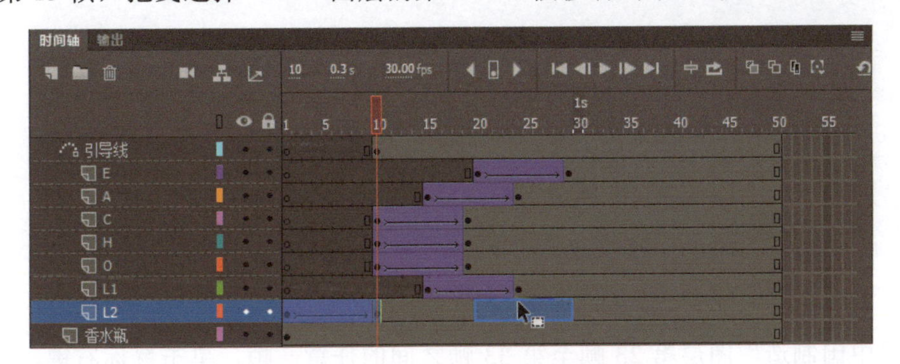

图 5-15　插入持续帧并拖曳移动帧

制作“中国制造”的动画

13 将“中国制造”图层的第 1 帧拖曳移动到第 23 帧，选择该图层的第 33 帧，按 F6 键插入关键帧，如图 5-16 所示。

图 5-16　拖曳移动帧并插入关键帧

14 选择“中国制造”图层的第 23 帧上的元件实例，设置“样式”为“Alpha”，“Alpha”值为 0%，如图 5-17 所示。

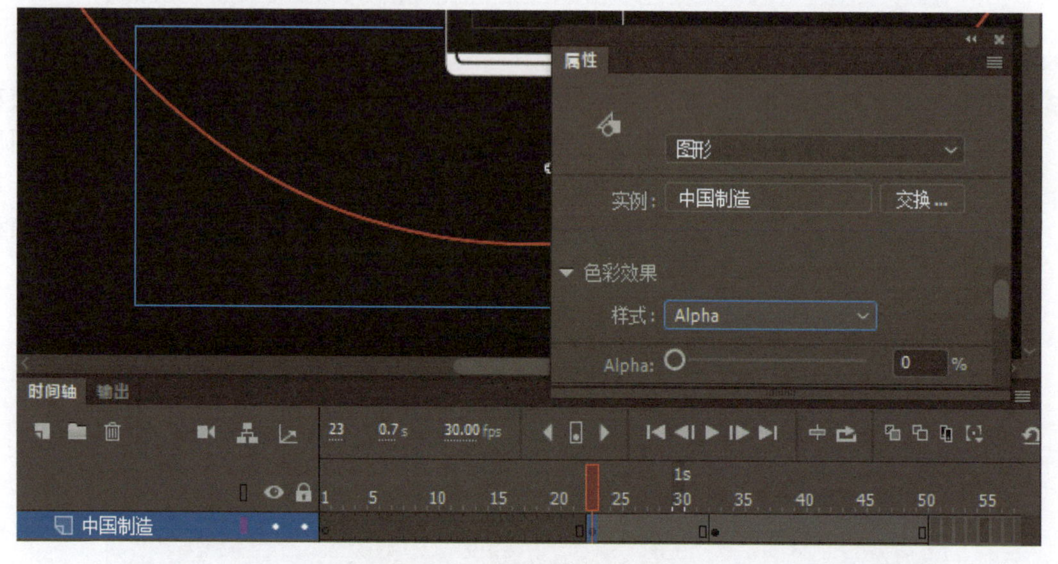

图 5-17　设置元件实例属性

15 选择“中国制造”图层第 23 帧至第 33 帧之间的任意一帧，单击鼠标右键，在弹出的快捷菜单中选择“创建传统补间”命令，如图 5-18 所示。

图 5-18　创建传统补间动画

制作“环形”的动画

16 选择“环形”图层的第 10 帧，按 F6 键插入关键帧，如图 5-19 所示。

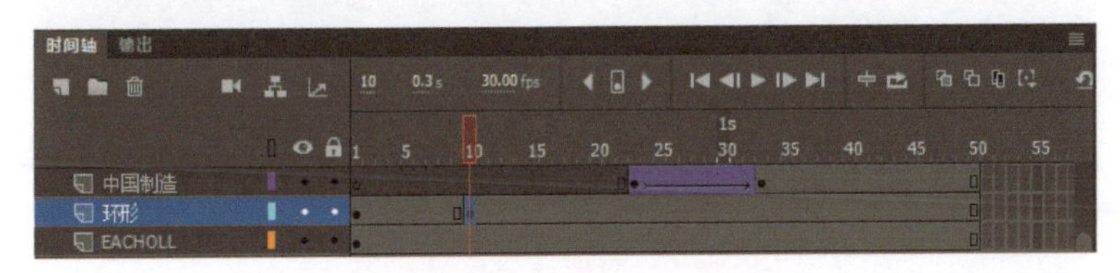

图 5-19　插入关键帧

17 选择“环形”图层第 1 帧上的元件实例，按 Q 键选择“任意变形工具”，按住 Shift 键拖曳右上角的控制点对其进行缩放，如图 5-20 所示。

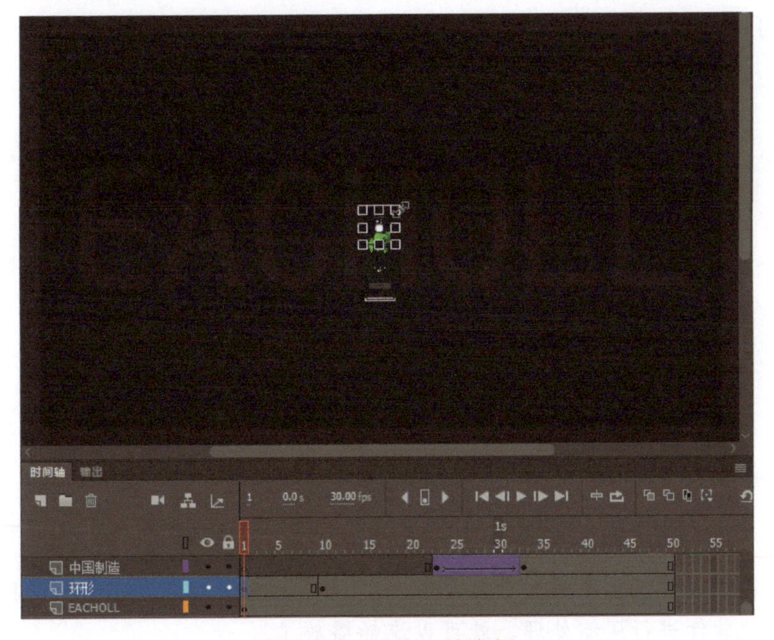

图 5-20　缩放元件实例

18 选择“环形”图层第1帧至第10帧之间的任意一帧，单击鼠标右键，在弹出的快捷菜单中选择“创建传统补间”命令，如图5-21所示。

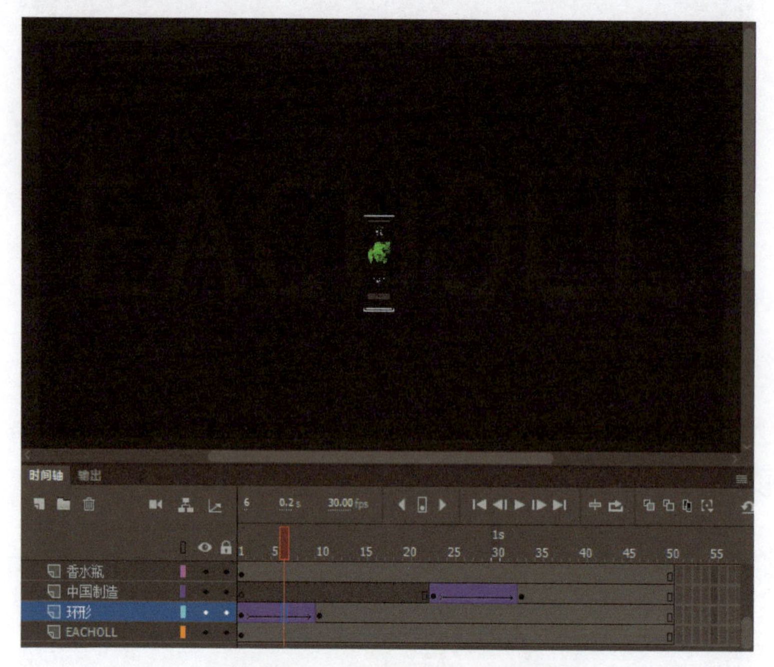

图 5-21 创建传统补间动画

导出视频

19 选择“文件”→“导出”→“导出视频”命令，弹出“导出视频”对话框，单击“导出”按钮可以导出mov格式视频，如图5-22所示。

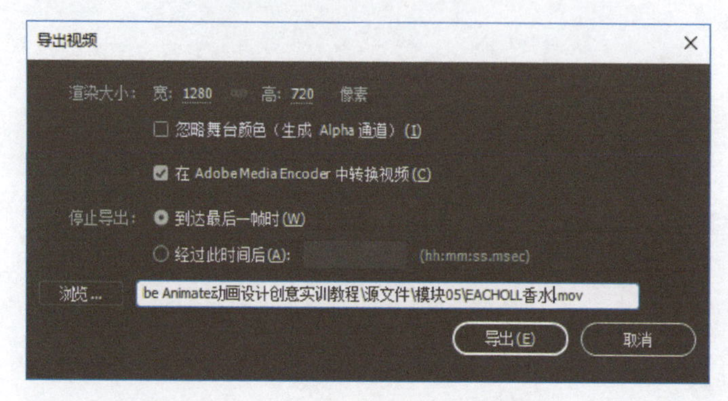

图 5-22 “导出视频”对话框

提示

如果计算机硬件性能不满足软件要求，播放导出的视频就会有卡顿现象。此时只要通过视频处理软件进行压缩处理，就可以流畅播放了。

拓 展 知 识

1. 引导层

引导层用于制作引导线动画，是专门放置引导线的图层，只有线条才能作为引导线。引导层需要配合被引导层一起使用，在被引导层内添加传统补间动画，将传统补间动画关键帧上的元件实例放置在引导线上就可以根据引导线的路径进行运动。

> **提示**
>
> 一个引导层可以与多个被引导层关联，但是这些被引导层必须依次放置在引导层下方。

(1) 将普通图层转换为引导层

在普通图层上单击鼠标右键，在弹出的快捷菜单中选择“引导层”命令将其转换为引导层，如图 5-23 所示。

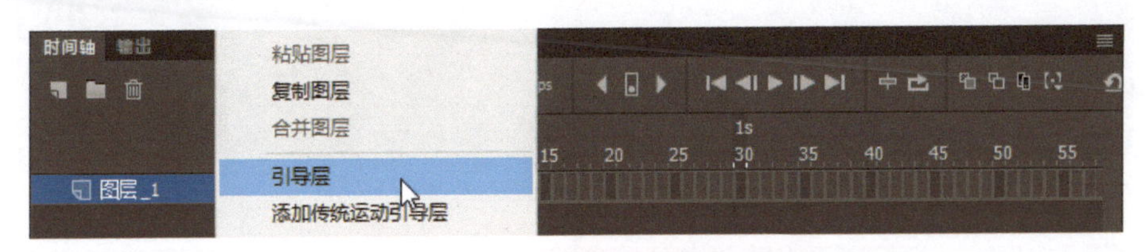

图 5-23　将普通图层转换为引导层

单击“时间轴”面板中的“新建图层”按钮，新建一个普通图层，并将其拖曳到引导层图标的右下方，出现一个圆圈后，如图 5-24 所示，松开鼠标左键，此时该图层与引导层进行关联成为被引导层。

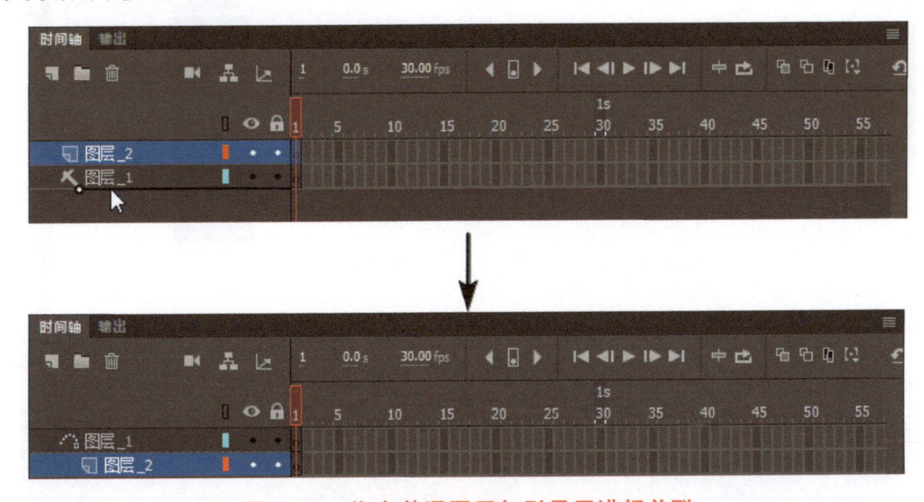

图 5-24　拖曳普通图层与引导层进行关联

在引导层上，使用“铅笔工具”绘制线条作为引导线。在被引导层上制作传统补间动画，其元件实例的中心点必须位于引导线上，如图 5-25 所示。

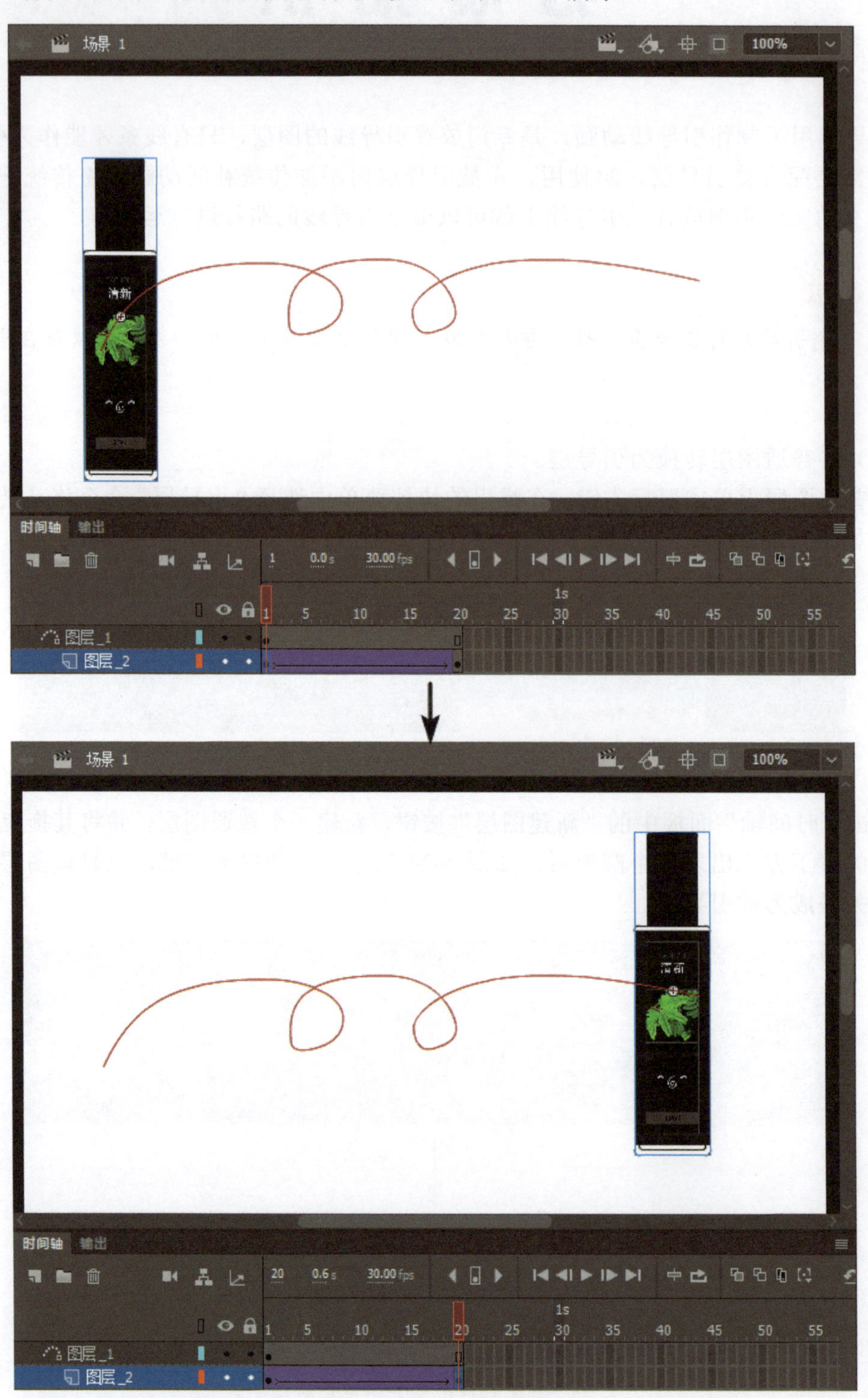

图 5-25　引导线动画

（2）为普通图层添加引导层

在普通图层上单击鼠标右键，在弹出的快捷菜单中选择“添加传统运动引导层”命令，新建一个引导层，并自动与该图层进行关联，如图 5-26 所示。

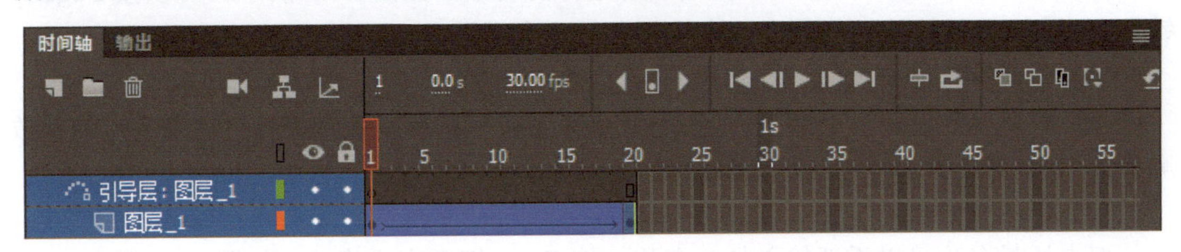

图 5-26　为普通图层添加引导层

（3）将引导层转换为普通图层

在引导层上单击鼠标右键，在弹出的快捷菜单中选择“引导层”命令，可以将其转换为普通图层，同时被引导层也会自动转换为普通图层，如图 5-27 所示。

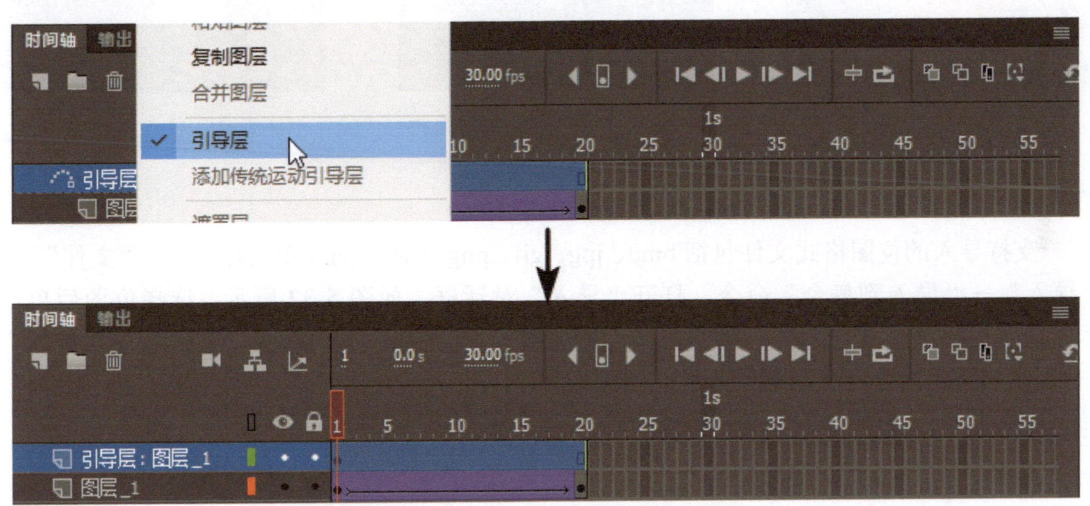

图 5-27　将引导层转换为普通图层

（4）将被引导层转换为普通图层

拖曳被引导层到引导层的左上方，或同一引导层的所有被引导层的左下方，出现一个圆圈，此时松开鼠标左键会将被引导层转换为普通图层，如图 5-28 所示。

图 5-28　将被引导层转换为普通图层

2. “场景”面板

“场景”面板用于添加、管理和切换场景。选择“窗口”→“场景”命令可以打开“场景”面板，“重置场景”按钮用于复制当前选择的场景，如图 5-29 所示。可以按 PageUp 键和 PageDown 键快速切换到上一个场景和下一个场景。

（1）调整场景播放顺序

场景的播放顺序是自上而下的，在场景名称上按住鼠标左键拖曳可以调整场景的播放顺序，如图 5-30 所示。

（2）修改场景名称

双击场景名称可以重新输入场景名称，按 Enter 键后完成修改，如图 5-31 所示。

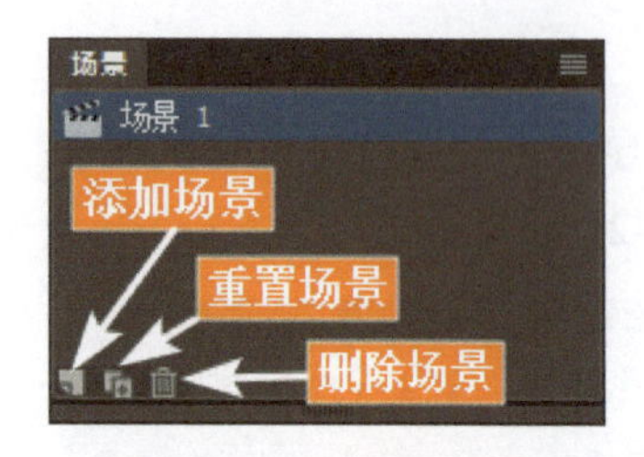

图 5-29 “场景”面板

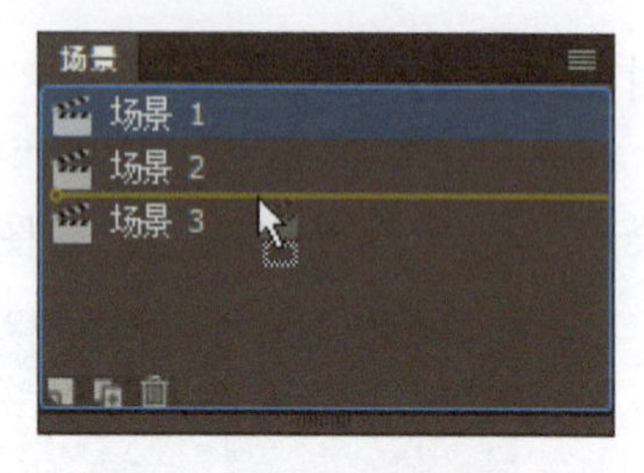

图 5-30 调整场景播放顺序

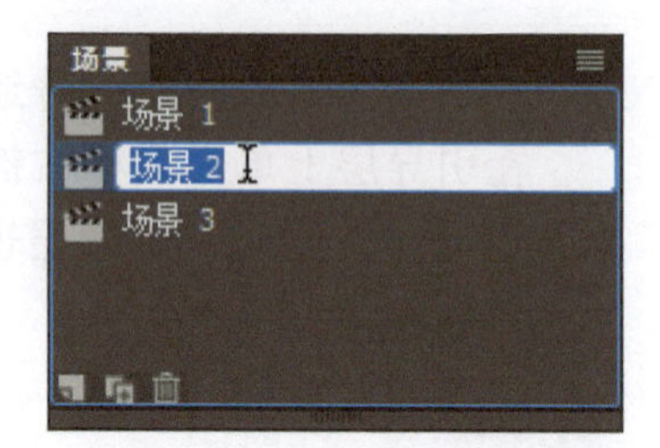

图 5-31 修改场景名称

3. 导入位图

支持导入的位图格式文件包括 bmp、jpg、gif、png 等格式的位图文件。选择“文件”→“导入”→“导入到舞台”命令，打开“导入”对话框，如图 5-32 所示。选择位图后单击“打开”按钮，将其导入舞台中央，该命令的快捷键是 Ctrl+R。选择“文件”→“导入”→“导入到库”命令，可以将位图导入库中。

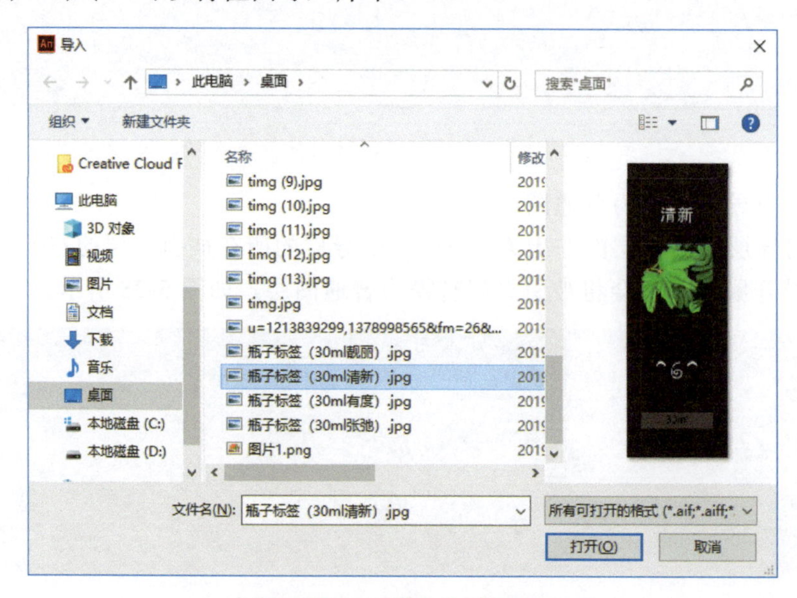

图 5-32 “导入”对话框

4. 位图作为颜色

导入位图后，可以使用位图作为线条的笔触颜色或形状的填充颜色。

（1）在“工具”面板中设置

导入位图，在“工具”面板中单击“笔触颜色”或“填充颜色”，可以选择位图作为颜色，如图 5-33 所示。此时选择“油漆桶工具”对形状进行填充颜色时，会将位图作为填充颜色对其进行填充，如图 5-34 所示。

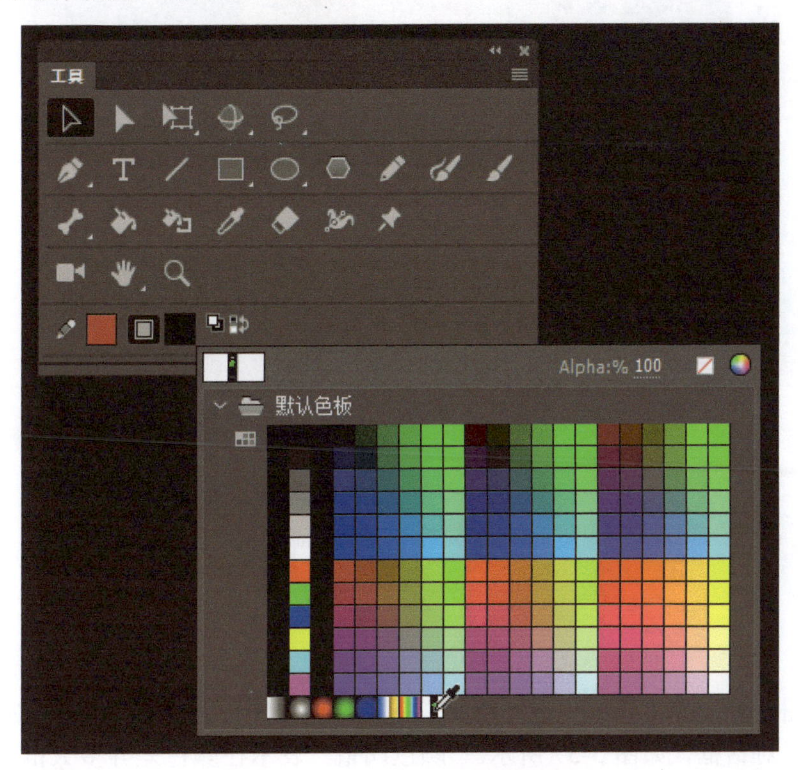

图 5-33　在“工具”面板中设置

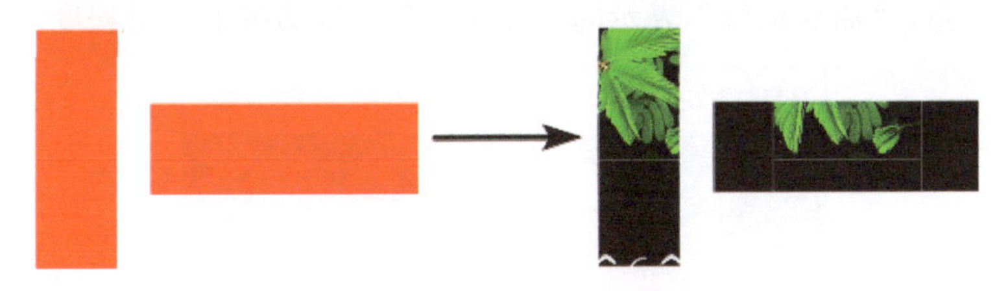

图 5-34　使用位图作为填充颜色

（2）在“属性”面板中设置

选择绘制功能的工具，在“属性”面板中单击“笔触颜色”或“填充颜色”。此时库中位图都会在可选颜色中出现，单击选取即可，如图 5-35 所示。

（3）在“颜色”面板中设置

打开“颜色”面板，单击“笔触颜色”或“填充颜色”，设置“颜色类型”为“位图填充”。此时可以选择所有导入的位图，或导入位图后再作为颜色，如图 5-36 所示。

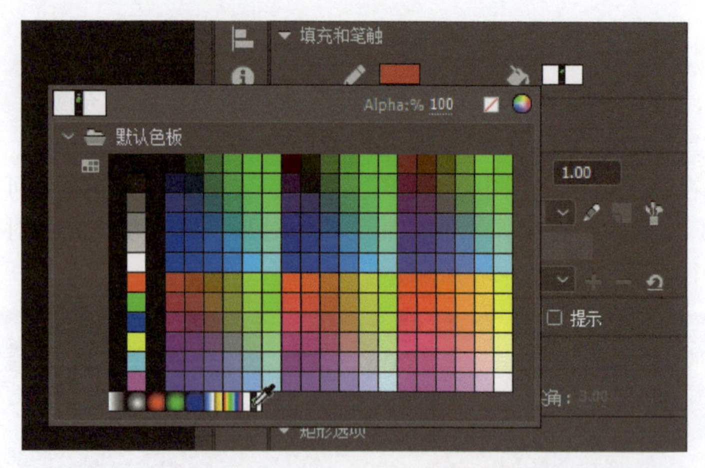

图 5-35　在“属性”面板中设置

图 5-36　在“颜色”面板中设置

5. 转换位图为矢量图

选择位图，再选择“修改”→“位图”→“转换位图为矢量图”命令，弹出“转换位图为矢量图”对话框，如图 5-37 所示。“颜色阈值”表示在颜色差异多大范围内颜色归纳为同一个颜色，“最小区域”表示颜色阈值应用的最小范围，“角阈值”表示同一连续颜色区域的边角数量，“曲线拟合”表示同一连续颜色区域边缘的平滑程度。

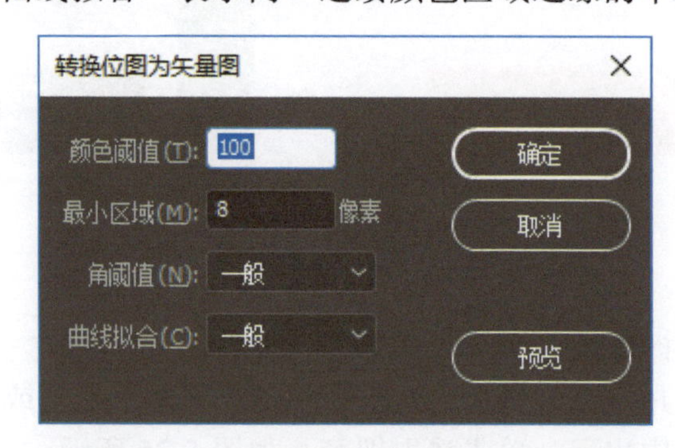

图 5-37　“转换位图为矢量图”对话框

“转换位图为矢量图”命令和“分离”命令，都是对位图使用的命令，两个命令有相同点也有差异，如图 5-38 所示。当位图转换为矢量图后，位图根据颜色转换为多个色块的形状，每个色块的形状都可直接使用“选择工具”单击进行选择。位图在使用“修改”→“分离”命令后，会变成一个使用该位图作为颜色填充的矩形，使用“魔术棒工具”可以选择颜色区域。

位图

位图分离后

位图转换为矢量图后

图 5-38　“分离”命令和“转换位图为矢量图”命令的对比

实践任务

任务 2　模拟演示动画——地球公转

任务背景

地球公转是地理课程中的一个知识点。如何让学生理解公转的概念，是该知识点的难点所在。因此需要制作一段演示动画，模拟地球公转的过程。

任务要求

重点展示地球公转的过程，地球和太阳及两者之间距离的比例可以不按照真实比例处理，但是要在动画中进行标注。地球自转可以省略，但是要在动画中进行说明。构图比例合理，动画速度均衡。

技术要领

引导层动画。

解决问题

封闭路径的引导层动画。

任务分析

___

___

___

___

主要制作步骤

___

___

___

___

理论考核

1. 单项选择题

（1）引导线需要与（　　）动画配合使用。

A．逐帧　　B．传统补间　　C．补间　　D．形状补间

（2）引导层可以使用（　　）种方式生成。

A．1　　B．2　　C．3　　D．4

2. 多项选择题

（1）导入的图片格式可以是（　　）。

A．gif　　B．bmp　　C．jpeg　　D．png

（2）在“场景”面板中可以对场景进行（　　）操作。

A．新建场景　　B．修改场景　　C．替换场景　　D．删除场景

3. 判断题

（1）引导线可以是封闭的线条。（　　）

（2）引导线动画以路径上两点的路径轨迹最短距离作为运动轨迹。（　　）

使用遮罩层制作动画

能力目标

1. 掌握遮罩层的使用方法
2. 掌握遮罩层与补间动画的配合使用方法
3. 掌握音频的使用方法

知识目标

1. 理解遮罩层的原理
2. 了解遮罩层与被遮罩层的关系
3. 音画同步

学时分配

8 课时（讲课 4 课时，实践 4 课时）

模拟任务

任务 1　动态电子相册——大疆风光

 任务背景

新疆具有独特的自然景观和风土人情。去新疆旅游一般都会拍摄大量的照片，因此制作一个电子相册可以充分地展示照片。

 任务要求

文档尺寸为 1280 像素×853 像素，使用 3 种或 3 种以上照片更换的过渡效果，如图 6-1 所示。显示图片播放进度，背景音乐节奏与图片更换节奏匹配。

图 6-1　最终效果

 重点难点

1. 遮罩层与被遮罩层相关联
2. 在遮罩层上使用补间动画制作遮罩效果
3. 导入并使用音乐

 技术要领

在单独的图形元件内制作单张图片的遮罩显示效果；利用“帧”属性设置音乐。

 解决问题

在遮罩层上制作动画，导入音频文件。

 素材路径

素材\模块 06\照片；素材\模块 06\背景音乐.wav。

 任务分析

在图形元件内的遮罩层上制作补间动画，使图片逐渐显示出来。将包含遮罩动画的图形元件实例依次放置在“场景 1”场景中，产生动态电子相册的播放效果。

新建文档

01 启动 Animate，在开始页面上设置“宽”为 1280，“高”为 853，单击“创建”按钮新建文档，如图 6-2 所示。

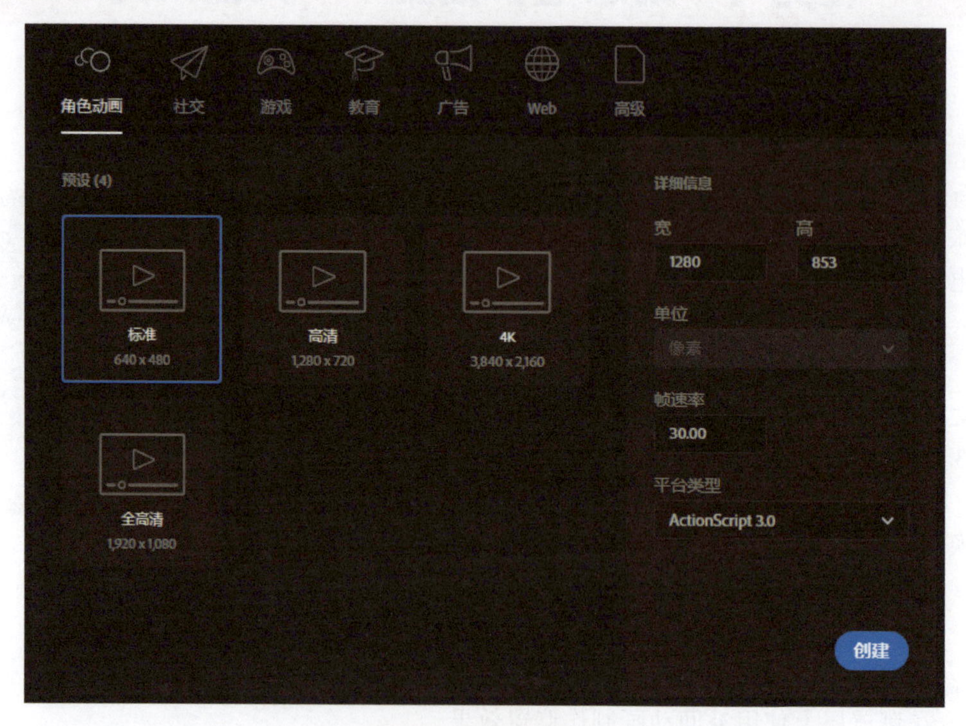

图 6-2　设置宽和高

02 选择“文件”→“保存”命令，弹出“另存为”对话框，输入“名称”为“大疆风光.fla”，单击“保存”按钮。

导入照片和声音素材

03 选择“导入”→“导入到库”命令，选择“素材\模块 06\照片”路径下的所有照片后，单击“打开”按钮。

04 选择“导入”→“导入到库”命令，选择“素材\模块 06\背景音乐.wav”素材后，单击“打开”按钮。

制作片头文字动画

05 选择“文本工具”，在舞台中央输入“大疆风光”。按 F8 键将其转换为元件，设置“类型”为“图形”，“对齐”为中心，如图 6-3 所示。

06 双击“图层_1”图层，将其名称修改为“大疆风光”。单击第 11 帧，按 F6 键插入关键帧。选择第 1 帧上的“大疆风光”元件实例，在“属性”面板中，设置“样式”为“Alpha”，“Alpha”值为 0%，如图 6-4 所示。

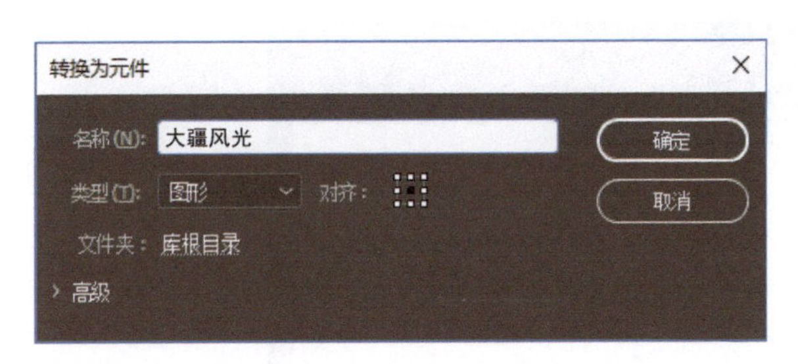

图 6-3　转换为元件

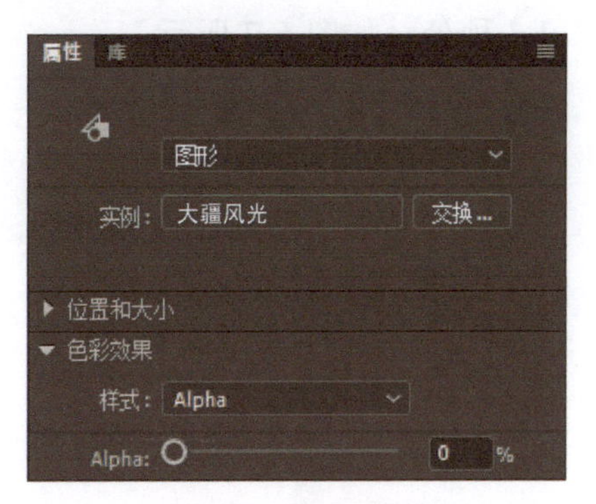

图 6-4　设置样式

07 在第 1 帧至第 11 帧之间的任意一帧上，单击鼠标右键，在弹出的快捷菜单中选择“创建传统补间”命令。单击第 50 帧，按 F5 键插入帧，如图 6-5 所示。

图 6-5　创建传统补间动画并插入帧

使用音频

08 新建一个图层，将其名称修改为“背景音乐”。在“属性”面板的“声音”选项卡中，“名称”选择“背景音乐.wav”，“同步”选择“数据流”，如图 6-6 所示。

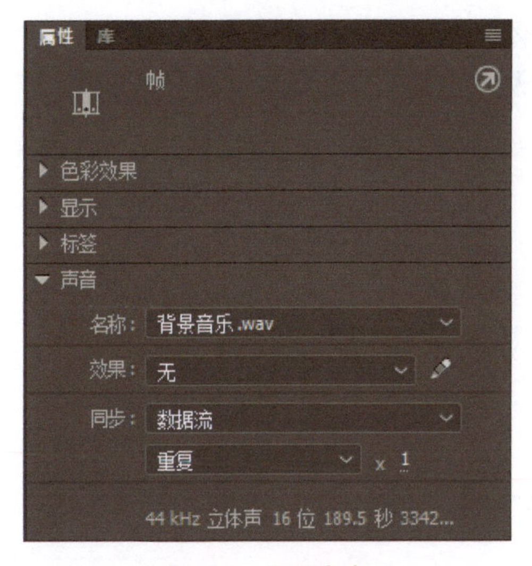

图 6-6　设置声音

09 在“属性”面板的“声音”选项卡中，单击“编辑声音封套”按钮。在弹出的“编辑封套”对话框中，单击“缩小”按钮将音轨缩小显示，并拖曳左侧的声音起点锚点到 1.3 秒处，如图 6-7 所示。

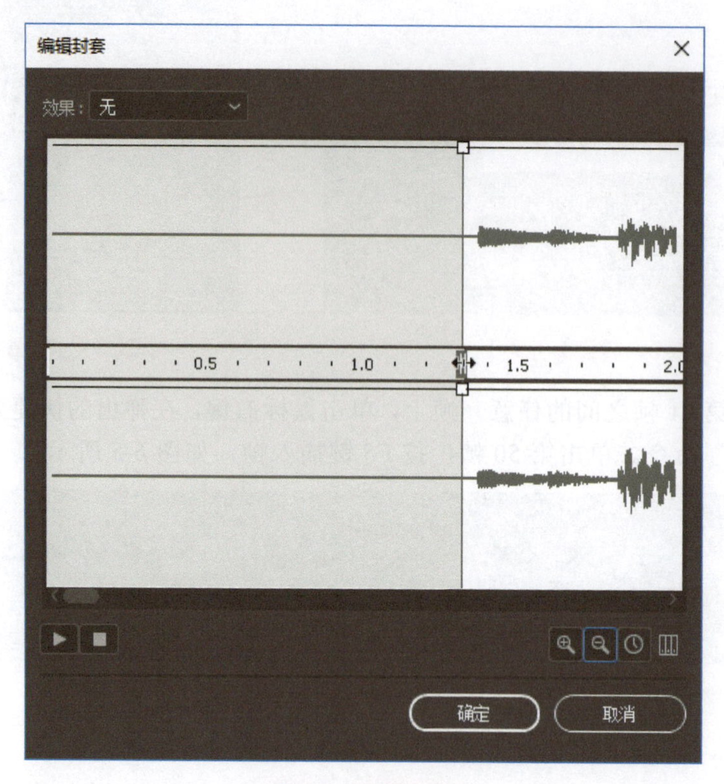

图 6-7　编辑封套

绘制白色边框

10 新建一个图层，将其名称修改为“边框”。选择“矩形工具”，设置“笔触颜色”为白色，“填充颜色”为无。从左上角拖曳鼠标指针到右下角，绘制一个白色的边框，如图 6-8 所示。

图 6-8　绘制边框

制作第 1 张照片的遮罩动画

11 新建一个图层，将其名称修改为“照片 0130”。选择第 40 帧，按 F7 键插入空白关键帧。将“库”面板中的“IMG_0130.jpg”照片拖曳到舞台中央，如图 6-9 所示。

图 6-9　将照片拖曳到舞台中央

提示

如果无法确定照片拖曳的位置是否在中央，可以在“属性”面板中将 X 和 Y 值直接设置为 0，使其居中，如图 6-10 所示。也可以勾选“对齐”面板的“与舞台对齐”复选框，然后单击“水平居中”和“垂直居中”按钮，使照片居中。

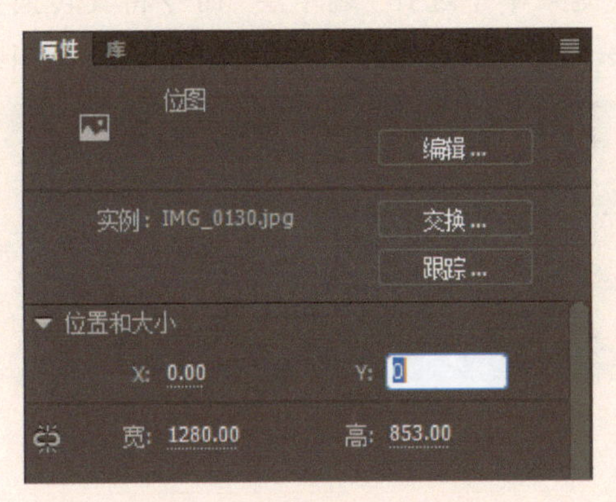

图 6-10　设置 X 和 Y 值

12 按 F8 键将照片转换为元件，在“转换为元件”对话框中，输入名称为“照片 0130”，单击“确定”按钮。在“属性”面板的“循环”选项卡中，设置“选项”为“播放一次”，如图 6-11 所示。

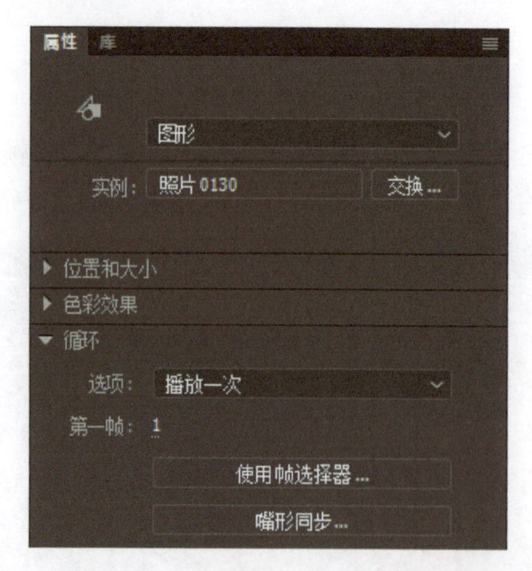

图 6-11　设置图形元件实例属性

13 拖曳选择“背景音乐”、“边框”和“照片 0130”图层的第 105 帧，按 F5 键插入帧，如图 6-12 所示。

图 6-12　插入帧

14 双击“照片 0130”元件实例进入其内部，新建两个图层。在“图层_3”图层上，单击鼠标右键，在弹出的快捷菜单中选择“遮罩层”命令将其转换为遮罩层。拖曳“图层 _1”图层到“图层_2”图层的右下方，使其与遮罩层相关联，如图 6-13 所示。

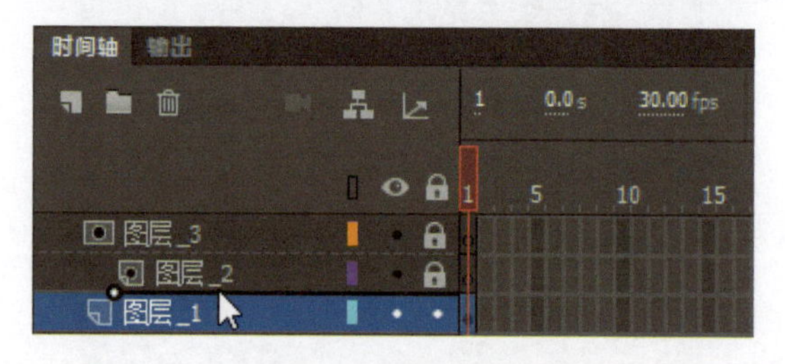

图 6-13　“图层_1”图层与遮罩层相关联

提示

在图层上，单击鼠标右键，在弹出的快捷菜单中选择“遮罩层”命令将其转换为遮罩层，默认会将该图层下方的图层与其关联并锁定图层，其余图层需要通过拖曳的方式与其相关联。

15 单击“图层_2”图层和“图层_3”图层的锁定选项将其取消锁定。单击“图层_2”图层，选择“文本工具”，设置“填充颜色”为白色，在舞台右下角输入“喀什葛尔”文字，如图 6-14 所示。

图 6-14　添加文字

16 单击“图层_3”图层，选择“矩形工具”，设置“填充颜色”为红色，“笔触颜色”为无，按住 Shift 键绘制一个正方形。单击第 1 帧，选中正方形，按 F8 键将其转换为元件。在“转换为元件”对话框中，“名称”输入“矩形”，单击“确定”按钮。拖曳选择所有图层的第 15 帧，按 F5 键插入帧，如图 6-15 所示。

提示

遮罩层中的形状会被作为遮罩区域，在遮罩区域可以显示被遮罩层上的元素。遮罩层中的线条则不起任何效果。

17 单击“图层_3”图层上的第 1 帧，按 F8 键将其转换为元件。在“转换为元件”对话框中，“名称”输入“过渡效果 1”，单击“确定”按钮。选择“选择工具”，双击该元件实例进入其内部。单击第 15 帧，按 F6 键插入关键帧，使用“任意变形工具”将“矩形”元件实例放大并覆盖整个舞台，如图 6-16 所示。单击第 1 帧，拖曳“矩形”元件实例对角线上的控制器对其进行缩小操作，单击鼠标右键，在弹出的快捷菜单中选择“创建传统补间”命令创建传统补间动画。

图 6-15　绘制遮罩区域

图 6-16　创建传统补间动画

18 单击“编辑栏”中的“场景 1”，返回“场景 1”场景，如图 6-17 所示。

场景 1　照片 0130　过渡效果 1　50%

图 6-17　“场景 1”场景

制作第 2 张照片的遮罩动画

19 新建一个图层，将其名称修改为“照片 0149”。选择第 90 帧，按 F7 键插入空白关键帧。将“库”面板中的“IMG_0149.jpg”照片拖曳到舞台中央，如图 6-18 所示。在“属性”面板中，将 *X* 和 *Y* 值设置为 0。

图 6-18　将照片拖曳到舞台中央

20 按 F8 键将照片转换为元件，在“转换为元件”对话框中，“名称”输入“照片 0149”，单击“确定”按钮。在“属性”面板的“循环”选项卡中，设置“选项”为“播放一次”，如图 6-19 所示。

21 拖曳选择“背景音乐”、“边框”和“照片 0149”图层的第 165 帧，按 F5 键插入帧，如图 6-20 所示。

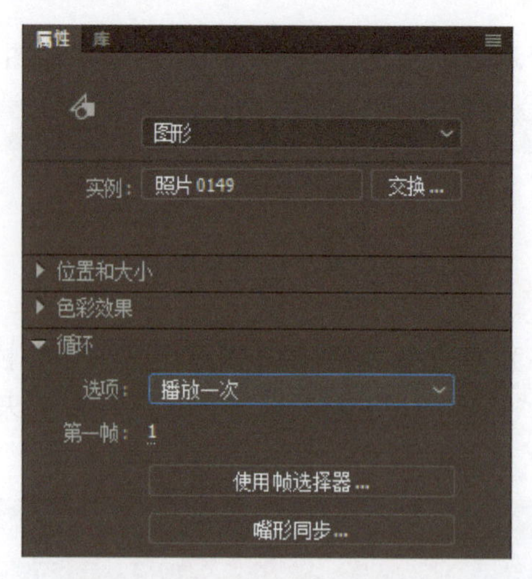

图 6-19　设置图形元件实例属性

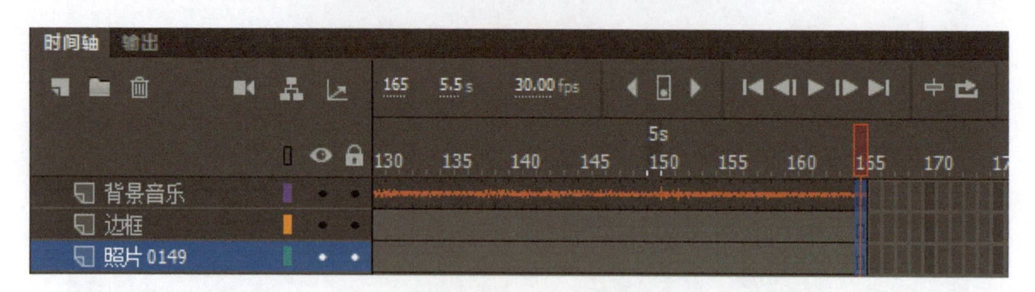

图 6-20　插入帧

22 双击“照片 0149”元件实例进入其内部，新建两个图层。在“图层_3”图层上，单击鼠标右键，在弹出的快捷菜单中选择“遮罩层”命令将其转换为遮罩层。拖曳“图层 _1”图层到“图层_2”图层的右下方，使其与遮罩层相关联，如图 6-21 所示。

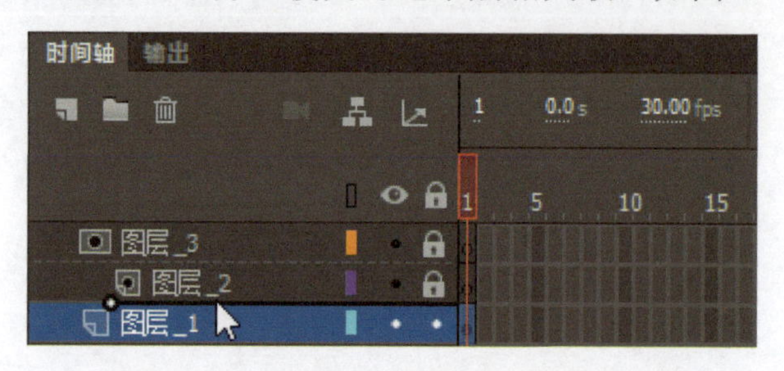

图 6-21　“图层_1”图层与遮罩层相关联

23 单击“图层_2”图层和“图层_3”图层的锁定选项将其取消锁定。单击“图层_2”图层，选择“文本工具”，设置“填充颜色”为白色，在舞台左下角输入“喀什葛尔”文字，如图 6-22 所示。

24 单击“图层_3”图层，将“库”面板中的“矩形”元件拖曳到舞台上，选择“任意变形工具”对其进行放大并覆盖整个舞台。拖曳选择所有图层的第 15 帧，按 F5 键插入帧，如图 6-23 所示。

图 6-22　添加文字

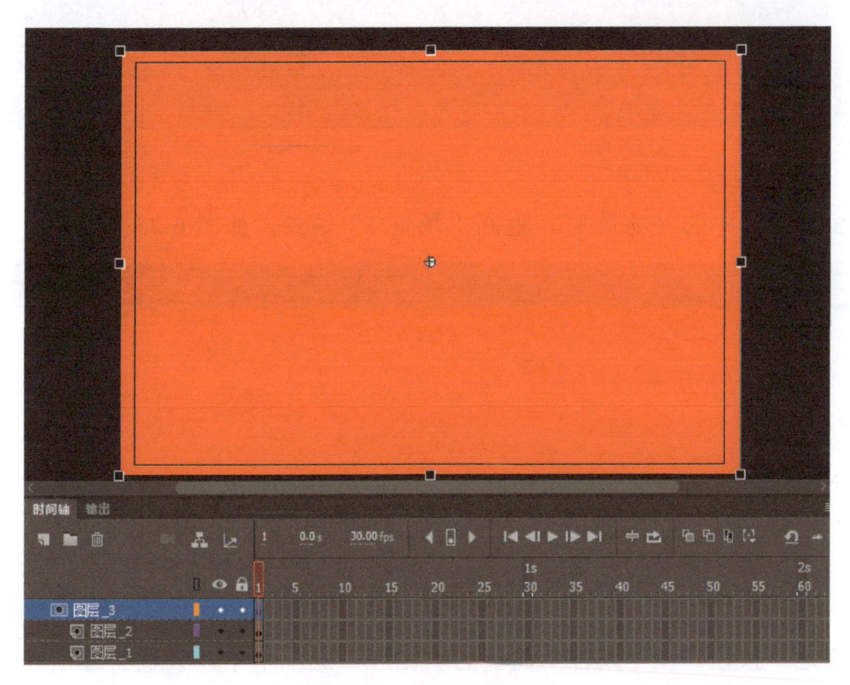

图 6-23　绘制遮罩区域

25 单击“图层_3”图层上的“矩形”元件实例，按 F8 键将其转换为元件。在“转换为元件”对话框中，“名称”输入“过渡效果 2”，单击“确定”按钮。选择“选择工具”，双击该元件实例进入其内部。单击第 15 帧，按 F6 键插入关键帧。单击第 1 帧，选择“任意变形工具”将“矩形”元件实例以垂直方向进行缩小。在第 1 帧至第 15 帧之间的任意一帧上，单击鼠标右键，在弹出的快捷菜单中选择“创建补间形状”命令创建传统补间动画，如图 6-24 所示。

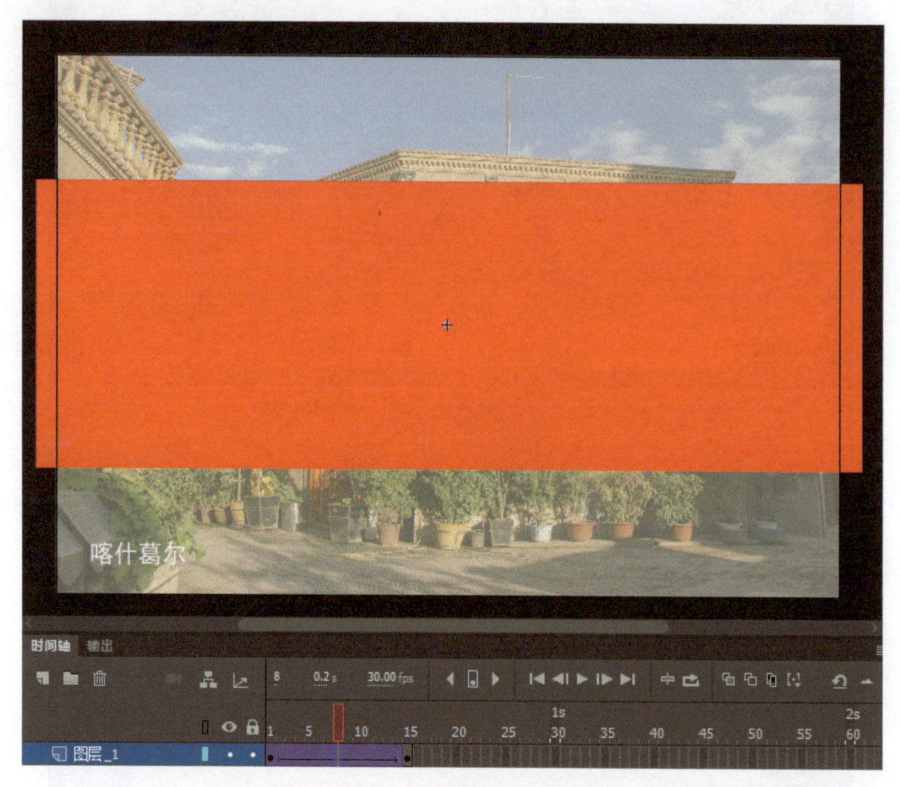

图 6-24　创建传统补间动画

26 单击“编辑栏”中的“场景 1”，返回“场景 1”场景，如图 6-25 所示。

图 6-25　“场景 1”场景

制作第 3 张照片的遮罩动画

27 新建一个图层，将其命名为“照片 0317”。选择第 150 帧，按 F7 键插入空白关键帧。将“库”面板中的“IMG_0317.jpg”照片拖曳到舞台中央，如图 6-26 所示。在“属性”面板中，将 *X* 和 *Y* 值设置为 0。

28 按 F8 键将照片转换为元件，在“转换为元件”对话框中，“名称”输入“照片 0317”，单击“确定”按钮。在“属性”面板的“循环”选项卡中，设置“选项”为“播放一次”，如图 6-27 所示。

29 拖曳选择“背景音乐”、“边框”和“照片 0317”图层的第 215 帧，按 F5 键插入帧，如图 6-28 所示。

图 6-26　将照片拖曳到舞台中央

图 6-27　设置图形元件实例属性

30 双击“照片 0317”元件实例进入其内部，新建两个图层。在“图层_3”图层上，单击鼠标右键，在弹出的快捷菜单中选择“遮罩层”命令将其转换为遮罩层。拖曳“图层_1”图层到“图层_2”图层的右下方，使其与遮罩层相关联，如图 6-29 所示。

图 6-28　插入帧

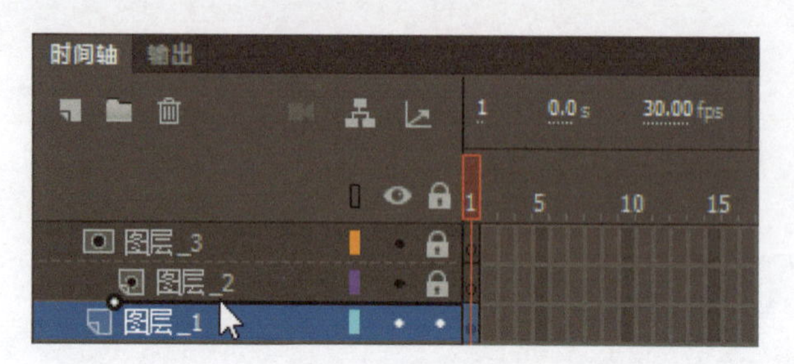

图 6-29　“图层_1”图层与遮罩层相关联

31 单击“图层_2”图层和“图层_3”图层的锁定选项将其取消锁定。单击“图层_2”图层，选择“文本工具”，设置“填充颜色”为白色，在舞台左下角输入“喀什高台民居”文字，如图 6-30 所示。

图 6-30　添加文字

32 单击“图层_3”图层，选择“椭圆工具”，设置“填充颜色”为红色，“笔触颜色”为无，按住 Shift 键绘制一个圆形。按 F8 键将其转换为元件，在“转换为元件”对话框中，“名称”输入“圆形”，“类型”选择“图形”，单击“确定”按钮。选择“任意变形工具”，拖曳“圆形”元件实例对角线上的控制点对其进行放大并覆盖整个舞台。拖曳选择所有图层的第 15 帧，按 F5 键插入帧，如图 6-31 所示。

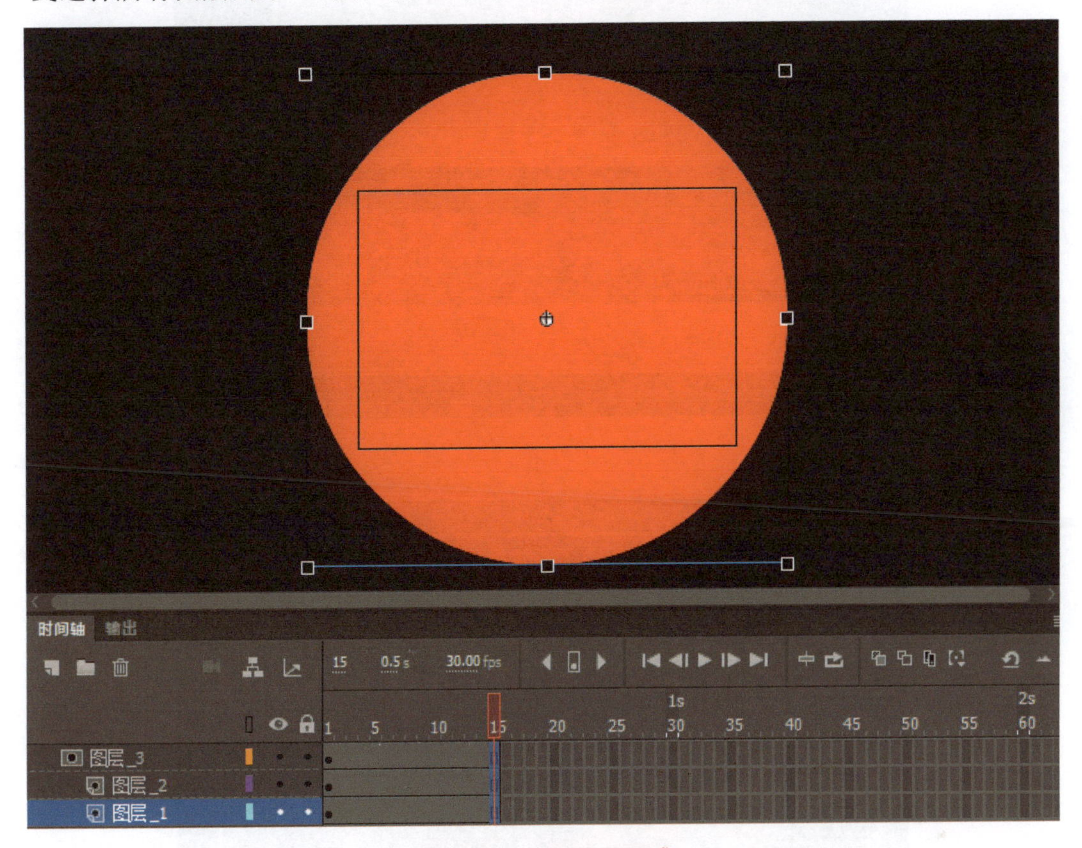

图 6-31　绘制遮罩区域

33 单击“图层_3”图层上的“圆形”元件实例，按 F8 键将其转换为元件。在“转换为元件”对话框中，“名称”输入“过渡效果 3”，单击“确定”按钮。选择“选择工具”，双击该元件实例进入其内部。单击第 15 帧，按 F6 键插入关键帧。单击第 1 帧，使用“任意变形工具”，按住 Shift 键对“圆形”元件实例进行缩放并拖曳到右下角。在第 1 帧上单击鼠标右键，在弹出的快捷菜单中选择“创建传统补间”命令创建传统补间动画，如图 6-32 所示。

34 单击“编辑栏”中的“场景 1”，返回“场景 1”场景，如图 6-33 所示。

制作第 4 张照片的遮罩动画

35 新建一个图层，将其命名为“照片 0405”。选择第 200 帧，按 F7 键插入空白关键帧。将“库”面板中的“IMG_0405.jpg”照片拖曳到舞台中央，如图 6-34 所示。在“属性”面板中，将 X 和 Y 值设置为 0。

图 6-32　创建传统补间动画

图 6-33　“场景 1”场景

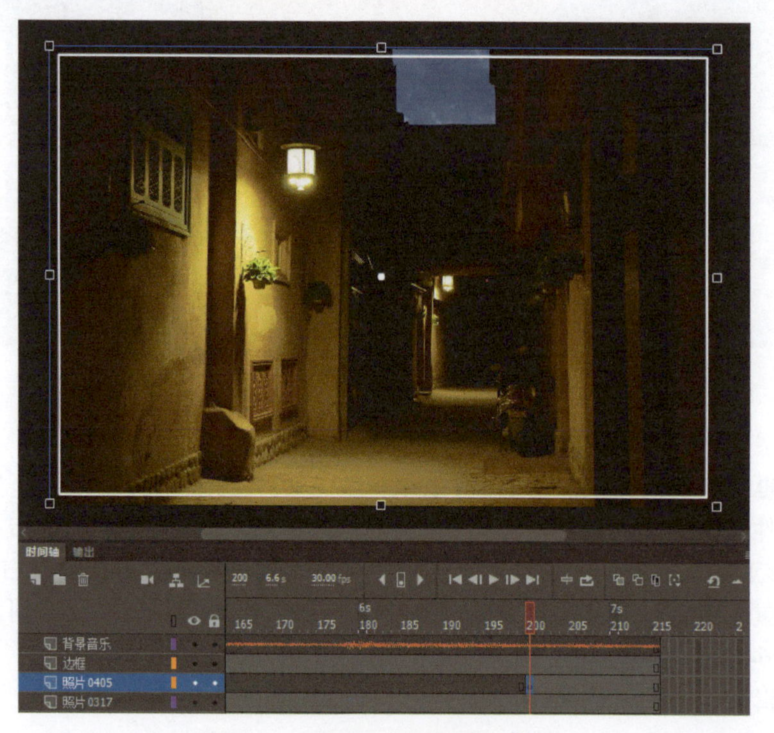

图 6-34　将照片拖曳到舞台中央

36 按 F8 键将照片转换为元件，在“转换为元件”对话框中，“名称”输入“照片 0405”，单击“确定”按钮。在“属性”面板的“循环”选项卡中，设置“选项”为“播放一次”，如图 6-35 所示。

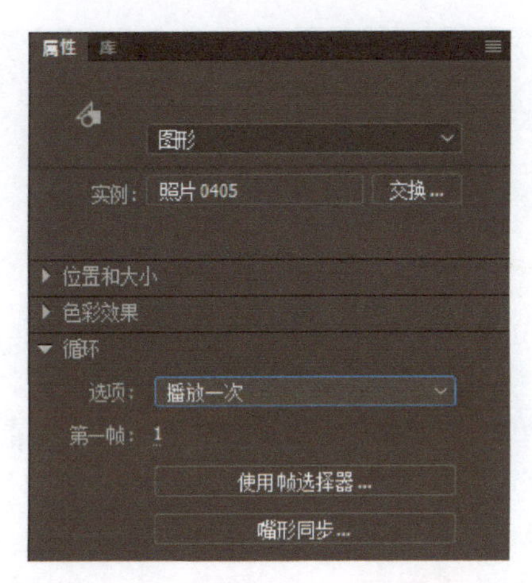

图 6-35　设置图形元件实例属性

37 拖曳选择“背景音乐”、“边框”和“照片 0405”图层的第 275 帧，按 F5 键插入帧，如图 6-36 所示。

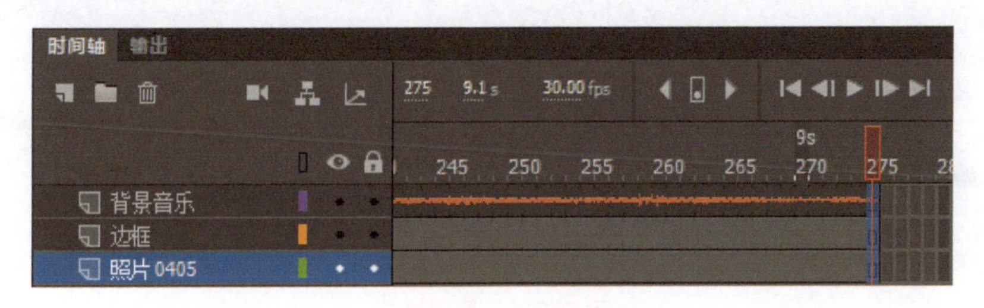

图 6-36　插入帧

38 双击“照片 0405”元件实例进入其内部，新建两个图层。在“图层_3”图层上，单击鼠标右键，在弹出的快捷菜单中选择“遮罩层”命令将其转换为遮罩层。拖曳“图层_1”图层到“图层_2”图层的右下方，使其与遮罩层相关联，如图 6-37 所示。

图 6-37　“图层_1”图层与遮罩层相关联

39 单击“图层_2”图层和“图层_3”图层的锁定选项将其取消锁定。单击“图层_2”图层，选择“文本工具”，设置“填充颜色”为白色，在舞台左上角输入“喀什葛尔”文字，如图 6-38 所示。

40 单击“图层_3”图层，将“库”面板中的“圆形”元件拖曳到舞台上。选择“任意变形工具”，将“圆形”元件实例放大并覆盖整个舞台。拖曳选择所有图层的第 15 帧，按 F5 键插入帧，如图 6-39 所示。

图 6-38　添加文字

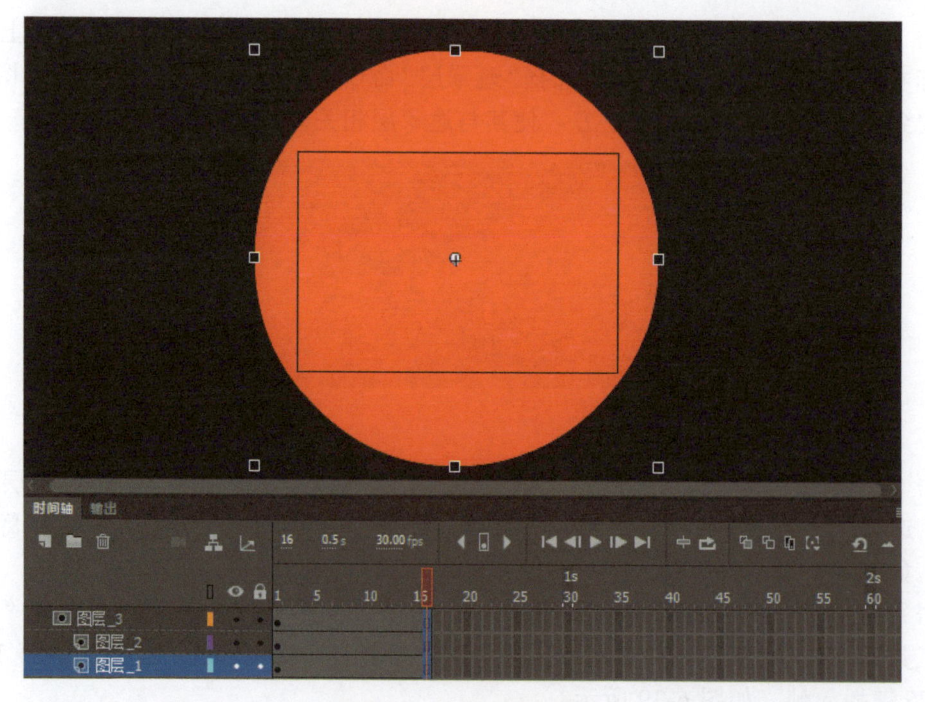

图 6-39　绘制遮罩区域

41 单击“图层_3”图层上的“圆形”元件实例，按 F8 键将其转换为元件。在“转换为元件”对话框中，“名称”输入“过渡效果 4”，单击“确定”按钮。选择“选择工具”，双击该元件实例进入其内部。单击第 15 帧，按 F6 键插入关键帧。单击第 1 帧，选择“任意变形工具”，拖曳“圆形”元件实例顶部的控制点以垂直方向进行缩小。在第 1 帧上单击鼠标右键，在弹出的快捷菜单中选择“创建传统补间”命令创建传统补间动画，如图 6-40 所示。在“属性”面板中，将“补间”选项卡的“旋转”设置为“无”。

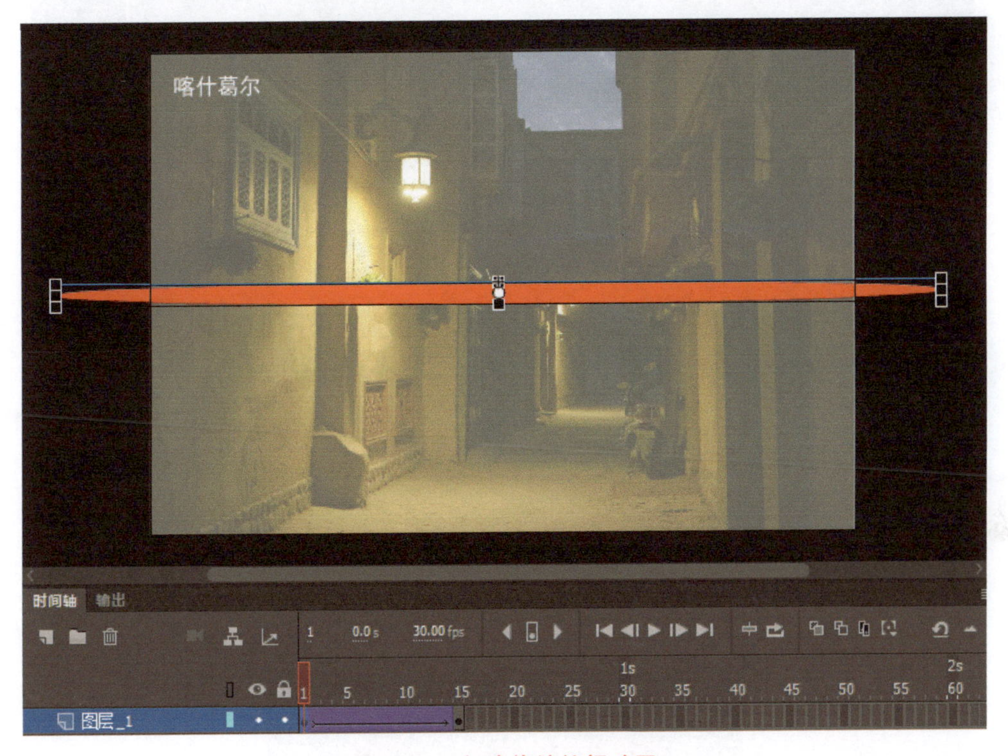

图 6-40　创建传统补间动画

42 单击“编辑栏”中的“场景 1”，返回“场景 1”场景，如图 6-41 所示。

图 6-41　“场景 1”场景

制作第 5 张照片的遮罩动画

43 新建一个图层，将其名称修改为“照片 1181”。选择第 260 帧，按 F7 键插入空白关键帧。将“库”面板中的“IMG_1181.jpg”照片拖曳到舞台中央，如图 6-42 所示。在“属性”面板中，将 *X* 和 *Y* 值设置为 0。

44 按 F8 键将照片转换为元件，在“转换为元件”对话框中，“名称”输入“照片 1181”，单击“确定”按钮。在“属性”面板的“循环”选项卡中，设置“选项”为“播放一次”，如图 6-43 所示。

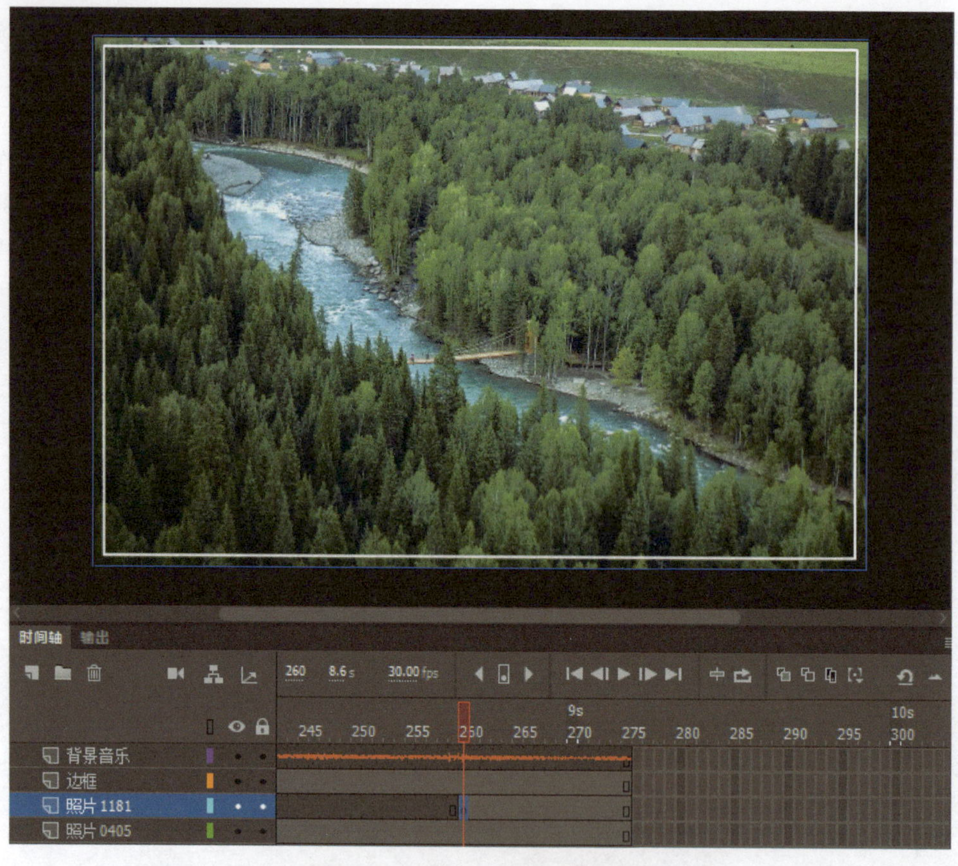

图 6-42　将照片拖曳到舞台中央

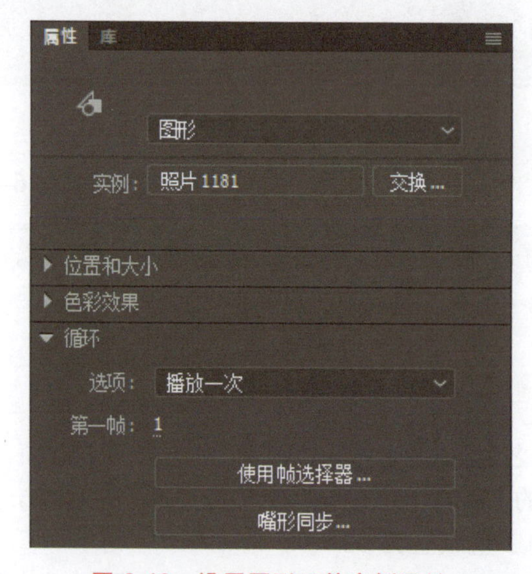

图 6-43　设置图形元件实例属性

45 拖曳选择“背景音乐”、“边框”和“照片 1181”图层的第 325 帧，按 F5 键插入帧，如图 6-44 所示。

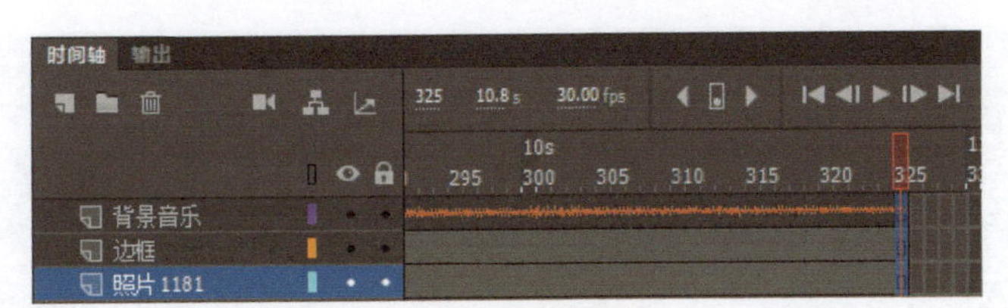

图 6-44　插入帧

46 双击“照片 1181”元件实例进入其内部，新建两个图层。在“图层_3”图层上，单击鼠标右键，在弹出的快捷菜单中选择“遮罩层”命令将其转换为遮罩层。拖曳“图层_1”图层到“图层_2”图层的右下方，使其与遮罩层相关联，如图 6-45 所示。

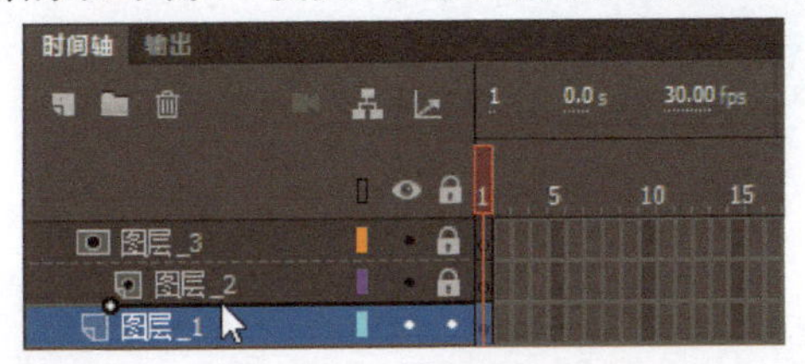

图 6-45　“图层_1”图层与遮罩层相关联

47 单击“图层_2”图层和“图层_3”图层的锁定选项将其取消锁定。单击“图层_2”图层，选择“文本工具”，设置“填充颜色”为白色，在舞台左下角输入“禾木村”文字，如图 6-46 所示。

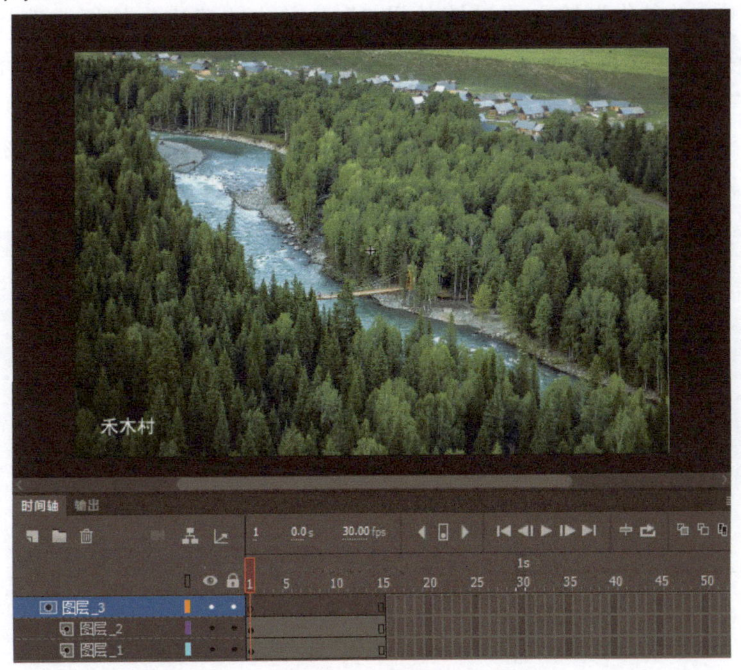

图 6-46　添加文字

48 单击“图层_3”图层，将“库”面板中的“矩形”元件拖曳到舞台上。选择“任意变形工具”，对该元件实例进行旋转 45° 并缩放操作。拖曳选择所有图层的第 15 帧，按 F5 键插入帧，如图 6-47 所示。

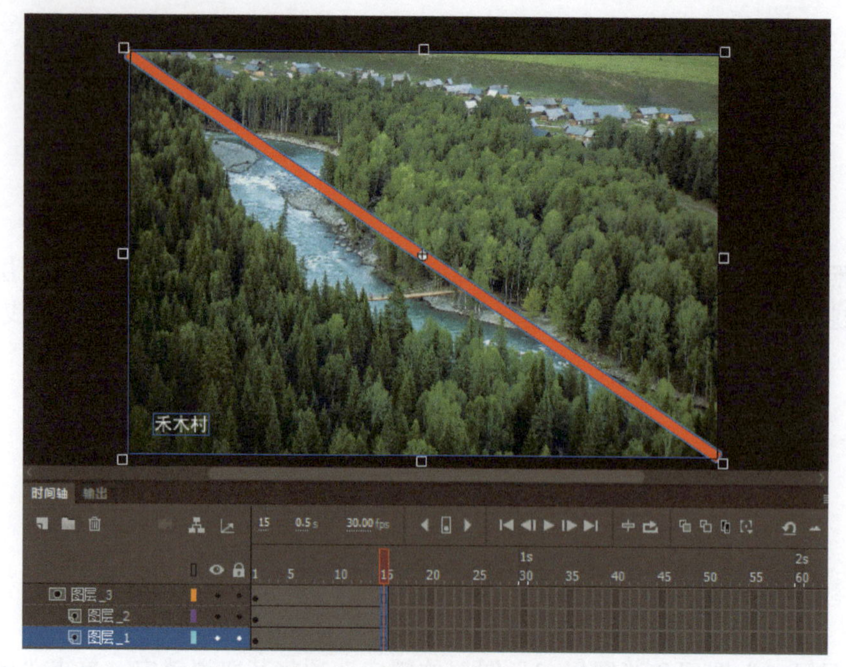

图 6-47　绘制遮罩区域

49 单击“图层_3”图层上的“矩形”元件实例，按 F8 键将其转换为元件。在“转换为元件”对话框中，“名称”输入“过渡效果 5”，单击“确定”按钮。选择“选择工具”，双击该元件实例进入其内部。单击第 15 帧，按 F6 键插入关键帧，选择“任意变形工具”，拖曳“矩形”元件实例长边上的控制点对其进行放大并覆盖整个舞台，如图 6-48 所示。在第 1 帧上单击鼠标右键，在弹出的快捷菜单中选择“创建传统补间”命令创建传统补间动画。

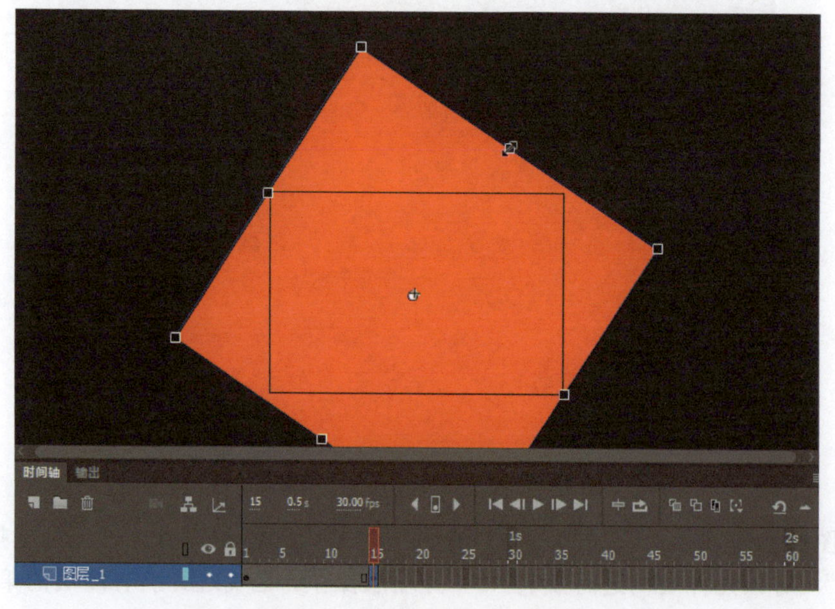

图 6-48　创建传统补间动画

50 单击“编辑栏”中的“场景 1”，返回“场景 1”场景，如图 6-49 所示。

图 6-49　“场景 1”场景

制作第 6 张照片的遮罩动画

51 新建一个图层，将其命名为“照片 1656”。选择第 310 帧，按 F7 键插入空白关键帧。将“库”面板中的“IMG_1656.jpg”照片拖曳到舞台中央，如图 6-50 所示。在“属性”面板中，将 *X* 和 *Y* 值设置为 0。

图 6-50　将照片拖曳到舞台中央

52 按 F8 键将照片转换为元件，在“转换为元件”对话框中，“名称”输入“照片 1656”，单击“确定”按钮。在“属性”面板的“循环”选项卡中，设置“选项”为“播放一次”，如图 6-51 所示。

53 拖曳选择“背景音乐”、“边框”和“照片 1656”图层的第 380 帧，按 F5 键插入帧，如图 6-52 所示。

54 双击“照片 1656”元件实例进入其内部，新建两个图层。在“图层_3”图层上，单击鼠标右键，在弹出的快捷菜单中选择“遮罩层”命令将其转换为遮罩层。拖曳“图层_1”图层到“图层_2”图层的右下方，使其与遮罩层相关联，如图 6-53 所示。

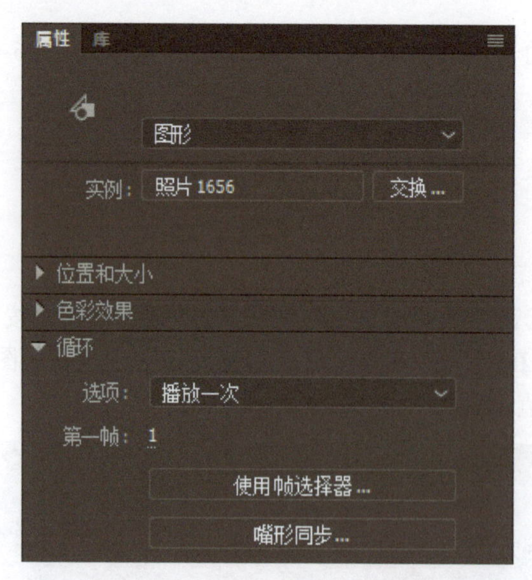

图 6-51　设置图形元件实例属性

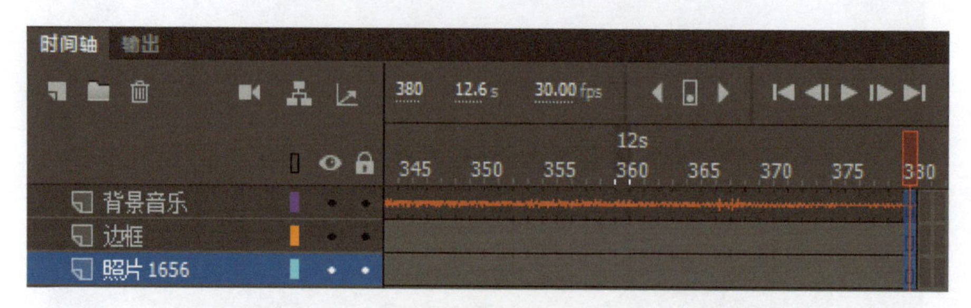

图 6-52　插入帧

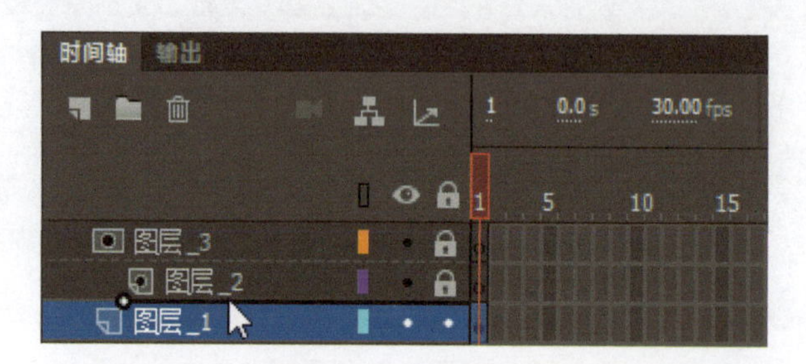

图 6-53　“图层_1”图层与遮罩层相关联

55 单击“图层_2”图层和“图层_3”图层的锁定选项将其取消锁定。单击“图层_2”图层，选择“文本工具”，设置“填充颜色”为白色，在舞台左上角输入“禾木村”文字，如图 6-54 所示。

56 单击“图层_3”图层，将“库”面板中的“矩形”元件拖曳到舞台上。选择“任意变形工具”，将“矩形”元件实例放大并覆盖整个舞台，将元件实例的中心点移动到右上角，如图 6-55 所示。

图 6-54　添加文字

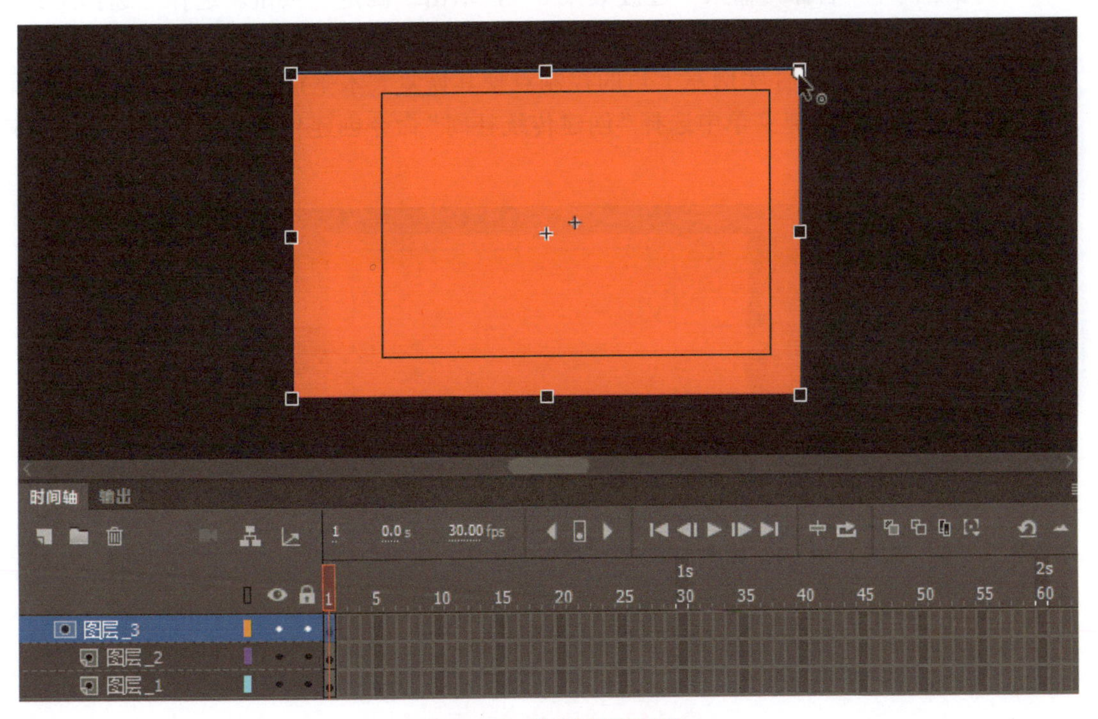

图 6-55　绘制遮罩区域

57 拖曳“矩形”元件实例左上角的控制点向下旋转至舞台外，如图 6-56 所示。拖曳选择所有图层的第 15 帧，按 F5 键插入帧。

图 6-56　旋转“矩形”元件实例

58 单击“图层_3”图层上的“矩形”元件实例，按 F8 键将其转换为元件。在“转换为元件”对话框中，“名称”输入“过渡效果 6”，单击“确定”按钮。选择“选择工具”双击该元件实例进入其内部。单击第 15 帧，按 F6 键插入关键帧。选择“任意变形工具”，拖曳“矩形”元件实例左上角的控制点使其恢复到水平位置。在第 1 帧上单击鼠标右键，在弹出的快捷菜单中选择“创建传统补间”命令创建传统补间动画，如图 6-57 所示。

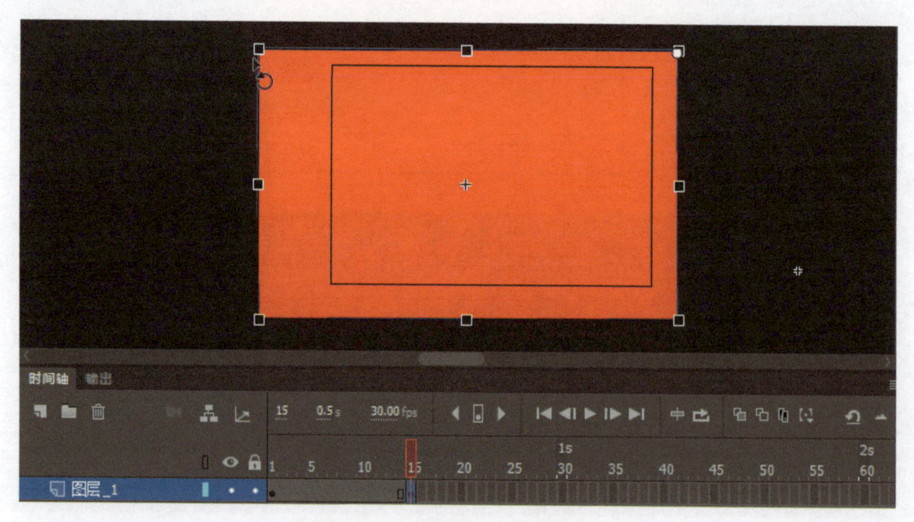

图 6-57　创建传统补间动画

59 单击“编辑栏”中的“场景 1”，返回“场景 1”场景，如图 6-58 所示。

图 6-58　“场景 1”场景

制作第 7 张照片的遮罩动画

60 新建一个图层，将其名称修改为“照片 7336”。选择第 365 帧，按 F7 键插入空白关键帧。将“库”面板中的“IMG_7336.jpg”照片拖曳到舞台中央，如图 6-59 所示。在“属性”面板中，将 X 和 Y 值设置为 0。

图 6-59　将照片拖曳到舞台中央

61 按 F8 键将照片转换为元件，在“转换为元件”对话框中，“名称”输入“照片 7336”，单击“确定”按钮。在“属性”面板的“循环”选项卡中，设置“选项”为“播放一次”，如图 6-60 所示。

62 拖曳选择“背景音乐”、“边框”和“照片 7336”图层的第 435 帧，按 F5 键插入帧，如图 6-61 所示。

63 双击“照片 7336”元件实例进入其内部，新建两个图层。在“图层_3”图层上，单击鼠标右键，在弹出的快捷菜单中选择“遮罩层”命令将其转换为遮罩层。拖曳“图层_1”图层到“图层_2”图层的右下方，使其与遮罩层相关联，如图 6-62 所示。

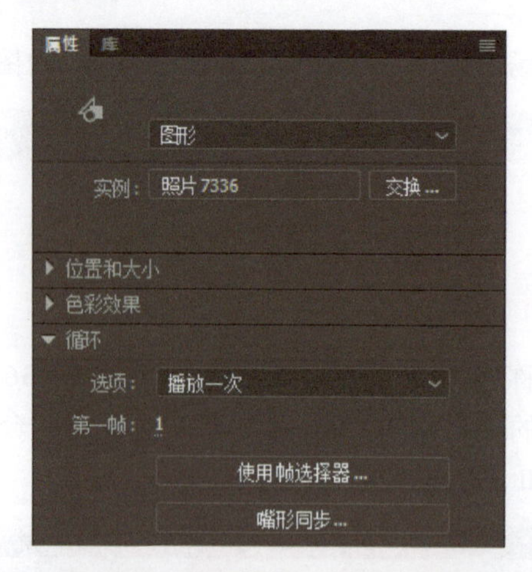

图 6-60 设置图形元件实例属性

图 6-61 插入帧

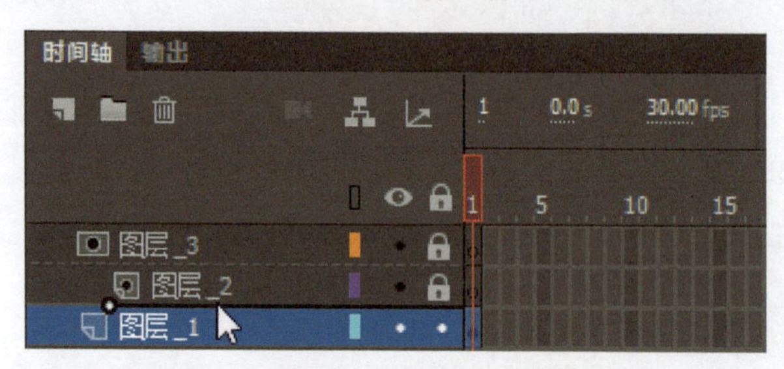

图 6-62 “图层_1”图层与遮罩层相关联

64 单击“图层_2”图层和“图层_3”图层的锁定选项将其取消锁定。单击“图层_2”图层，选择“文本工具”，设置“填充颜色”为白色，在舞台右下角输入“赛里木湖”文字，如图 6-63 所示。

65 单击“图层_3”图层，将“库”面板中的“矩形”元件实例拖曳到舞台上。选择“任意变形工具”，按住 Shift 键拖曳“矩形”元件实例对角线上的控制点将其缩小，如图 6-64 所示。拖曳选择所有图层的第 15 帧，按 F5 键插入帧。

66 单击“图层_3”图层上的“矩形”元件实例，按 F8 键将其转换为元件。在“转换为元件”对话框中，“名称”输入“过渡效果 7”，单击“确定”按钮。选择“选择工具”，双击该元件实例进入其内部。单击第 15 帧，按 F6 键插入关键帧，选择“任意变形工具”将其缩放旋转并覆盖整个舞台。在第 1 帧上单击鼠标右键，在弹出的快捷菜单中选择“创建传统补间”命令创建传统补间动画，如图 6-65 所示。

图 6-63　添加文字

图 6-64　绘制遮罩区域

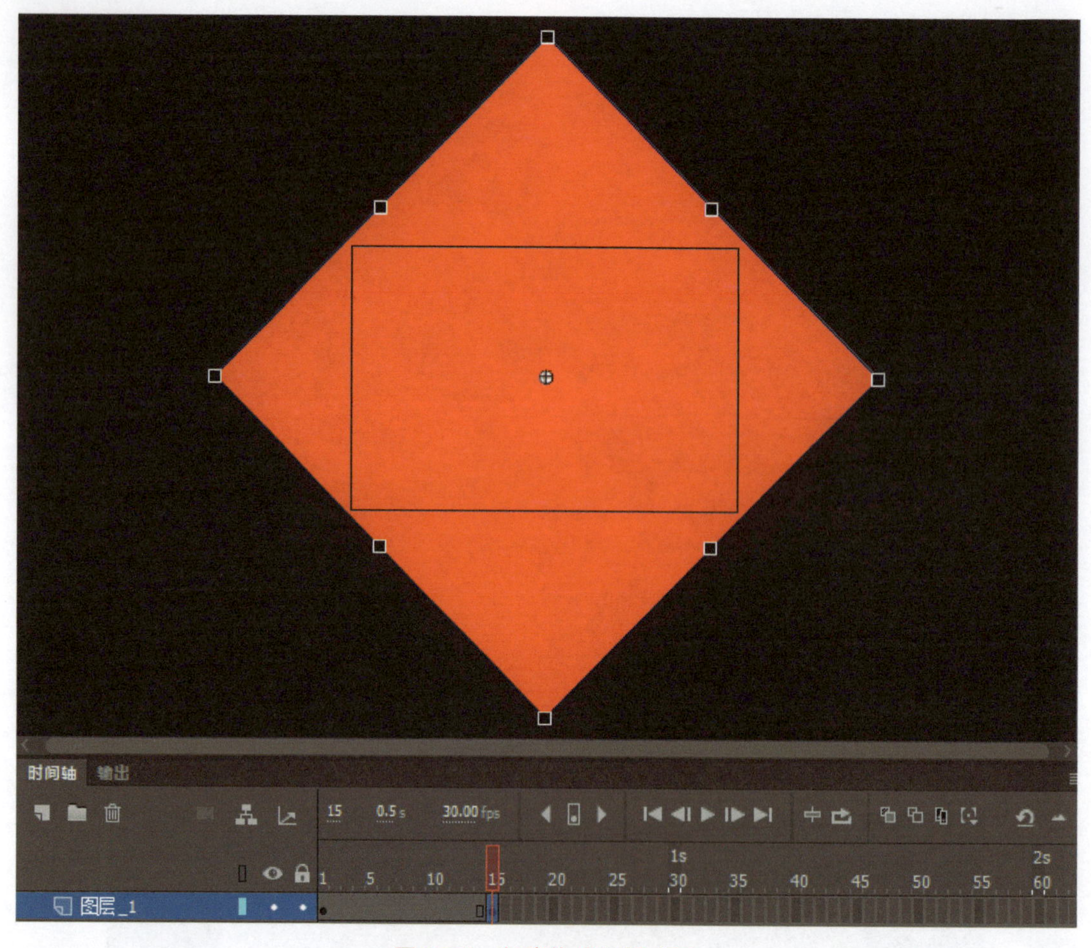

图 6-65 创建传统补间动画

67 单击“编辑栏”中的“场景 1”，返回“场景 1”场景，如图 6-66 所示。

图 6-66 “场景 1”场景

制作第 8 张照片的遮罩动画

68 新建一个图层，将其名称修改为“照片 7493”。选择第 420 帧，按 F7 键插入空白关键帧。将“库”面板中的“IMG_7493.jpg”照片拖曳到舞台中央，如图 6-67 所示。在“属性”面板中，将 *X* 和 *Y* 值设置为 0。

69 按 F8 键将照片转换为元件，在“转换为元件”对话框中，“名称”输入“照片 7493”，单击“确定”按钮。在“属性”面板的“循环”选项卡中，设置“选项”为“播放一次”，如图 6-68 所示。

70 拖曳选择“背景音乐”、“边框”和“照片 7493”图层的第 490 帧，按 F5 键插入帧，如图 6-69 所示。

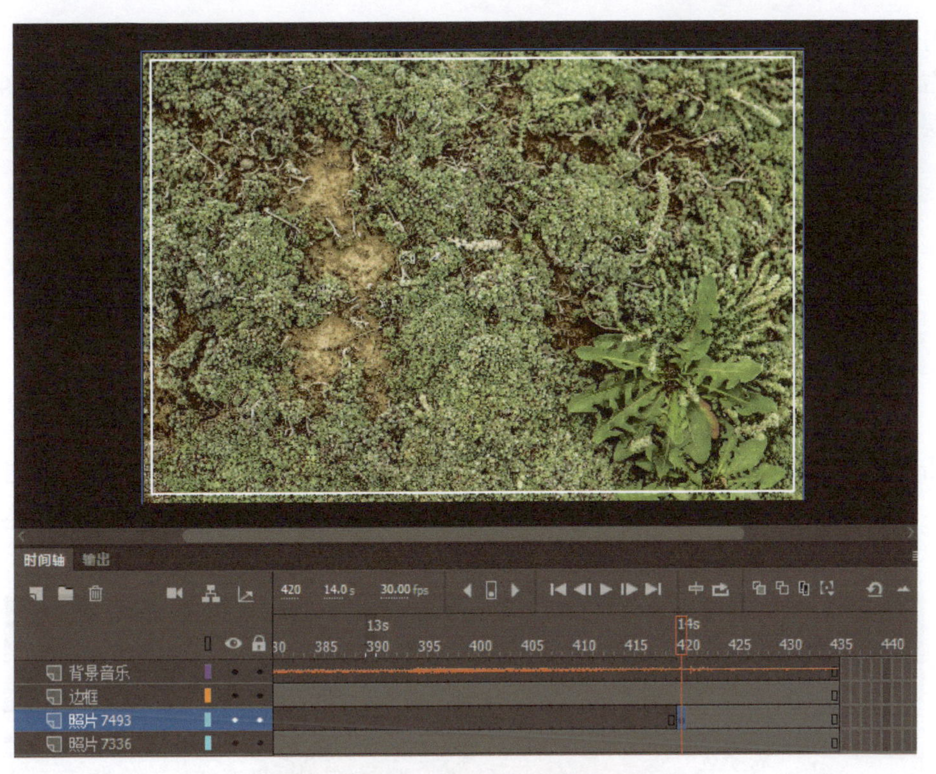

图 6-67　将照片拖曳到舞台中央

属性　库
图形
实例：照片 7493　交换...
位置和大小
色彩效果
循环
选项：播放一次
第一帧：1
使用帧选择器...
嘴形同步...

图 6-68　设置图形元件实例属性

图 6-69　插入帧

71 双击“照片 7493”元件实例进入其内部，新建两个图层。在“图层_3”图层上，单击鼠标右键，在弹出的快捷菜单中选择“遮罩层”命令将其转换为遮罩层。拖曳“图层_1”图层到“图层_2”图层的右下方，使其与遮罩层相关联，如图 6-70 所示。

图 6-70　“图层_1”图层与遮罩层相关联

72 单击“图层_2”图层和“图层_3”图层的锁定选项将其取消锁定。单击“图层_2”图层，选择“文本工具”，设置“填充颜色”为白色，在舞台左上角输入“赛里木湖”文字，如图 6-71 所示。

图 6-71　添加文字

73 单击“图层_3”图层，选择“多角星形工具”，设置“填充颜色”为红色，“笔触颜色”为无。单击“选项”按钮，在“工具设置”对话框中，“样式”选择“星形”，单击“确定”按钮。在舞台右下角绘制一个五角星。按 F8 键将其转换为元件，在“转换为元件”对话框中，“名称”输入“五角星”，单击“确定”按钮。拖曳选择所有图层的第 15 帧，按 F5 键插入帧，如图 6-72 所示。

图 6-72　绘制遮罩区域

74 单击“图层_3”图层上的“五角星”元件实例，按 F8 键将其转换为元件。在“转换为元件”对话框中，“名称”输入“过渡效果 8”，单击“确定”按钮。选择“选择工具”双击该元件实例进入其内部。单击第 15 帧，按 F6 键插入关键帧，选择“任意变形工具”将其缩放旋转并覆盖整个舞台。在第 1 帧上，单击鼠标右键，在弹出的快捷菜单中选择“创建传统补间”命令创建传统补间动画，如图 6-73 所示。

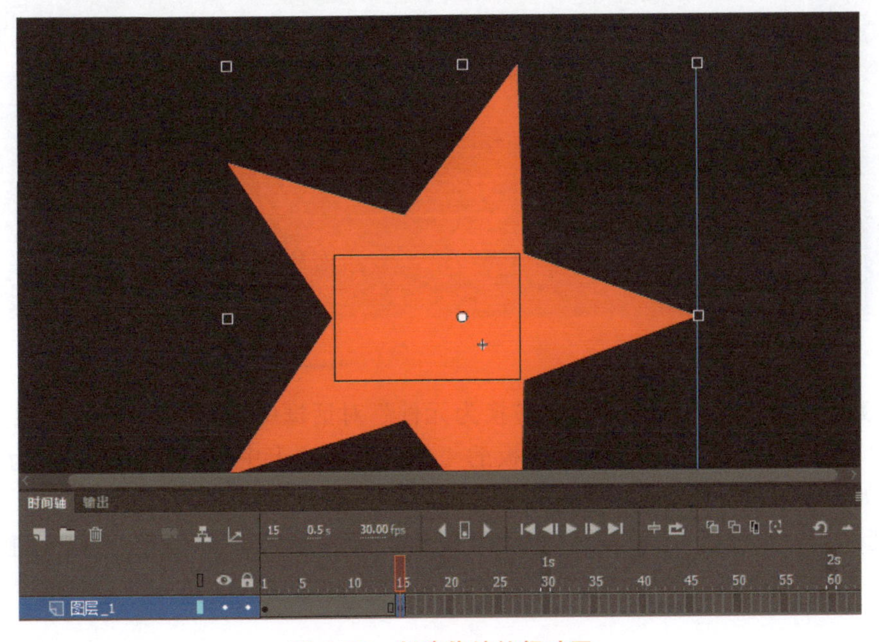

图 6-73　创建传统补间动画

75 单击“编辑栏”中的“场景 1”，返回“场景 1”场景，如图 6-74 所示。

图 6-74 “场景 1”场景

制作第 9 张照片的遮罩动画

76 新建一个图层，将其名称修改为“照片 7508”。选择第 475 帧，按 F7 键插入空白关键帧。将“库”面板中的“IMG_7508.jpg”照片拖曳到舞台中央，如图 6-75 所示。在“属性”面板中，将 *X* 和 *Y* 值设置为 0。

图 6-75 将照片拖曳到舞台中央

77 按 F8 键将照片转换为元件，在“转换为元件”对话框中，“名称”输入“照片 7508”，单击“确定”按钮。在“属性”面板的“循环”选项卡中，设置“选项”为“播放一次”，如图 6-76 所示。

78 拖曳选择“背景音乐”、“边框”和“照片 7508”图层的第 540 帧，按 F5 键插入帧，如图 6-77 所示。

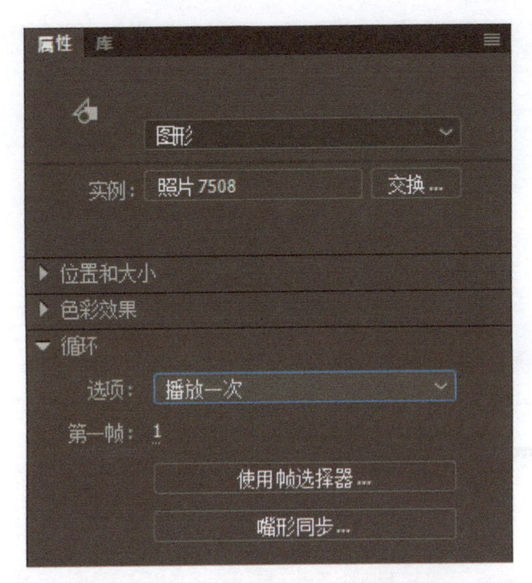

图 6-76　设置图形元件实例属性

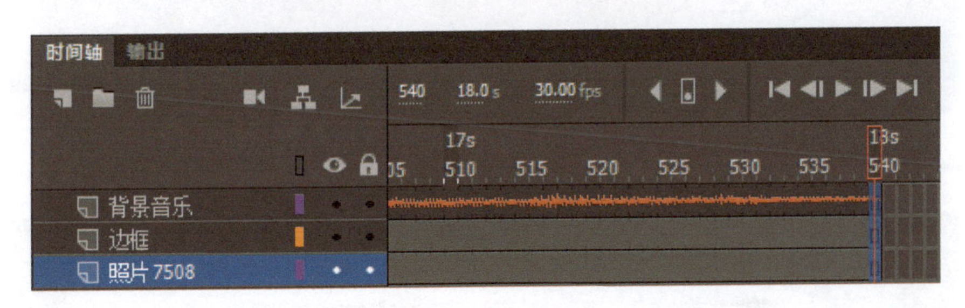

图 6-77　插入帧

79 双击“照片 7508”元件实例进入其内部，新建两个图层。在“图层_3”图层上，单击鼠标右键，在弹出的快捷菜单中选择“遮罩层”命令将其转换为遮罩层。拖曳“图层 _1”图层到“图层_2”图层的右下方，使其与遮罩层相关联，如图 6-78 所示。

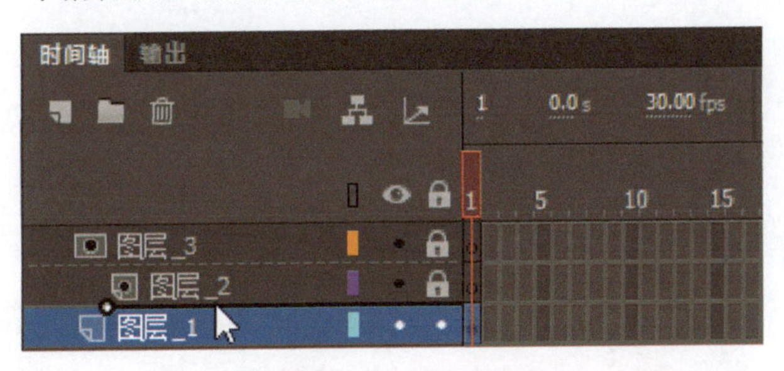

图 6-78　“图层_1”图层与遮罩层相关联

80 单击“图层_2”图层和“图层_3”图层的锁定选项将其取消锁定。单击“图层_2”图层，选择“文本工具”，设置“填充颜色”为白色，在舞台左上角输入“赛里木湖”文字，如图 6-79 所示。

81 单击“图层_3”图层，将“库”面板中的“矩形”元件拖曳到舞台上。选择“任意变形工具”，将其缩放，如图 6-80 所示。拖曳选择所有图层的第 15 帧，按 F5 键插入帧。

图 6-79　添加文字

图 6-80　绘制遮罩区域

82 单击“图层_3”图层上的“矩形”元件实例，按 F8 键将其转换为元件。在“转换为元件”对话框中，“名称”输入“过渡效果 9”，单击“确定”按钮。选择“选择工具”双击该元件实例进入其内部。单击第 15 帧，按 F6 键插入关键帧，选择“任意变形工具”将其以水平方向放大，如图 6-81 所示。在第 1 帧上单击鼠标右键，在弹出的快捷菜单中选择“创建传统补间”命令创建传统补间动画。

图 6-81　水平方向放大

83 选择“选择工具”，双击粘贴板的空白区域，返回“照片 7508”元件实例。单击第 15 帧，选择“过渡效果 9”元件实例，按 Ctrl+C 快捷键复制该元件实例，按 10 次 Ctrl+Shift+V 快捷键将其原位粘贴。打开“对齐”面板，勾选“与舞台对齐”复选框，单击“水平居中分布”按钮，如图 6-82 所示。

84 单击第 1 帧，在“属性”面板中，设置“混合”为“图层”，如图 6-83 所示。

提示

在 Animate 中，单击图层后，在“属性”面板设置混合模式时会自动添加一个关键帧，因此最好选择此帧进行混合模式的设置。

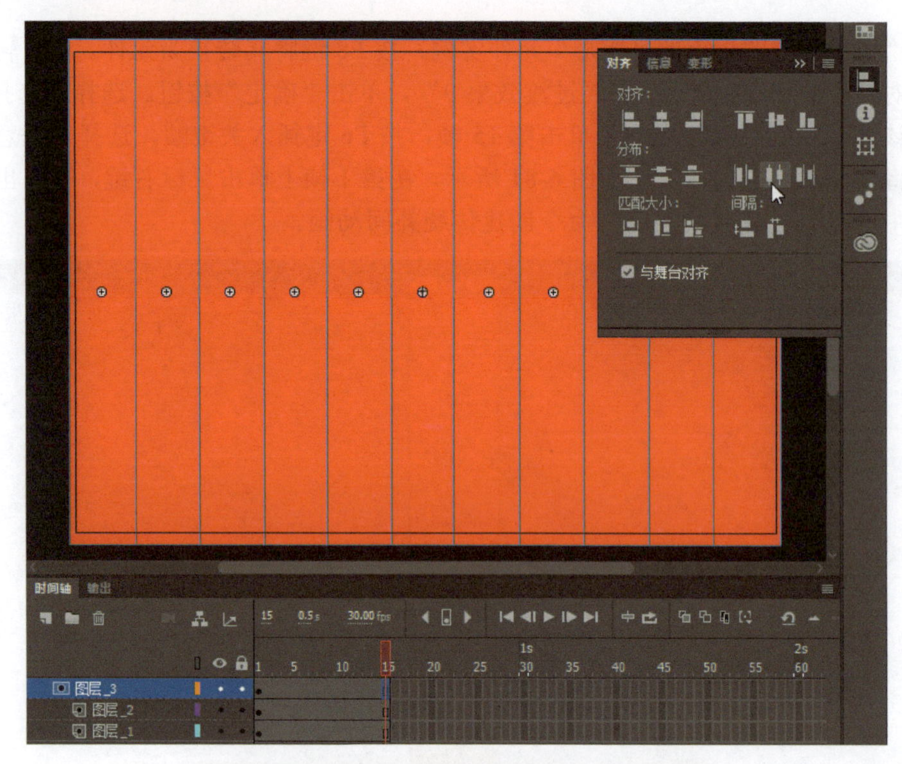

图 6-82　水平居中分布“过渡效果 9”元件实例

图 6-83　设置混合模式

85 单击“编辑栏”中的“场景 1”，返回“场景 1”场景，如图 6-84 所示。

图 6-84　“场景 1”场景

制作第 10 张照片的遮罩动画

86 新建一个图层，将其名称修改为“照片 7523”。选择第 525 帧，按 F7 键插入空白关键帧。将“库”面板中的“IMG_7523.jpg”照片拖曳到舞台中央，如图 6-85 所示。在“属性”面板中，将 X 和 Y 值设置为 0。

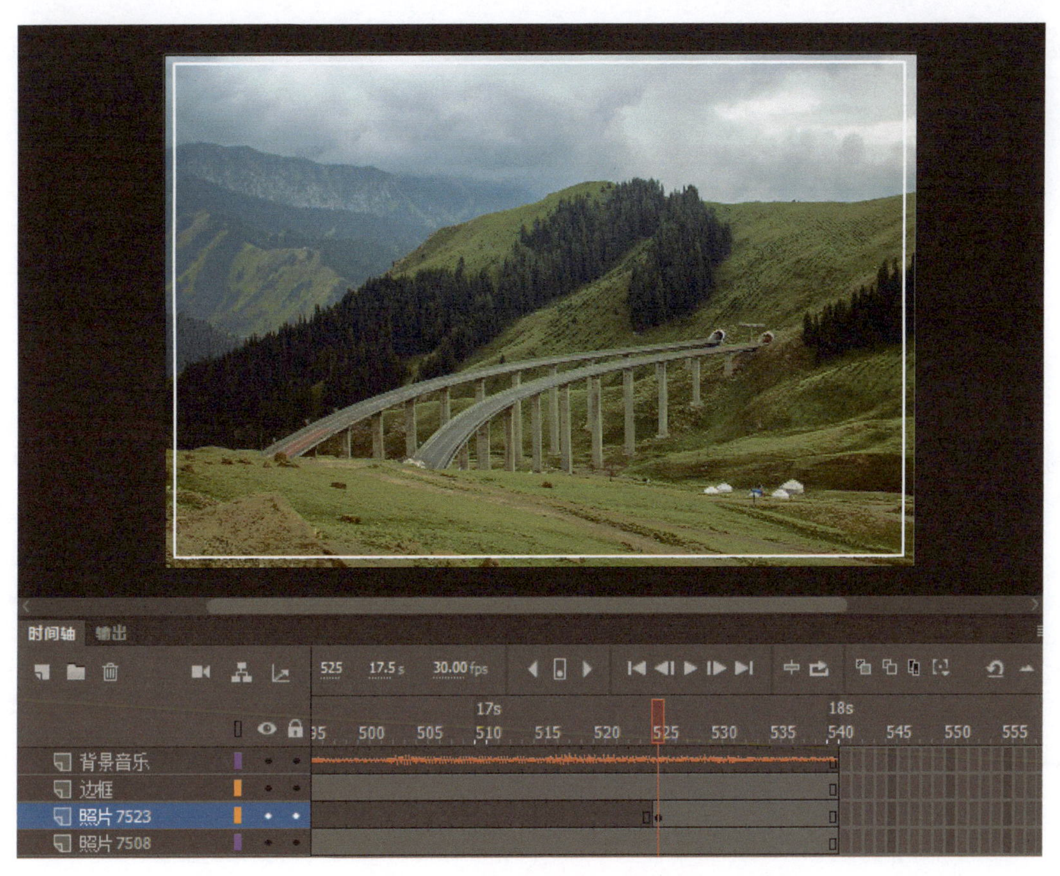

图 6-85　将照片拖曳到舞台中央

87 按 F8 键将照片转换为元件，在“转换为元件”对话框中，“名称”输入“照片 7523”，单击“确定”按钮。在“属性”面板的“循环”选项卡中，设置“选项”为“播放一次”，如图 6-86 所示。

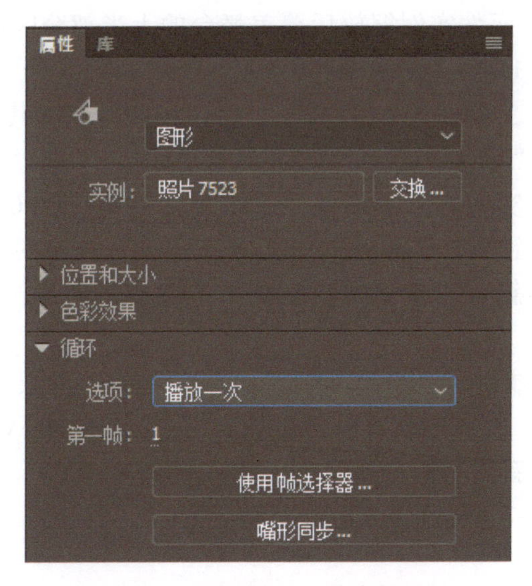

图 6-86　设置图形元件实例属性

88 拖曳选择“背景音乐”、“边框”和“照片 7523”图层的第 595 帧，按 F5 键插入帧，如图 6-87 所示。

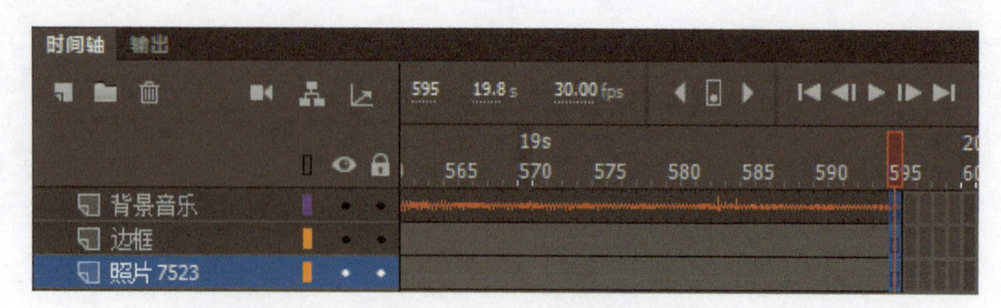

图 6-87 插入帧

89 双击“照片 7523”元件实例进入其内部，新建两个图层。在“图层_3”图层上，单击鼠标右键，在弹出的快捷菜单中选择“遮罩层”命令将其转换为遮罩层。拖曳“图层 _1”图层到“图层_2”图层的右下方，使其与遮罩层相关联，如图 6-88 所示。

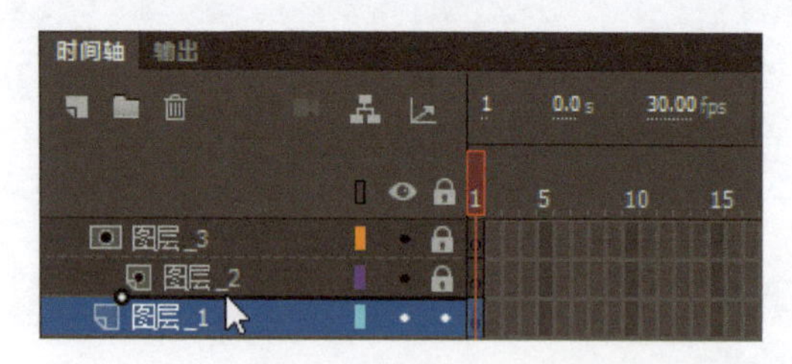

图 6-88 “图层_1”图层与遮罩层相关联

90 单击“图层_2”图层和“图层_3”图层的锁定选项将其取消锁定。单击“图层_2”图层，选择“文本工具”，设置“填充颜色”为白色，在舞台右下角输入“赛里木湖隧道”文字，如图 6-89 所示。

91 单击“图层_3”图层，将“库”面板中的“矩形”元件拖曳到舞台上。选择“任意变形工具”，将“矩形”元件实例缩放后覆盖舞台的上半部分区域，如图 6-90 所示。拖曳选择所有图层的第 15 帧，按 F5 键插入帧。

92 单击“图层_3”图层上的“矩形”元件实例，按 F8 键将其转换为元件。在“转换为元件”对话框中，“名称”输入“过渡效果 10”，单击“确定”按钮。选择“选择工具”双击该元件实例进入其内部。单击第 15 帧，按 F6 键插入关键帧。单击第 1 帧，拖曳红色矩形至舞台顶部外，使其底部与舞台顶部对齐，如图 6-91 所示。在第 1 帧上单击鼠标右键，在弹出的快捷菜单中选择“创建传统补间”命令创建传统补间动画。

93 双击粘贴板的空白区域返回“照片 7523”元件，选择“图层_3”图层的第 15 帧。单击“矩形”元件实例，按 Ctrl+C 快捷键复制，按 Ctrl+Shift+V 快捷键原位粘贴。选择“任意变形工具”，将新复制的“矩形”元件实例旋转 180°，并向下拖曳使其与原有“矩形”元件实例对齐，如图 6-92 所示。

图 6-89　添加文字

图 6-90　绘制遮罩区域

图 6-91　对齐

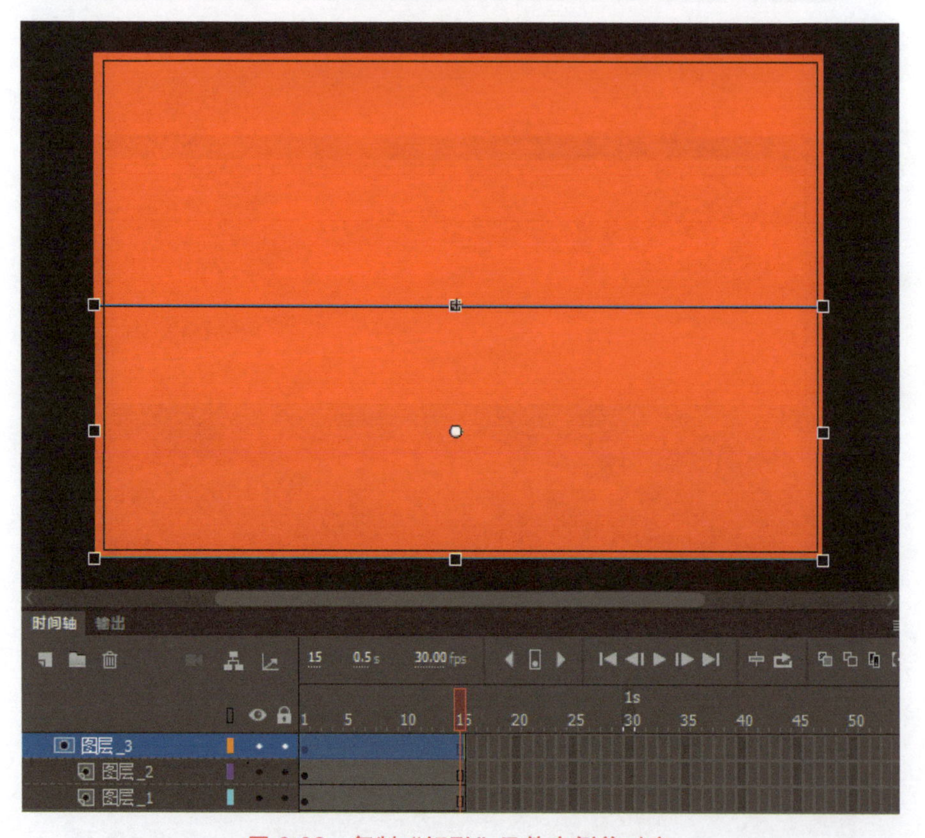

图 6-92　复制“矩形”元件实例并对齐

94 单击第 1 帧，在“属性”面板中，设置“混合”为“图层”，如图 6-93 所示。

图 6-93　设置混合模式

95 单击“编辑栏”中的“场景 1”，返回“场景 1”场景，如图 6-94 所示。

图 6-94　“场景 1”场景

制作其他照片的遮罩动画

96 新建一个图层，将其名称修改为“照片 8220”。选择第 580 帧，按 F7 键插入空白关键帧。单击“照片 7523”图层的第 580 帧，按 Ctrl+C 快捷键复制“照片 7523”元件实例。单击“照片 8220”图层的第 595 帧，按 Ctrl+Shift+V 快捷键原位粘贴，如图 6-95 所示。在“属性”面板中，设置“第一帧”为“1”。

图 6-95　复制粘贴“照片 7523”元件实例

97 在新复制的“照片 7523”元件实例上，单击鼠标右键，在弹出的快捷菜单中选择“直接复制元件”命令。在弹出的“直接复制元件”对话框中，“元件名称”输入“照片8220”，单击“确定”按钮，如图 6-96 所示。

图 6-96 “直接复制元件”对话框

98 拖曳选择“背景音乐”、“边框”和“照片 8220”图层的第 650 帧，按 F5 键插入帧，如图 6-97 所示。

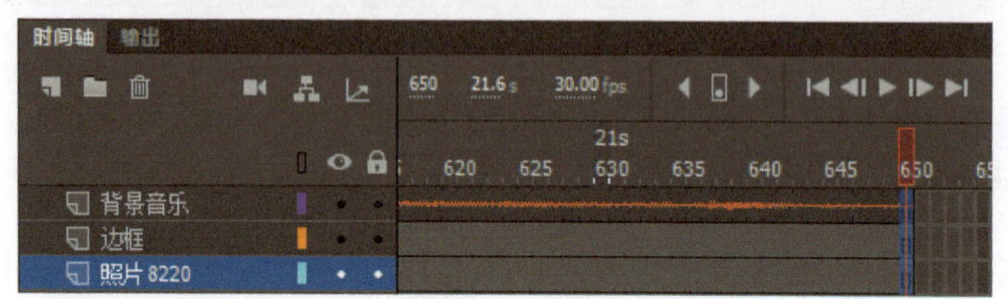

图 6-97 插入帧

99 双击“照片 8220”元件实例进入其内部，在“图层_1”图层的“IMG_0130.jpg”位图上，单击鼠标右键，在弹出的快捷菜单上选择“交换位图”命令。在弹出的“交换位图”对话框中，选择“IMG_8220.jpg”替换当前位图，单击“确定”按钮，如图 6-98 所示。

图 6-98 “交换位图”对话框

100 选择“文本工具”，单击“图层_2”图层的文字，将文字修改为“夏特古道”，如图 6-99 所示。双击舞台或粘贴板的空白区域返回“场景 1”场景。

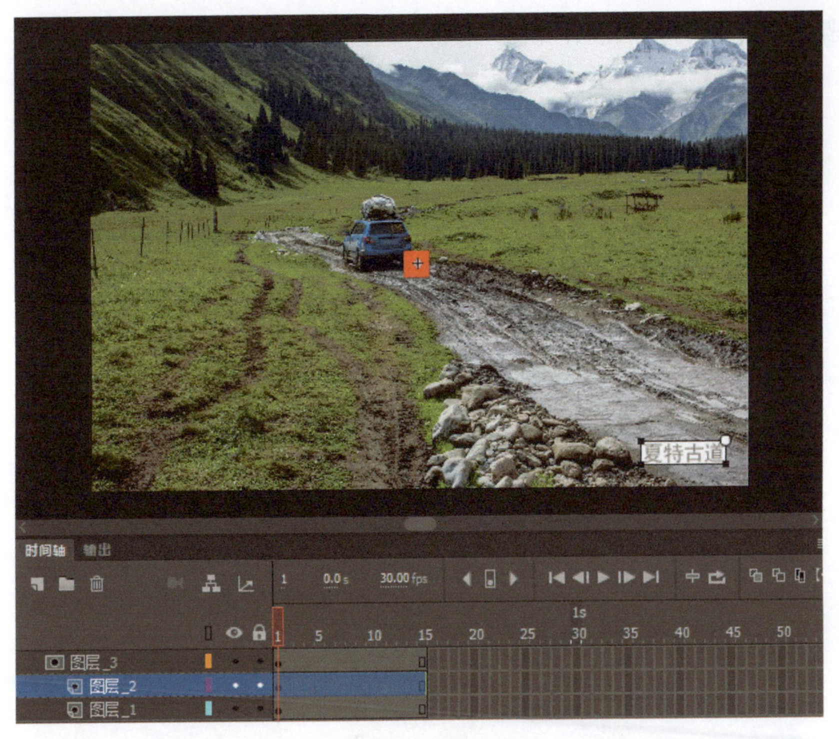

图 6-99　修改文字

101 使用步骤 96～100 的方法制作第 12 张照片的遮罩动画，如图 6-100 所示。

图 6-100　第 12 张照片的遮罩动画

102 使用步骤 96～100 的方法制作第 13 张照片的遮罩动画，如图 6-101 所示。

图 6-101　第 13 张照片的遮罩动画

103 使用步骤 96～100 的方法制作第 14 张照片的遮罩动画，如图 6-102 所示。

图 6-102　第 14 张照片的遮罩动画

104 使用步骤 96～100 的方法制作第 15 张照片的遮罩动画，如图 6-103 所示。

图 6-103　第 15 张照片的遮罩动画

105 使用步骤 96～100 的方法制作第 16 张照片的遮罩动画，如图 6-104 所示。

图 6-104　第 16 张照片的遮罩动画

106 使用步骤 96～100 的方法制作第 17 张照片的遮罩动画，如图 6-105 所示。

图 6-105　第 17 张照片的遮罩动画

107 使用步骤 96～100 的方法制作第 18 张照片的遮罩动画，如图 6-106 所示。

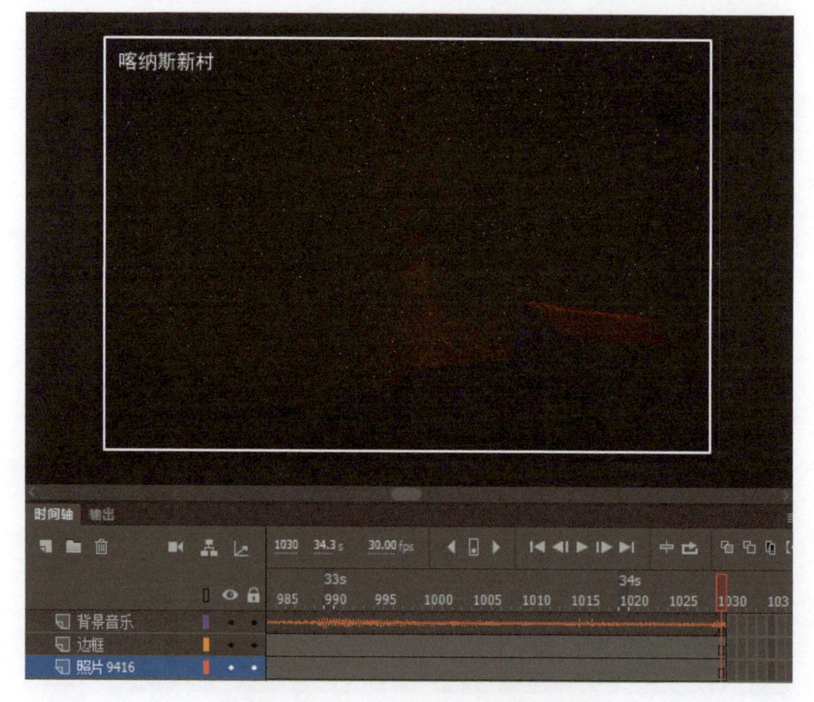

图 6-106　第 18 张照片的遮罩动画

108 使用步骤 96～100 的方法制作第 19 张照片的遮罩动画，如图 6-107 所示。

图 6-107　第 19 张照片的遮罩动画

109 使用步骤 96～100 的方法制作第 20 张照片的遮罩动画，如图 6-108 所示。

图 6-108　第 20 张照片的遮罩动画

110 单击“照片 9772”图层的第 1150 帧，按 F6 键插入关键帧。再单击该图层的第 1180 帧，按 F6 键插入关键帧。单击“照片 9772”元件实例，在“属性”面板中，设置“样式”为“Alpha”，“Alpha”值为 0%，如图 6-109 所示。右键单击该图层的第 1150 帧，在弹出的快捷菜单中选择“创建传统补间”命令创建传统补间动画。拖曳选择“背景音乐”和“边框”的第 1180 帧，按 F5 键插入帧。

图 6-109　设置元件实例属性

制作片尾文字动画

111 新建一个图层，将其名称修改为“中国新疆”。单击第 1181 帧，按 F7 键插入空白关键帧。选择“文本工具”，在“属性”面板中，设置“系列”为“黑体”，“大小”为“120”磅，“颜色”为黑色。在舞台中央输入“中国 • 新疆”文字，如图 6-110 所示。

图 6-110　添加文字

112 按 F8 键将文字转换为元件，在“转换为元件”对话框中，“名称”输入“中国新疆”，单击“确定”按钮，如图 6-111 所示。

113 依次选择第 1190 帧、第 1210 帧和第 1220 帧，按 F6 键插入关键帧。依次选择第 1181 帧和第 1220 帧上的“中国新疆”元件实例，在“属性”面板中，设置“样式”为“Alpha”，“Alpha”值为 0%。依次在第 1181 帧和第 1210 帧上单击鼠标右键，在弹出的快捷菜单中选择“创建传统补间”命令创建传统补间动画，如图 6-112 所示。

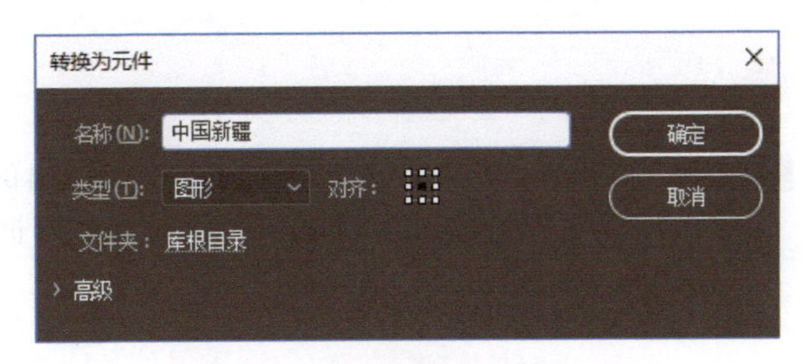

图 6-111　“转换为元件”对话框

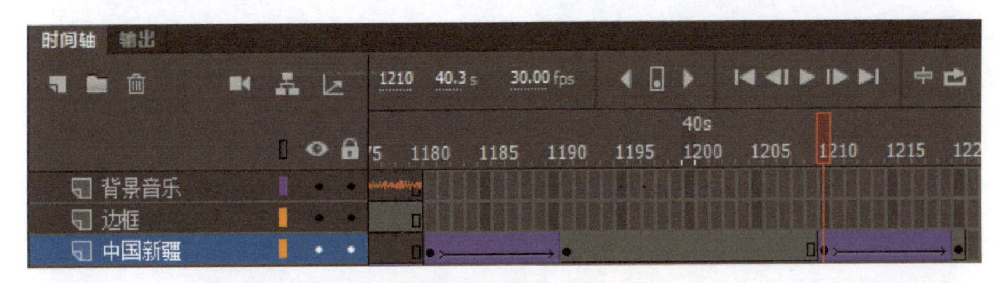

图 6-112　创建传统补间动画

114 选择“背景音乐”图层的第 1230 帧，按 F5 键插入帧。单击“属性”面板中的“编辑声音封套”按钮，在弹出的“编辑封套”对话框中，拖曳到音乐的结尾，单击生成两组音量控制点，将后一组控制点拖曳到底部，单击“确定”按钮，实现音乐逐渐消失的效果，如图 6-113 所示。

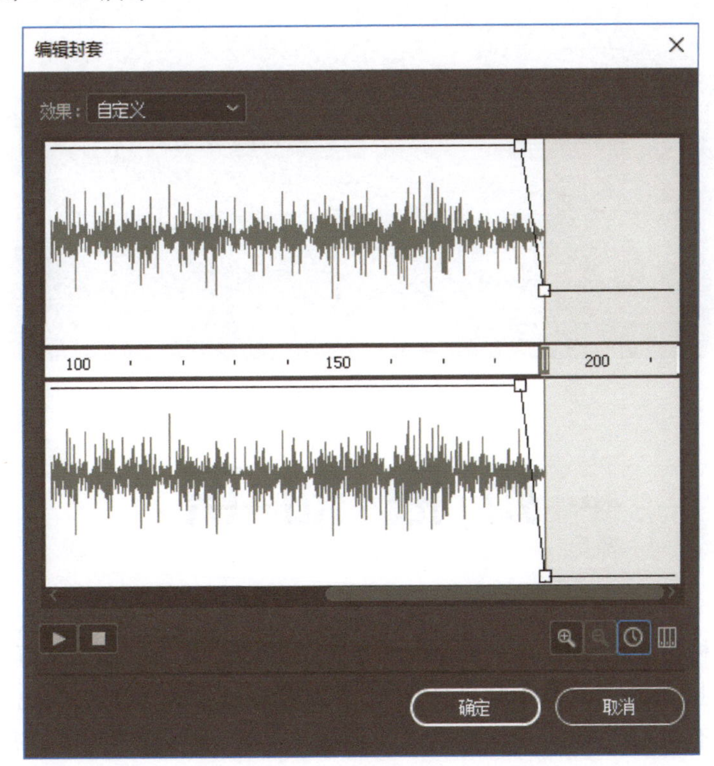

图 6-113　“编辑封套”对话框

发布

115 选择“文件”→“发布设置”命令，在弹出的“发布设置”对话框中进行相应设置，单击“发布”按钮，生成swf格式的文件及调用swf格式文件的HTML格式文件，如图6-114所示。

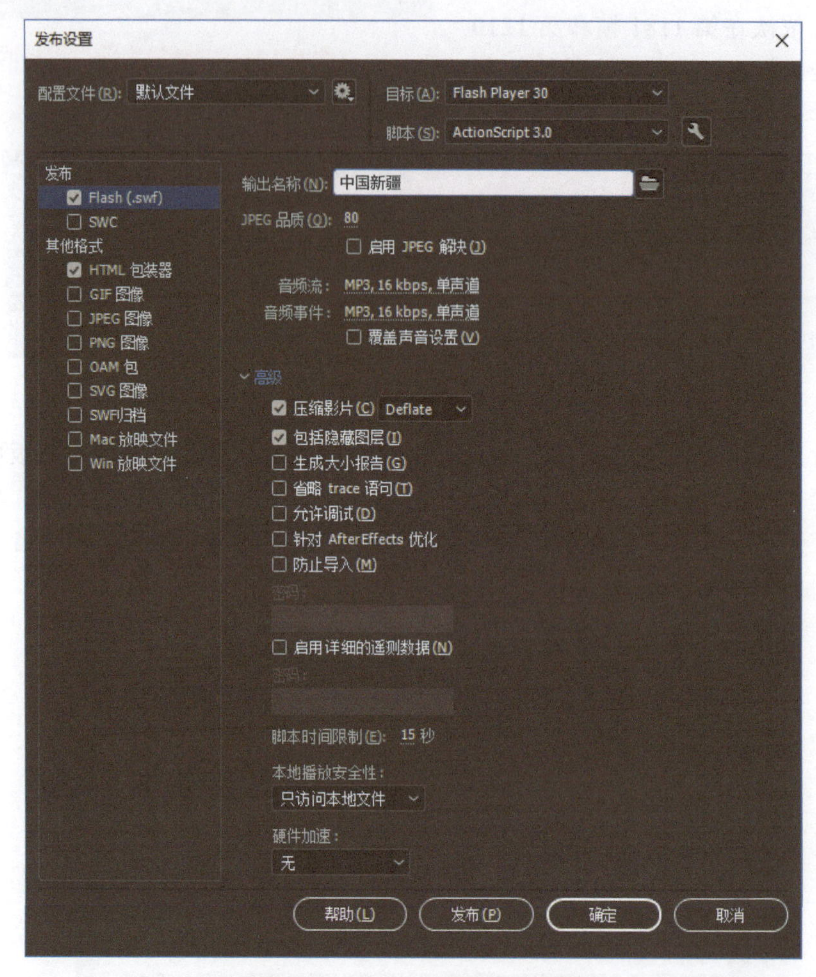

图 6-114 “发布设置”对话框

拓展知识

1. 遮罩层

遮罩层是一种特殊的图层，一个遮罩层可以关联多个被遮罩层。在遮罩层上的形状区域会显示被遮罩层上的元素，形状外的区域不会被显示。在遮罩层上也可以制作动画，但是当包含多个有内部动画的元件实例时，需要将“混合”设置为“图层”，如图6-115所示。

图 6-115　“混合”设置为“图层”

（1）创建遮罩层

在普通图层上单击鼠标右键，在弹出的快捷菜单中选择“遮罩层”命令，可以将普通图层转换为遮罩层。遮罩层的图标与普通图层是不一样的，如图 6-116 所示。

图 6-116　遮罩层

在普通图层上单击鼠标右键，在弹出的快捷菜单中选择“属性”命令，弹出“图层属性”对话框，“类型”选择“遮罩层”，单击“确定”按钮，可将普通图层转换为遮罩层，如图 6-117 所示。

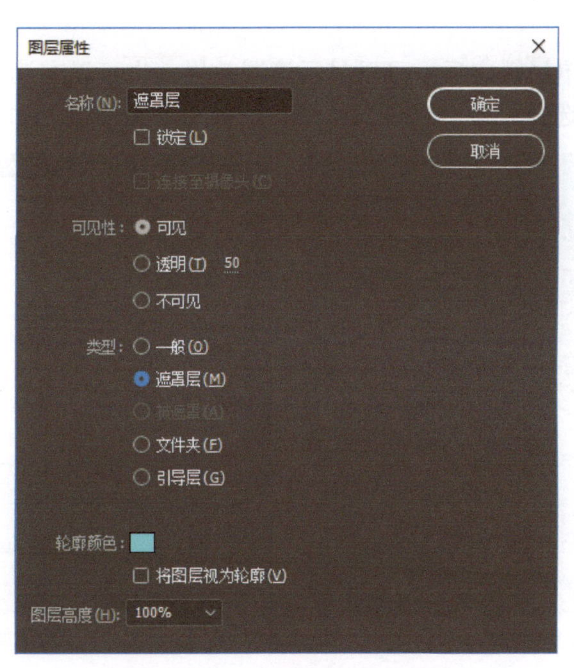

图 6-117　“图层属性”对话框

（2）普通图层转换为被遮罩层

将普通图层拖曳到遮罩层下方，在遮罩层图标右方出现一个圆点，此时松开鼠标左键，普通图层转换为被遮罩层，并与遮罩层进行了关联，如图 6-118 所示。

图 6-118　普通图层转换为被遮罩层

（3）取消被遮罩层与遮罩层的关联

将被遮罩层拖曳到其他同一相关联遮罩层的被遮罩层的左下方，会在遮罩层图标的左下方出现一个圆点，此时松开鼠标左键，被遮罩层转换为普通图层，并与遮罩层取消了关联，如图 6-119 所示。

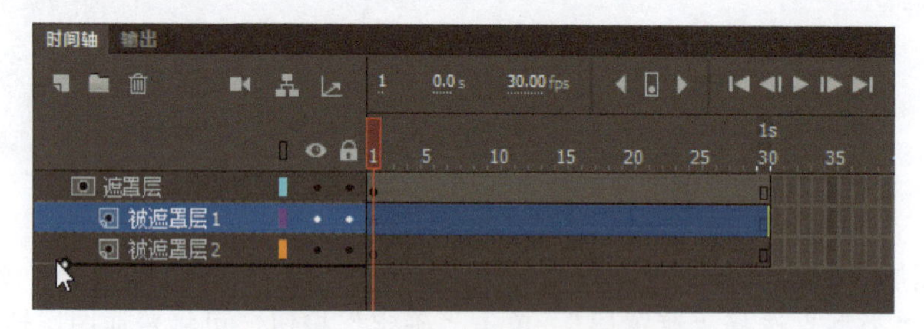

图 6-119　被遮罩层转换为普通图层

（4）显示遮罩

将遮罩层和被遮罩层锁定后，可以显示遮罩效果。也可以在遮罩层上单击鼠标右键，在弹出的快捷菜单中选择“显示遮罩”命令自动锁定相关图层，如图 6-120 所示。

未显示遮罩　　显示遮罩

图 6-120　未显示遮罩和显示遮罩的对比

（5）遮罩层转换为普通图层

在遮罩层上单击鼠标右键，在弹出的快捷菜单中选择“遮罩层”命令，遮罩层转换为普通图层，如图 6-121 所示。

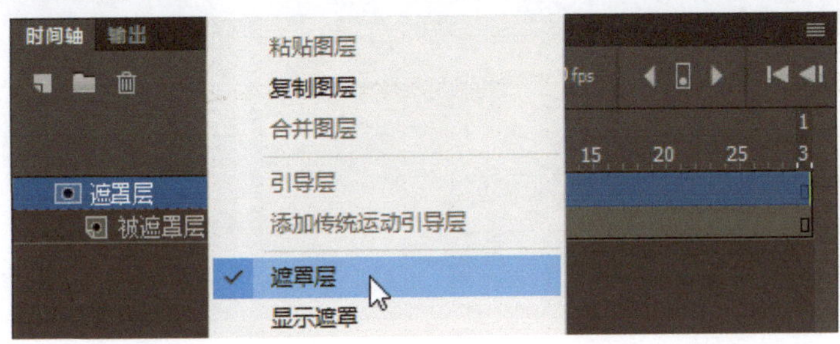

图 6-121　遮罩层转换为普通图层

2. 音频

音频是一种元素类型，主要用于配音、音效和配乐，常见的支持格式包括 mp3、wav、aif、asnd 和 flac 等。

（1）导入音频

使用“文件”→“导入”→“导入到库”命令，可以将音频导入库中，在“库”面板中选择音频后可以在预览窗口单击“播放”按钮试听，如图 6-122 所示。

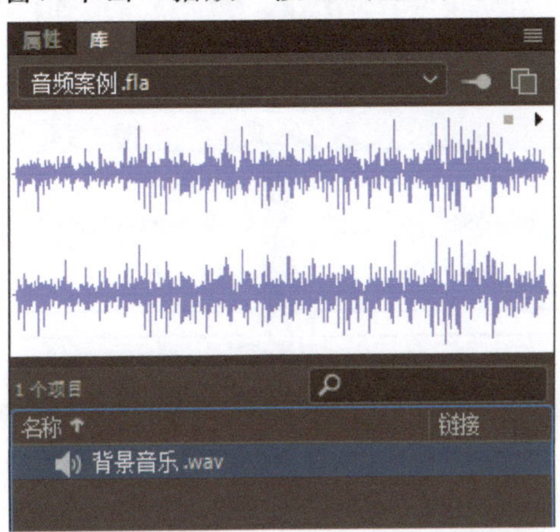

图 6-122　试听音频

（2）使用音频

音频可以在帧上使用，也可以通过 ActionScript 语言进行调用控制。选中帧后，在“属性”面板的“声音”选项卡中设置音频，所有导入的音频都会在“名称”下拉菜单中显示。选择音频后，可以设置“效果”和“同步”参数，如图 6-123 所示。

“效果”用于设置音频范围及左右声道的音量，包含“左声道”、“右声道”、“向右淡出”、“向左淡出”、“淡入”、“淡出”和“自定义”等选项，效果如图 6-124 所示。单击右侧的“编辑声音封套”按钮和选择“自定义”选项都会弹出“编辑封套”对话框，可以手动进行设置。

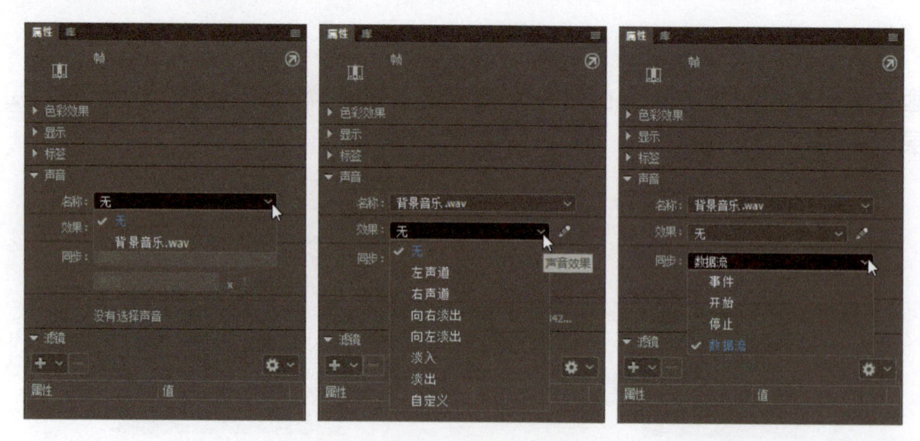

图 6-123 “声音”选项卡

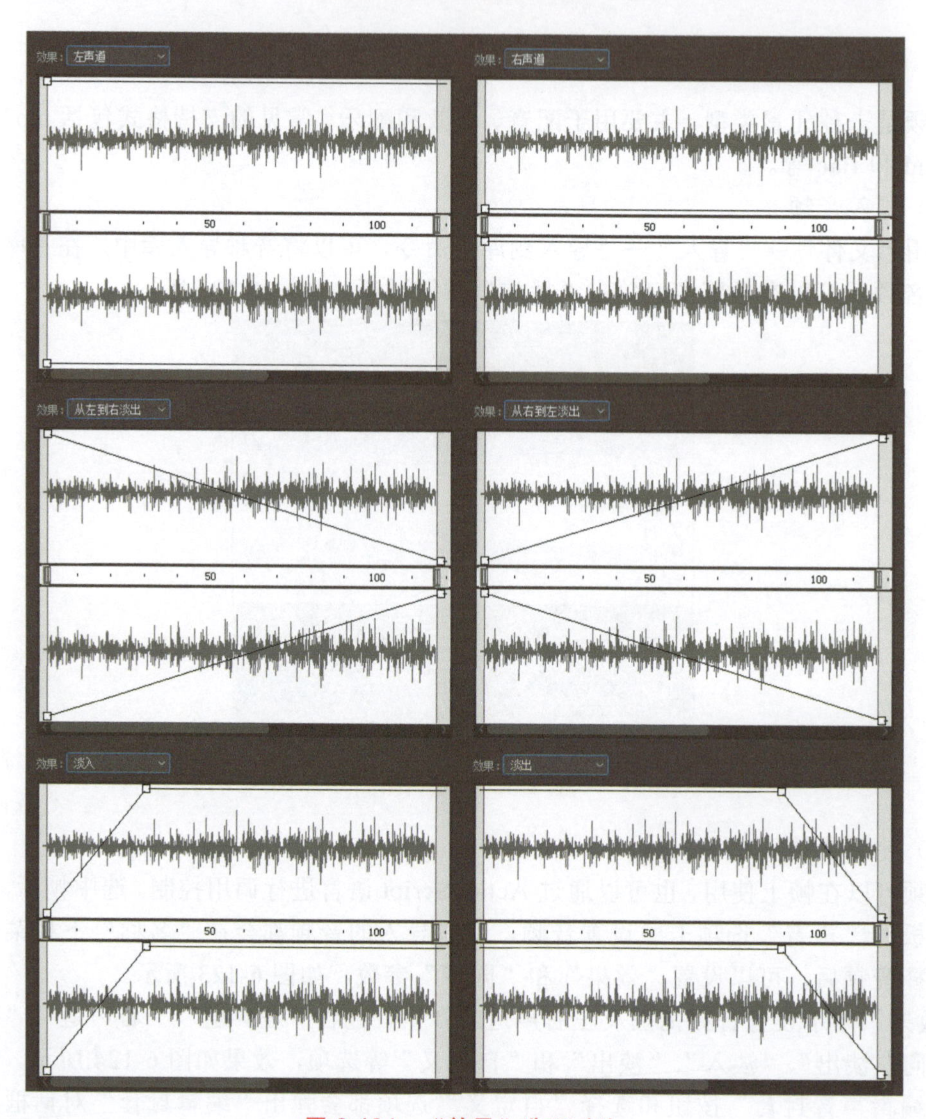

图 6-124 “效果”选项对比

“同步”用于设置音频的同步方式及声音循环，包含“事件”、“开始”、“停止”和“数据流”等选项。“事件”表示声音从关键帧开始播放后就独立于时间轴进行播放，直到播放完毕；“开始”表示若该音频正在以“事件”或“开始”的同步方式播放，则不会被播放；“停止”表示声音不会被播放；“数据流”表示音频会和帧的持续时间同步播放，而且拖曳时间线可以听到相应的音频。

“声音循环”可以设置循环次数或无限循环。当“声音循环”设置为“重复”时，可以指定播放次数，如图 6-125 所示；当“声音循环”设置为“循环”时，则不断重复播放。

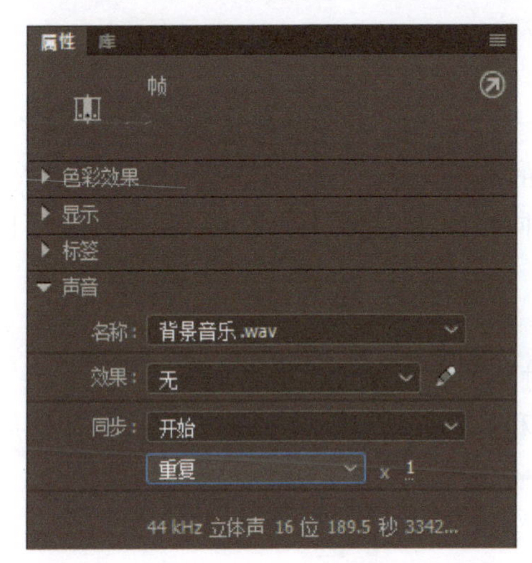

图 6-125　“声音循环”设置为“重复”

实践任务

任务 2　个人介绍短片——我的成长史

任务背景

照片可以记录每个人的成长过程，记录喜怒哀乐。通过个人介绍短片可以向其他人进行自我介绍，短片展示不同时期拍摄的照片，并搭配文字进行自我介绍。

任务要求

选取 10 张以上不同时期的个人照片，照片一次呈现出来。照片使用遮罩动画制作过渡效果。照片的过渡节奏和音频匹配，构图比例合理，过渡速度均衡。

技术要领

遮罩层动画。

解决问题

使用遮罩动画实现照片的过渡效果。

任务分析

___

___

___

___

主要制作步骤

___

___

___

___

理论考核

1. 单项选择题

（1）遮罩层可以使用（　　）种方式创建。

A. 1　　B. 2　　C. 3　　D. 4

（2）（　　）同步选项可以通过拖曳时间线产生播放效果。

A. 事件　　B. 开始　　C. 停止　　D. 数据流

2. 多项选择题

（1）在遮罩层上可以制作（　　）。

A. 传统补间动画　　B. 补间动画

C. 补间形状动画　　D. 逐帧动画

（2）可以导入的音频格式文件有（　　）。

A. mp3　　B. mp4　　C. wav　　D. au

3. 判断题

（1）一个遮罩层可以关联多个被遮罩层。（　　）

（2）音频可以直接导入舞台中。（　　）

模块07

制作形状补间动画

能力目标

1. 掌握形状补间动画的制作方法
2. 掌握形状提示在形状补间动画的使用方法
3. 掌握应用遮罩层为形状补间动画制作遮罩的方法

知识目标

1. 理解形状补间的原理
2. 了解形状补间动画、传统补间动画和补间动画的区别
3. 了解形状提示的原理

学时分配

6课时（讲课2课时，实践4课时）

模 拟 任 务

任务 1　加载进度动画——深海探秘

任务背景

《深海探秘》是一款解密类的手机游戏，进入游戏后需要加载各类资源。通过计算加载资源的百分比控制加载动画的进度，进度条是海豚的外形，通过海水上涨的方式提示加载进度。

图 7-1　最终效果

任务要求

在影片剪辑元件内实现加载动画，加载动画为 100 帧，如图 7-1 所示。动画能够体现出海水上涨的起伏效果，动画流畅。

重点难点

1. 制作形状补间动画
2. 在形状补间动画中使用形状提示
3. 遮罩层与形状补间动画的配合使用

技术要领

使用形状补间动画制作海水的起伏动画；使用补间动画制作海水的上涨动画。

解决问题

形状补间动画的制作。

素材路径

素材\模块 07\深海探秘.fla，形状提示.fla。

任务分析

在影片剪辑元件实例内添加一个海水上涨的影片剪辑元件实例，制作海水上涨的补间动画；在海水上涨的影片剪辑元件实例内制作海水起伏的补间形状动画。

打开素材

01 启动 Animate，打开“素材\模块 07\深海探秘.fla”文件，如图 7-2 所示。

图 7-2　打开素材

制作加载进度条的动画

02 双击“加载进度条动画”元件实例进入其内部，新建两个新图层，分别修改图层名称为“海豚遮罩”和“波浪”，如图 7-3 所示。

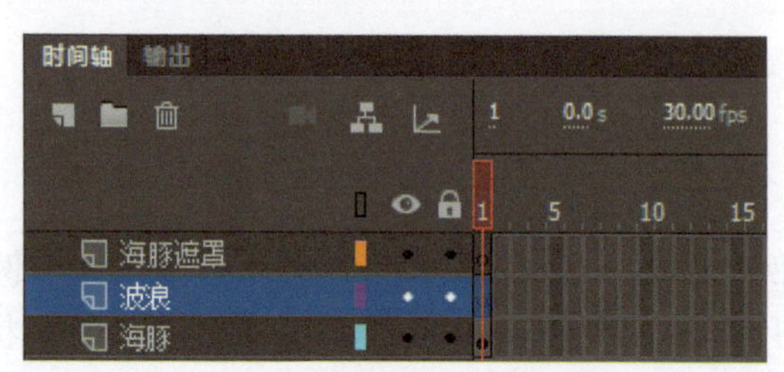

图 7-3　新建图层并修改名称

03 单击“海豚”图层的第 1 帧，按 Ctrl+C 快捷键进行复制。单击“海豚遮罩”图层的第 1 帧，按 Ctrl+Shift+V 快捷键原位粘贴，如图 7-4 所示。

04 右键单击“海豚遮罩”图层，在弹出的快捷菜单中选择“遮罩层”命令，单击“海豚遮罩”图层和“波浪”图层的锁定选项将其取消锁定。选择“矩形工具”，设置“笔触颜色”为☐，“填充颜色”值为“#0099FF”。单击“波浪”图层的第 1 帧，在海豚下方绘制一个矩形，如图 7-5 所示。

图 7-4 复制粘贴海豚

图 7-5 绘制矩形

05 分别选择“海豚遮罩”图层和“海豚”图层的第 100 帧，按 F5 键插入帧；选择“波浪”图层的第 100 帧，按 F6 键插入关键帧，如图 7-6 所示。

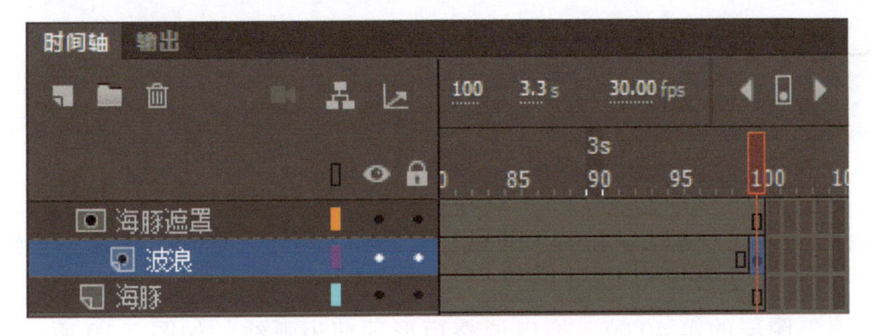

图 7-6 插入帧和插入关键帧

06 选择“任意变形工具”，按住 Ctrl 键拖曳矩形顶部中间的控制点，使矩形覆盖海豚区域，如图 7-7 所示。

图 7-7　放大矩形

07 选择“波浪”图层的第 1 帧至第 100 帧之间的任意一帧，单击鼠标右键，在弹出的快捷菜单中选择“创建补间形状”命令创建形状补间动画。分别选择第 20 帧、第 40 帧、第 60 帧和第 80 帧，按 F6 键插入关键帧，如图 7-8 所示。

图 7-8　创建形状补间动画

08 选择“选择工具”，单击“波浪”图层的第 20 帧，拖曳调整矩形顶部为弧线，如图 7-9 所示。

09 单击“波浪”图层的第 40 帧，拖曳调整矩形顶部为弧线，如图 7-10 所示。

图 7-9　调整波浪外形（1）

图 7-10　调整波浪外形（2）

10 单击“波浪”图层的第 60 帧，拖曳调整矩形顶部为弧线，如图 7-11 所示。

11 单击“波浪”图层的第 80 帧，拖曳调整矩形顶部为弧线，如图 7-12 所示。

图 7-11　调整波浪外形（3）

图 7-12　调整波浪外形（4）

制作文字的动画

12 双击舞台或粘贴板的空白区域返回“场景 1”场景。双击“文字”图层的“加载文字动画”元件实例进入其内部，单击选择“文字”图层第 1 帧的文字，按 F8 键将其转换为元件。在“转换为元件”对话框中，“名称”输入“正在加载”，“类型”选择“图形”，单击“确定”按钮，如图 7-13 所示。

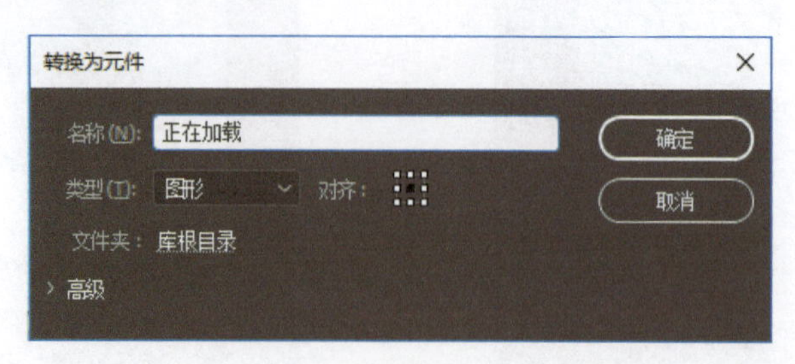

图 7-13 “转换为元件”对话框

13 分别单击第 16 帧、第 30 帧和第 45 帧，按 F6 键插入关键帧，如图 7-14 所示。

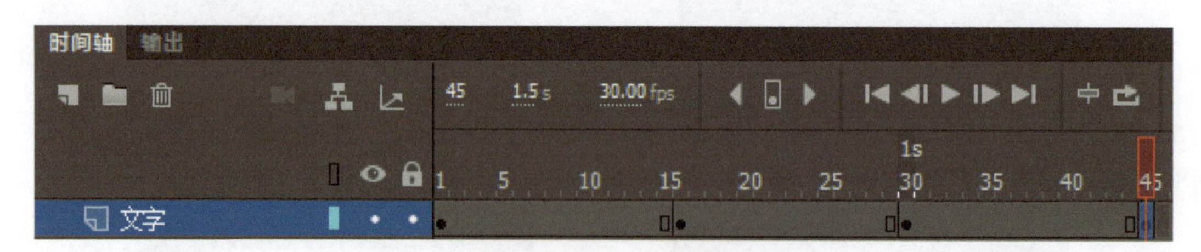

图 7-14 插入关键帧

14 分别选择第 1 帧和第 40 帧的“正在加载”元件实例，在“属性”面板中设置“样式”为“Alpha”，“Alpha”值为 0%，如图 7-15 所示。

图 7-15 设置样式

15 分别在第 1 帧至第 16 帧之间、第 30 帧至第 45 帧之间的任意一帧上，单击鼠标右键，在弹出的快捷菜单中选择“创建传统补间”命令创建传统补间动画，如图 7-16 所示。

图 7-16　创建传统补间动画

保存

16 选择“文件”→“保存”命令，保存后可以提交审核，由程序员通过程序读取加载进度的百分比，显示相应的加载进度。

拓展知识

1. 形状补间动画

形状补间动画是指将线条和形状从一个状态变化到另一个状态，状态包括外形、大小、位置、旋转、颜色、透明度等。线条和形状的这些变化，既可以使用形状补间动画实现，也可以使用运动补间动画实现。

（1）创建形状补间动画

在两个关键帧上分别绘制不同的形状，如图 7-17 所示。在两个关键帧之间的任意一帧上，单击鼠标右键，在弹出的快捷菜单中选择“创建补间形状”命令，创建形状补间动画，如图 7-18 所示。

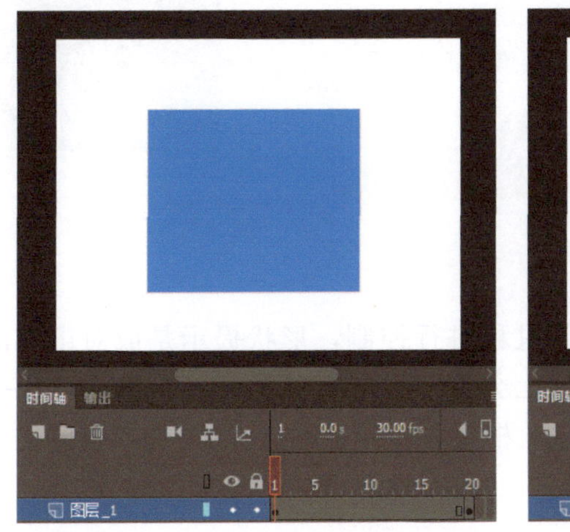

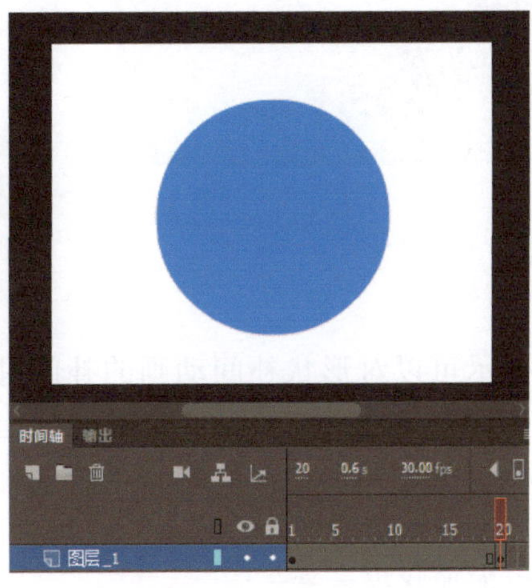

图 7-17　形状补间的两个关键帧

（2）删除形状补间动画

在形状补间动画的任意一帧上，单击鼠标右键，在弹出的快捷菜单中选择“删除形状补间动画”命令删除形状补间动画，如图 7-19 所示。

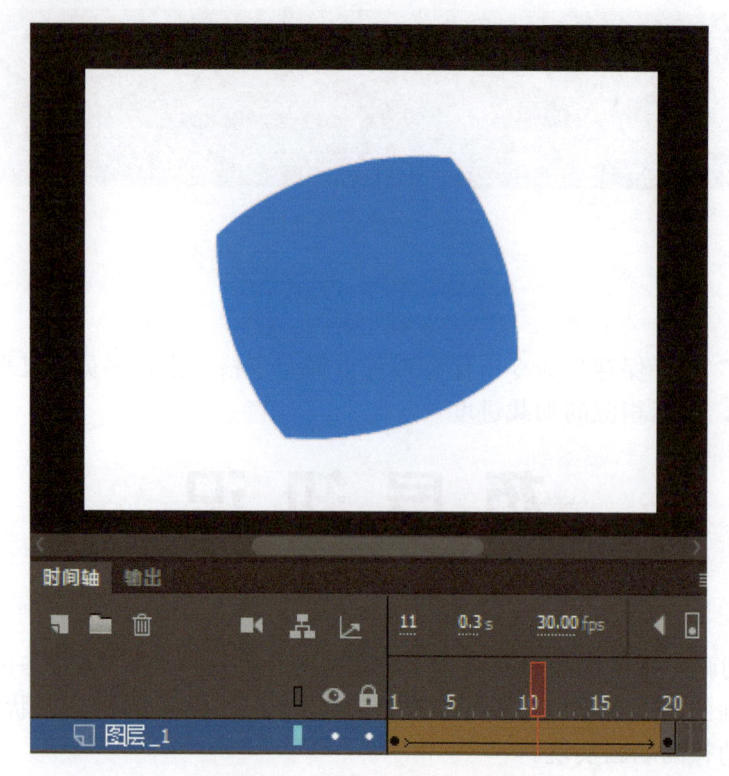

图 7-18　创建形状补间动画

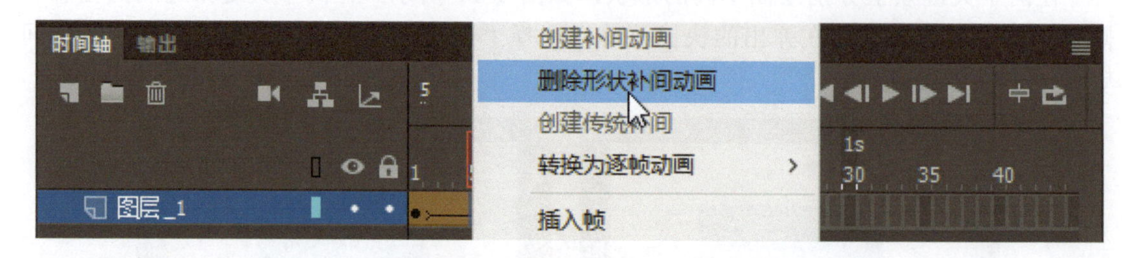

图 7-19　删除形状补间动画

2. 形状提示

形状提示可以对形状补间动画的补间过程进行控制，形状提示是成对出现的。为形状补间动画添加形状提示后，两个关键帧上会有对应的形状提示。对应的形状提示确定了补间动画开始和结束时形状提示的位置，根据两个形状提示的位置自动生成形状补间动画。

（1）添加形状提示

打开“素材\模块 07\形状提示.fla”文件。在未添加形状提示时，蜡烛火焰的形状渐变是上下颠倒的，如图 7-20 所示。

选择“火焰”图层的第 1 帧，选择“修改”→“形状”→“添加形状提示”命令，添加两个形状提示。将形状提示 *a* 分别拖曳到两个关键帧上火焰的顶部，将形状提示 *b*

分别拖曳到两个关键帧上火焰的底部，形状提示从红色变成黄色或绿色时表示生效，如图 7-21 所示。

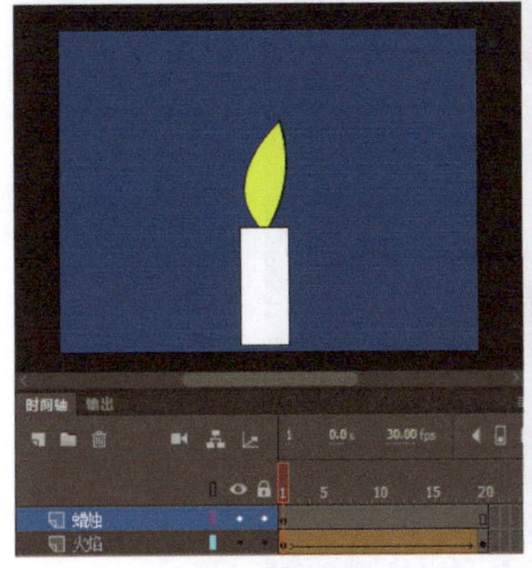
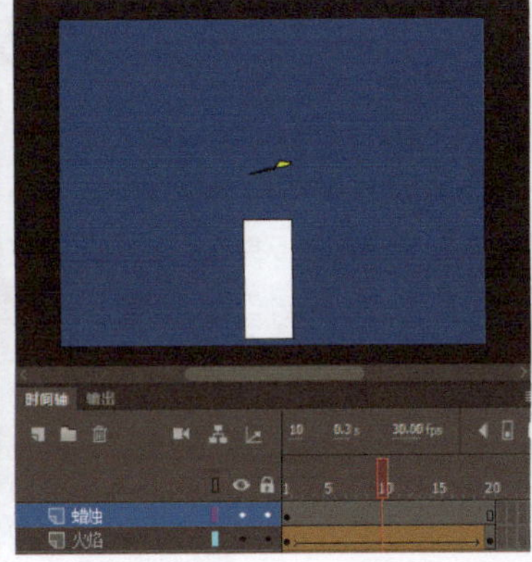
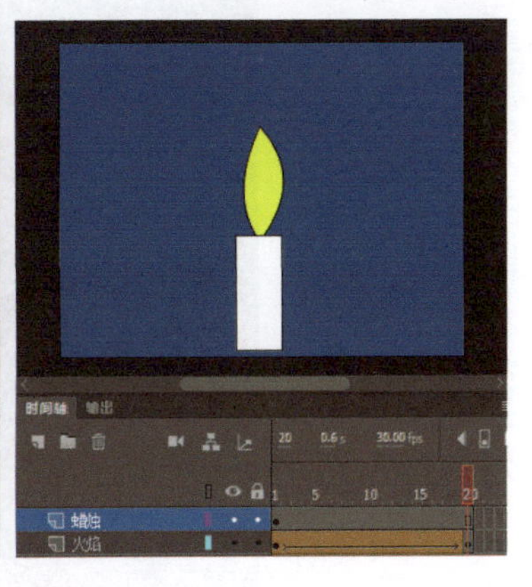

图 7-20　未添加形状提示时的形状补间动画

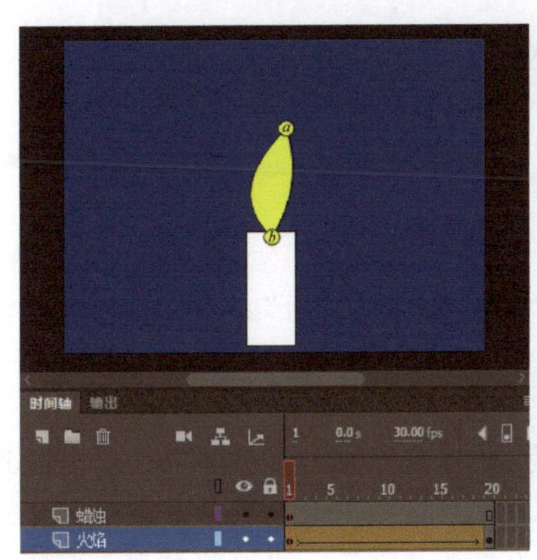
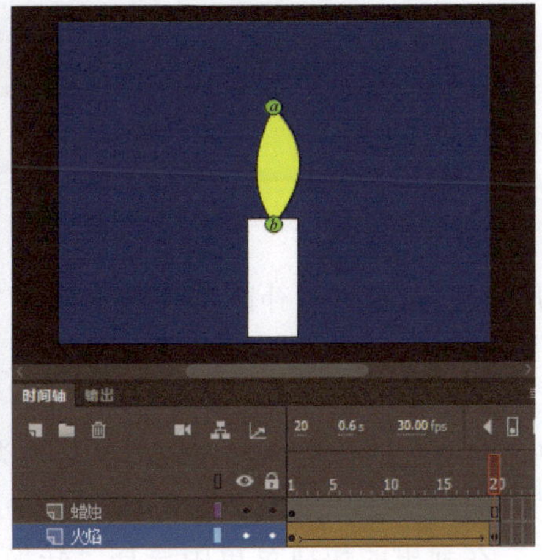

图 7-21　调整形状提示的位置

提示

添加形状提示的快捷键是 Ctrl+Shift+H。显示和隐藏形状提示的快捷键是 Ctrl+Alt+I。

（2）删除形状提示

在形状补间动画的第 1 个关键帧的形状提示上，单击鼠标右键，在弹出的快捷菜单中选择“删除提示”命令可以删除单个形状提示，选择“删除所有提示”命令可以将该形状补间动画的所有形状提示删除，如图 7-22 所示。

提示

删除所有提示的菜单命令是“修改”→“形状”→“删除所有提示”。

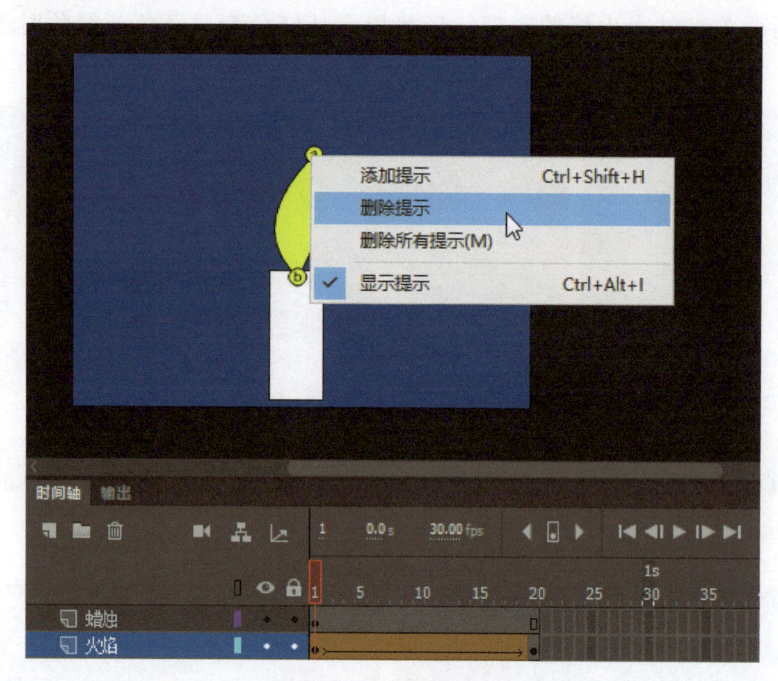

图 7-22 删除形状提示

3. 转换为逐帧动画

运动补间动画和形状补间动画可以通过“转换为逐帧动画”命令将补间动画转换为逐帧动画。

（1）生成逐帧动画

选中补间动画的任意一帧，调用“转换为逐帧动画”命令有两种方式。一是选择“修改”→“时间轴”→“转换为逐帧动画”→“每帧设为关键帧”命令；二是在帧上单击鼠标右键，在弹出的快捷菜单中选择“转换为逐帧动画”→“每帧设为关键帧”命令。使用该命令后会将补间动画的每帧自动转换为一个关键帧，如图 7-23 所示。

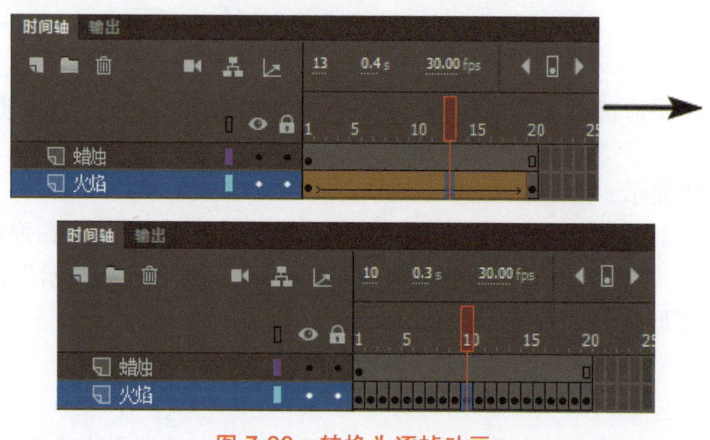

图 7-23 转换为逐帧动画

（2）预设逐帧动画

除“每帧设为关键帧”命令外，还有“每隔一帧设为关键帧”、“每三帧设为关键帧”、“每四帧设为关键帧”和“自定义”命令，如图 7-24 所示。

（3）自定义逐帧动画

选择“自定义”命令，弹出“自定义逐帧动画”对话框，可以设置间隔多少帧自动转换为一个关键帧，如图 7-25 所示。

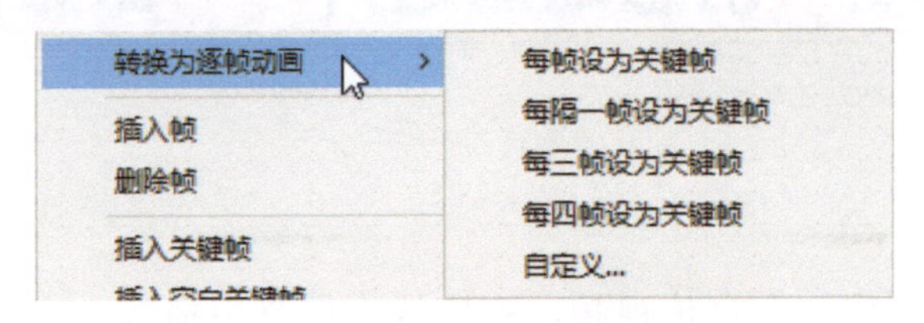

图 7-24 预设的转换为逐帧动画命令

图 7-25 “自定义逐帧动画”对话框

实践任务

任务2　创意动画短片——奇思妙想

任务背景

学校艺术节需要制作一个宣传视频，在广场大屏幕中播放。

任务要求

文档尺寸为1024像素×768像素，时间长度不超过30秒。能够体现不同事物的碰撞所产生的创意。动画具有节奏感，构图均衡，色彩协调。

技术要领

形状补间动画。

解决问题

使用形状补间动画制作碰撞效果。

任务分析

____

____

____

____

主要制作步骤

____

____

____

____

理论考核

1. 单项选择题

（1）制作形状补间动画至少需要（　　）个关键帧。

A. 1　　B. 2　　C. 3　　D. 4

（2）在形状补间动画中选择（　　）可以添加形状提示。

A. 第一个关键帧　　B. 最后一个关键帧

C. 中间帧　　D. 任意一帧

2. 多项选择题

（1）形状补间动画可以制作（　　）的变化动画。

A. 大小　　B. 颜色　　C. 形状　　D. 透明度

（2）为使用“椭圆工具”绘制的圆形制作一个从左向右移动的动画可以通过（　　）实现。

A. 逐帧动画　　B. 传统补间动画

C. 补间动画　　D. 形状补间动画

3. 判断题

（1）添加形状提示后会立即生效。（　　）

（2）补间动画可以转换为逐帧动画。（　　）

模块 08

制作骨骼和资源变形动画

能力目标

1. 掌握骨骼工具的使用方法
2. 掌握绑定工具的使用方法
3. 掌握资源变形工具的使用方法

知识目标

1. 理解骨骼动画的原理
2. 理解资源变形动画的原理
3. 理解父级图层的作用

学时分配

6 课时（讲课 2 课时，实践 4 课时）

模拟任务

任务 1　舞台动态背景——建筑工地

任务背景

目前舞台背景多以大型 LED 屏幕呈现，可以实现展示动态背景的效果。舞台剧需要制作一个建筑工地的舞台动态背景。

任务要求

制作素材中的挖掘机动画及毛毛虫动画，如图 8-1 所示。动画流畅，能够循环播放，导出视频。

图 8-1　最终效果

重点难点

1. 使用骨骼工具制作动画
2. 使用资源变形工具制作动画
3. 使用父级图层

技术要领

刚性骨骼动画是在元件的基础上制作的；将形状转换为位图后制作变形动画会避免出现闪烁效果；激活“显示父级视图”才能设置父级图层。

解决问题

制作骨骼动画，制作资源变形动画。

素材路径

素材\模块 08\建筑工地.fla，元件添加骨骼.fla，形状添加骨骼.fla，资源变形工具.fla，父级图层.fla。

任务分析

挖掘机手臂在建立骨骼后制作骨骼动画可以实现弯曲效果，再将挖掘机身设置为手臂的父级图层，通过父级图层上元素的运动带动其运动。将毛毛虫转换为位图后使用资源变形工具实现弯曲变形的效果，再制作补间动画。

打开素材

01 启动 Animate，打开“素材\模块 08\建筑工地.fla”文件，如图 8-2 所示。

图 8-2　打开素材

02 选择所有图层的第 600 帧，按 F5 键插入帧，如图 8-3 所示。

图 8-3　插入帧

提示

在“时间轴”面板中将滚动条拖曳到最右侧时，依然不能显示到第 600 帧，此时可以在能显示的最大帧附近插入帧，时间轴就可以显示出更多的帧范围。再拖曳滚动条找到第 600 帧就可以在此插入帧了。

制作挖掘机的动画

03 双击“挖掘机”图层的“挖掘机动画”元件实例进入其内部，选择“骨骼工具”，单击“挖掘机活动臂”元件实例的转轴部，将其拖曳到“挖掘机爪子”元件实例的转轴部后，松开鼠标左键，完成骨骼的绑定，如图 8-4 所示。

图 8-4　绑定骨骼

04 删除“活动臂”图层，将绑定骨骼新生成的“骨架_1”图层的名称修改为“活动臂”。单击“显示父级视图”按钮，如图 8-5 所示。

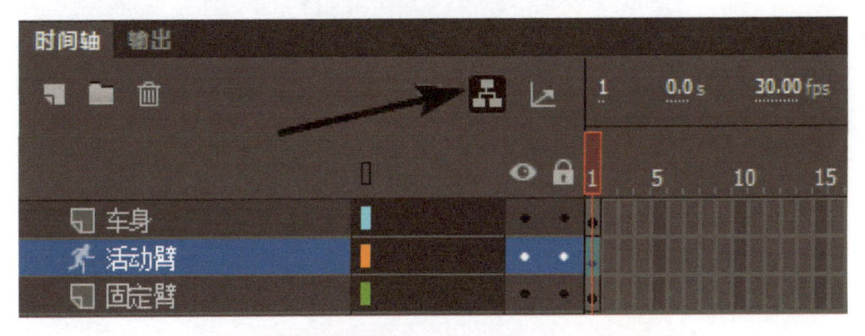

图 8-5　修改图层名称并显示父级视图

提示

只有在“文档”属性中开启“使用高级图层”模式，才能使用“父级视图”。

05 分别单击“活动臂”图层和“固定臂”图层的“显示父级视图”按钮，在弹出的列表中选择“车身”，将“车身”图层作为该图层的父级图层，如图 8-6 所示。

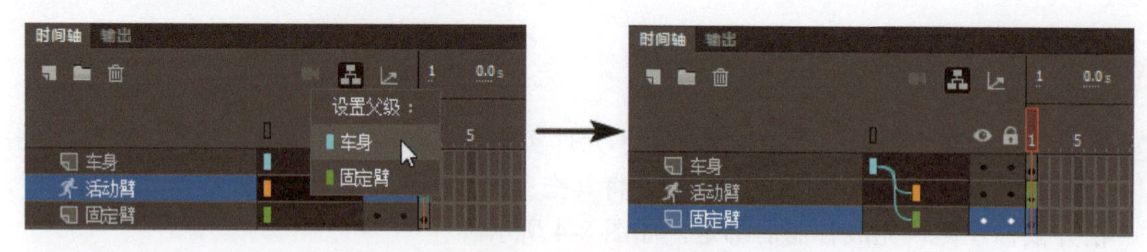

图 8-6 设置父级视图

提示

一个图层只能有一个父级图层，但可以是多个图层的父级图层。

06 选择所有图层的第 300 帧，按 F5 键插入帧。选择“车身”图层的第 75 帧，按 F6 键插入关键帧，如图 8-7 所示。

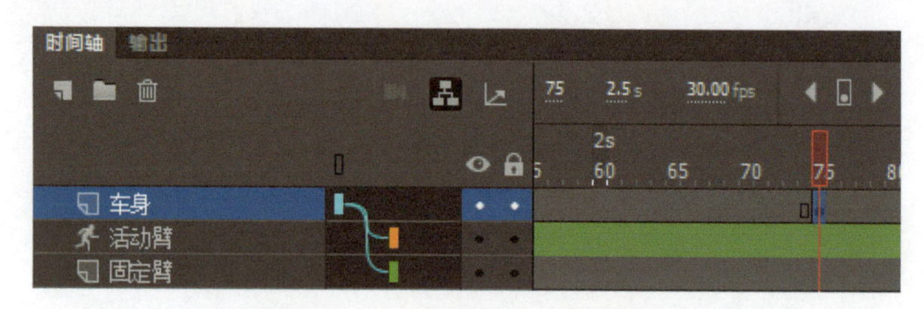

图 8-7 插入帧和插入关键帧

07 选择“车身”图层的“挖掘机主体”元件实例，按住 Shift 键并连续按→键将其移动到舞台右侧外，如图 8-8 所示。

图 8-8 将“挖掘机主体”元件实例移动到舞台右侧外

08 选择“车身”图层的第 1 帧，单击鼠标右键，在弹出的快捷菜单中选择“创建传统补间”命令创建传统补间动画，如图 8-9 所示。

图 8-9　创建传统补间动画

09 分别选择第 155 帧和第 215 帧，按 F6 键插入关键帧。选择第 155 帧至第 215 帧之间的任意一帧，单击鼠标右键，在弹出的快捷菜单中选择“创建传统补间”命令创建传统补间动画，如图 8-10 所示。

图 8-10　插入关键帧并创建传统补间动画

10 选择“车身”图层的第 215 帧，按住 Shift 键并连续按→键将“挖掘机主体”元件实例移动到舞台右侧外，如图 8-11 所示。

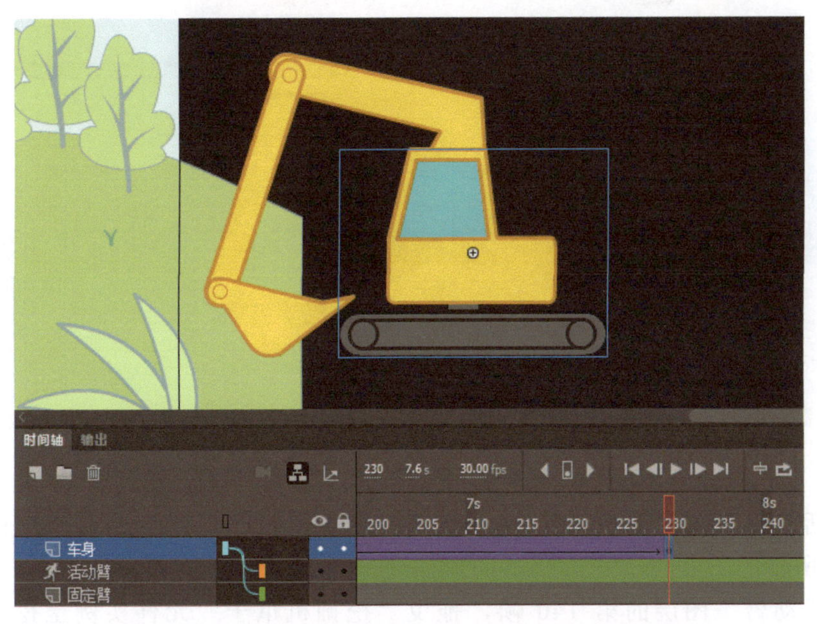

图 8-11　将“挖掘机主体”元件实例移动到舞台右侧外

11 分别选择“活动臂”图层的第 75 帧和第 155 帧，单击鼠标右键，在弹出的快捷菜单中选择“插入姿势”命令，如图 8-12 所示。

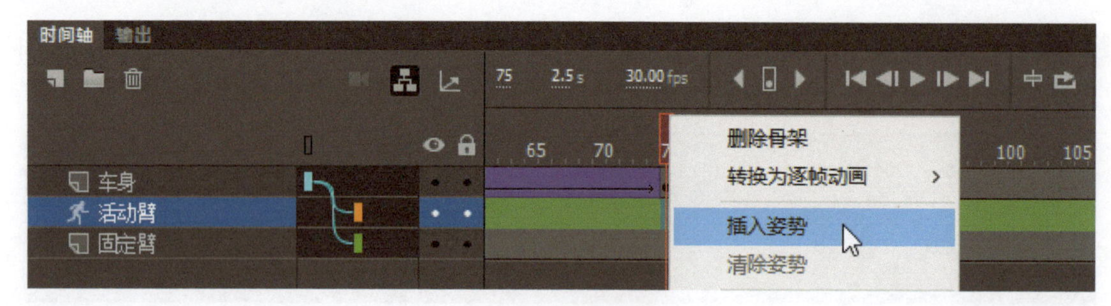

图 8-12 插入姿势

12 选择“活动臂”图层的第 100 帧，选择“选择工具”，拖曳“挖掘机爪子”元件实例至左侧使活动臂张开，如图 8-13 所示。

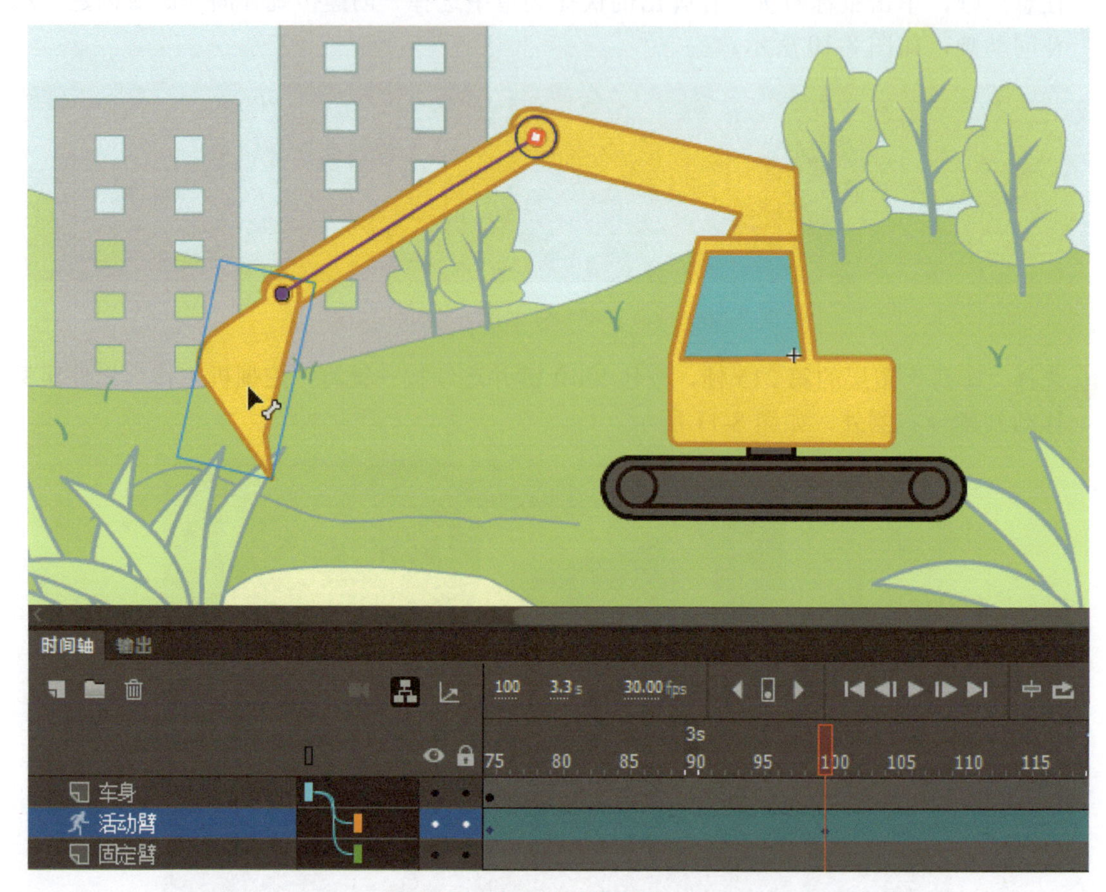

图 8-13 移动挖掘机爪子（1）

13 选择“活动臂”图层的第 120 帧，拖曳“挖掘机爪子”元件实例至地面下方，如图 8-14 所示。

14 选择“活动臂”图层的第 140 帧，拖曳“挖掘机爪子”元件实例至挖掘机主体前方，如图 8-15 所示。

15 选择“固定臂”图层，单击“新建图层”按钮，将新建图层的名称修改为“铲土”，如图 8-16 所示。

图 8-14　移动挖掘机爪子（2）

图 8-15　移动挖掘机爪子（3）

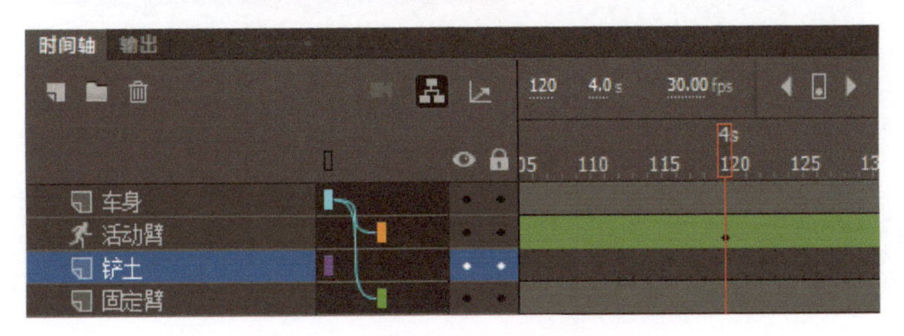

图 8-16　新建图层并修改图层名称

16 选择“铲土”图层的第 120 帧，按 F7 键插入空白关键帧。选择“椭圆工具”，设置“笔触颜色”值为“#3E726F”，“填充颜色”值为“#7DA811”，绘制一个椭圆形。选择“选择工具”，调整椭圆形的外形，如图 8-17 所示。

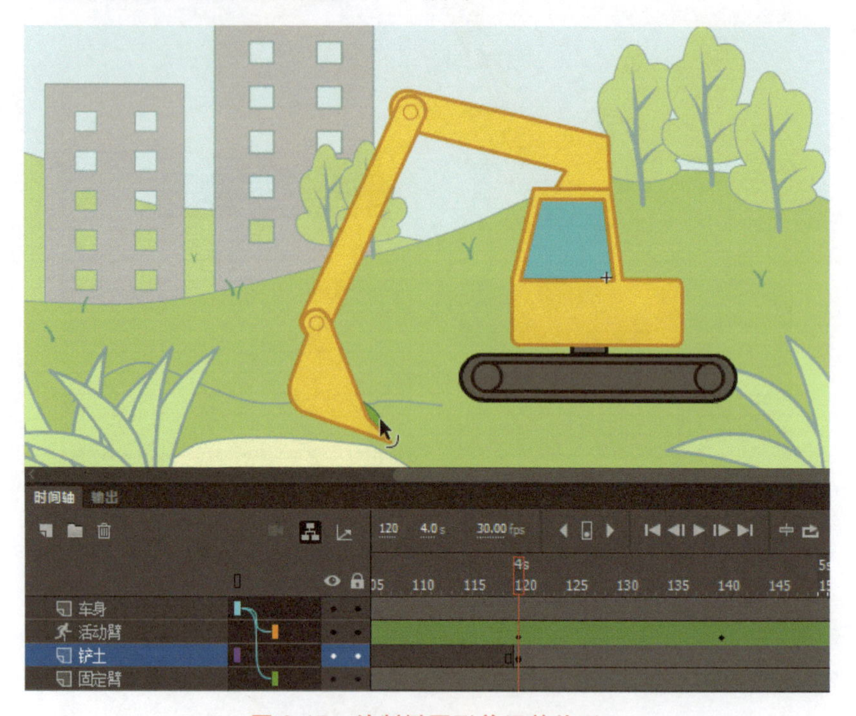

图 8-17　绘制椭圆形并调整外形

17 选择“铲土”图层的第 140 帧，按 F6 键插入关键帧。选择“任意变形工具”，将调整后的椭圆形旋转并移动到挖掘机爪子处，如图 8-18 所示。

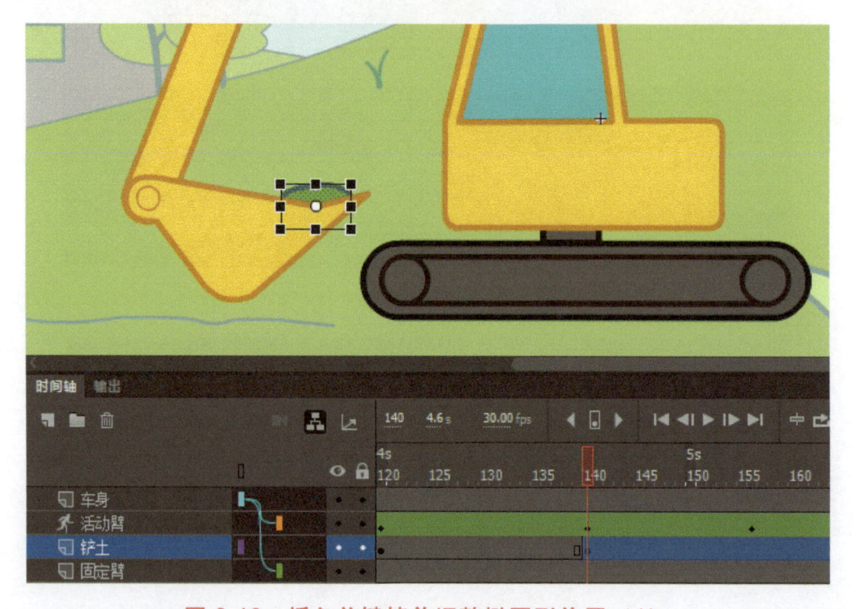

图 8-18　插入关键帧并调整椭圆形位置（1）

18 选择“铲土”图层的第 120 帧至第 140 帧之间的任意一帧，单击鼠标右键，在弹出的快捷菜单中选择“创建补间形状”命令。选择第 129 帧，按 F6 键插入关键帧，调整椭圆形位置，如图 8-19 所示。

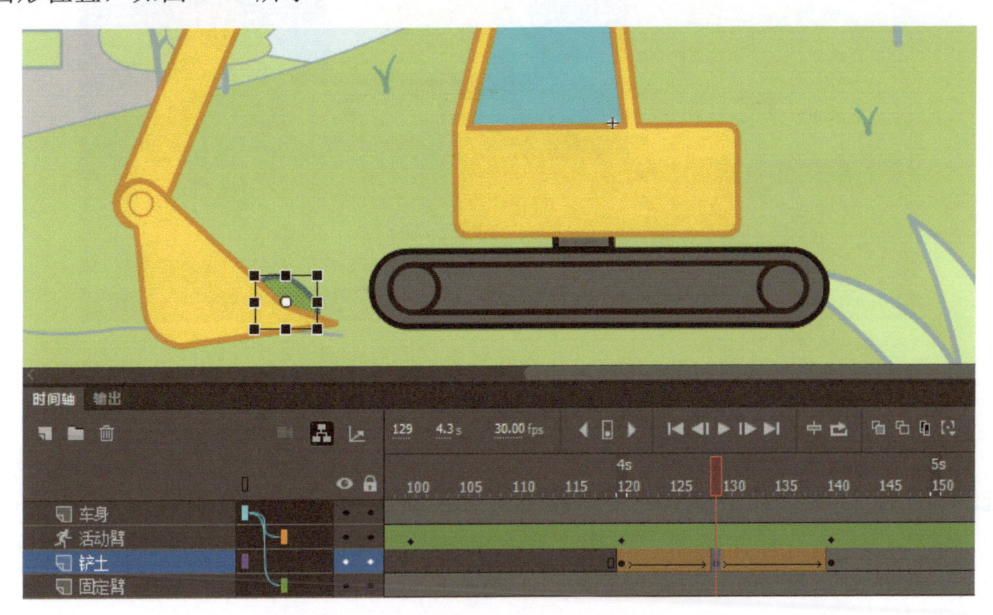

图 8-19　插入关键帧并调整椭圆形位置（2）

19 选择“铲土”图层的第 156 帧，按 F6 键插入关键帧，调整椭圆形位置，如图 8-20 所示。选择第 140 帧至第 156 帧之间的任意一帧，单击鼠标右键，在弹出的快捷菜单中选择“创建补间形状”命令。

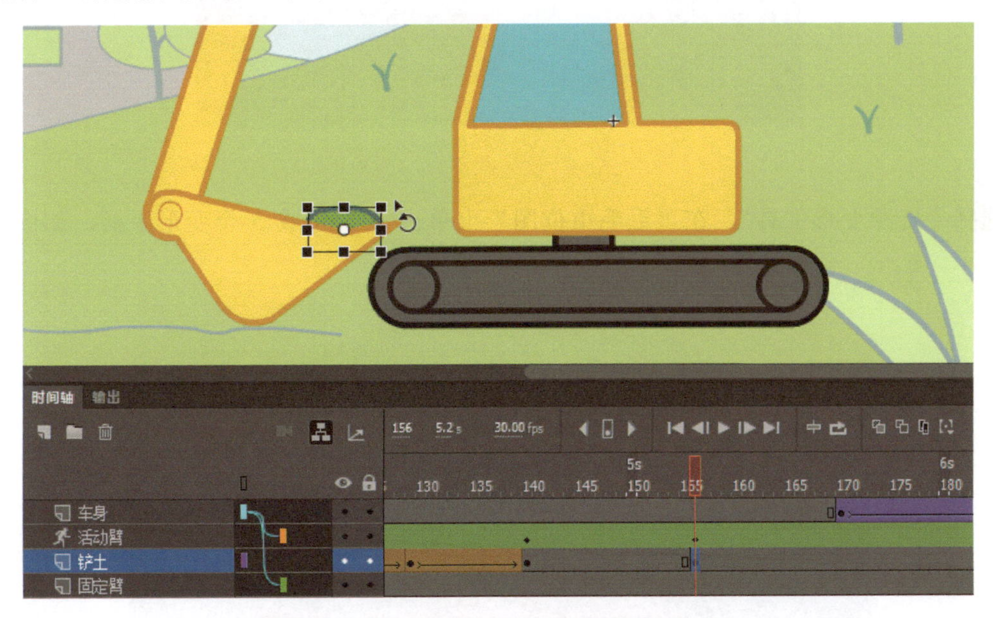

图 8-20　插入关键帧并调整椭圆形位置（3）

20 分别选择“铲土”图层的第 170 帧和第 230 帧，按 F6 键插入关键帧。选择第 230 帧，按→键将椭圆形移动到挖掘机爪子处，如图 8-21 所示。选择第 170 帧至第 230 帧之间的任意一帧，单击鼠标右键，在弹出的快捷菜单中选择“创建补间形状”命令。

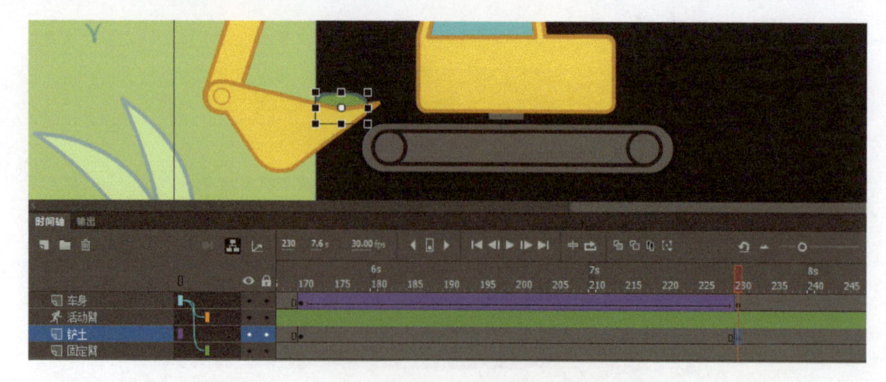

图 8-21 插入关键帧并调整椭圆形位置（4）

制作毛毛虫的动画

21 选择“选择工具”，双击舞台或粘贴板的空白区域返回“场景 1”场景。双击“毛毛虫”图层的“毛毛虫”元件实例，选择“毛毛虫位图”，按 F8 键将其转换为元件。在“转换为元件”对话框中，“名称”输入“毛毛虫原地爬行”，“类型”选择“影片剪辑”，单击“确定”按钮，如图 8-22 所示。

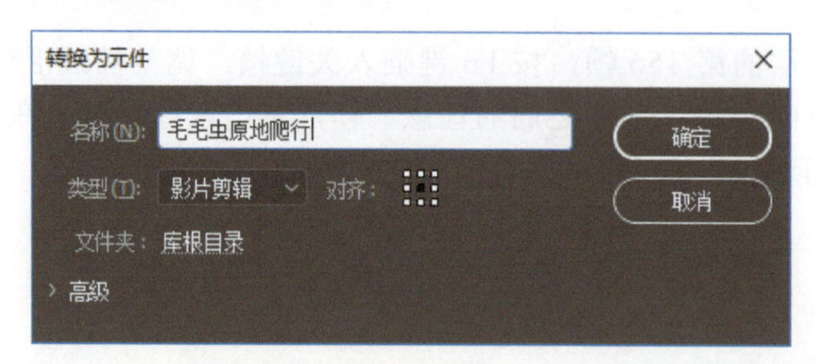

图 8-22 “转换为元件”对话框

22 选择“资源变形工具”，在“毛毛虫位图”上单击 5 次生成 5 个变形手柄，如图 8-23 所示。

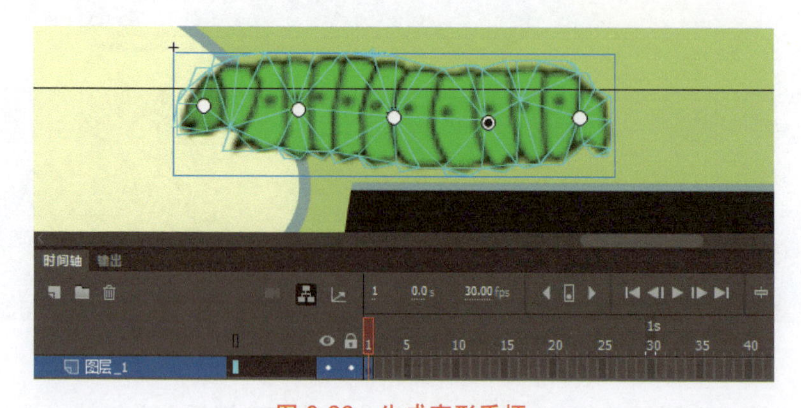

图 8-23 生成变形手柄

23 分别选择第 21 帧和第 40 帧，按 F6 键插入关键帧，如图 8-24 所示。

图 8-24　插入关键帧

24 选择第 21 帧，对右侧的 3 个变形手柄进行调整，形成毛毛虫弯曲爬行的状态，如图 8-25 所示。

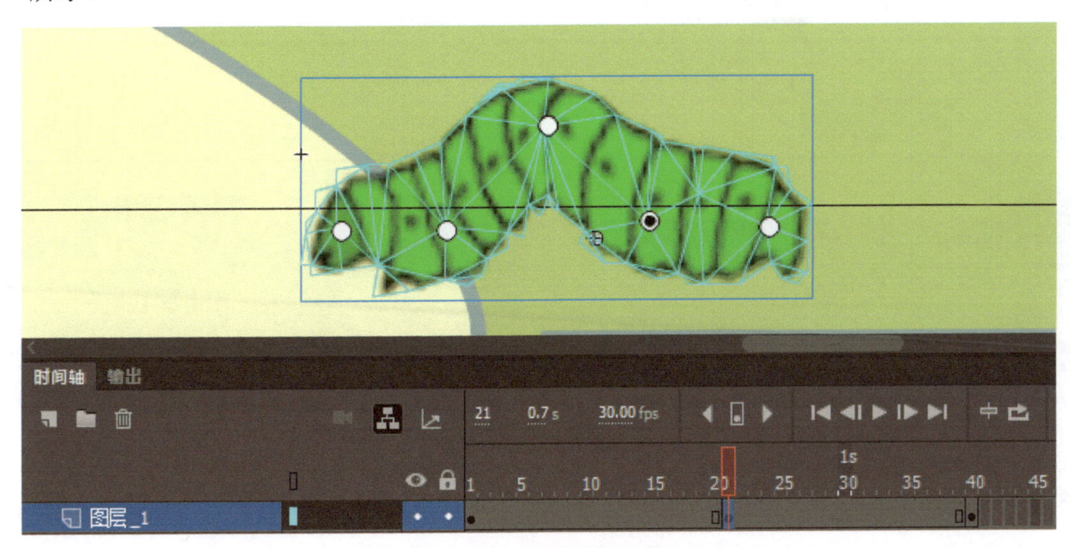

图 8-25　调整变形手柄

> **提示**
>
> 使用“资源变形工具”添加的变形手柄，只有在使用“资源变形工具”选中变形的对象时才能显示出来，并可以拖曳调整位置。

25 分别选择第 1 帧至第 21 帧和第 21 帧至第 40 帧之间的任意一帧，单击鼠标右键，在弹出的快捷菜单中选择“创建传统补间”命令创建传统补间动画，如图 8-26 所示。

图 8-26　创建传统补间动画

26 选择“选择工具”，双击舞台或粘贴板的空白区域返回“毛毛虫原地爬行”元件实例。

选择第 600 帧，按 F5 键插入帧，再单击鼠标右键，在弹出的快捷菜单中选择“创建补间动画”命令创建补间动画，如图 8-27 所示。

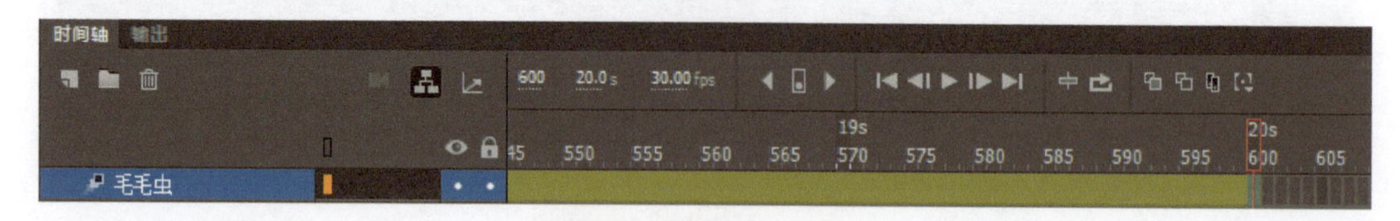

图 8-27　创建补间动画

27 选择第 550 帧，将“毛毛虫原地爬行”元件实例拖曳到石头左侧。选择“任意变形工具”调整其角度，如图 8-28 所示。

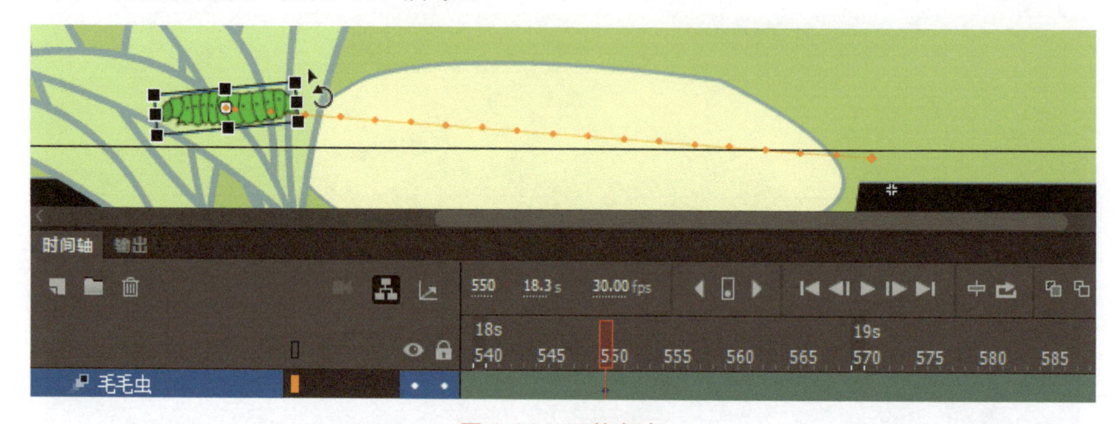

图 8-28　调整角度

28 选择“选择工具”，拖曳补间动画的轨迹，将其调整为向上凸起的弧线，如图 8-29 所 示。

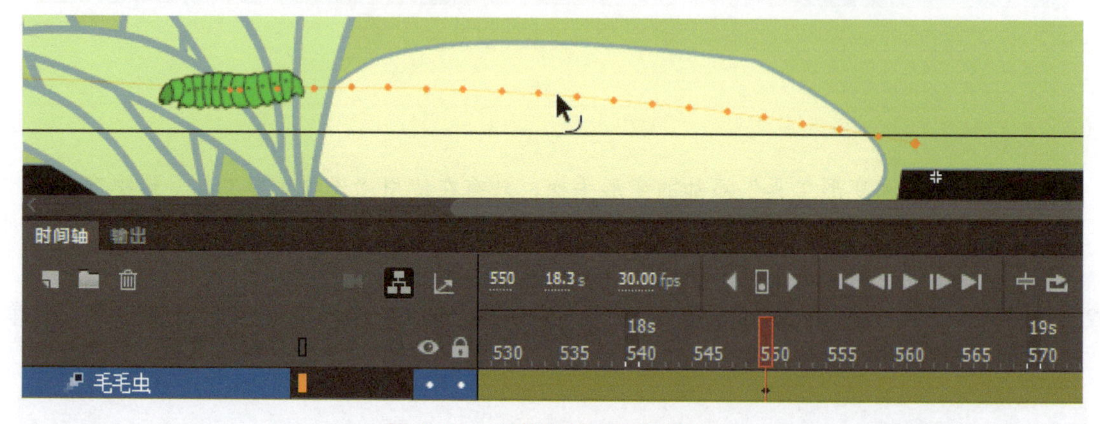

图 8-29　调整补间动画的轨迹

导出视频

29 选择“文件”→“导出”→“导出视频”命令，在“导出视频”对话框中，单击“导出”按钮将视频导出，如图 8-30 所示。

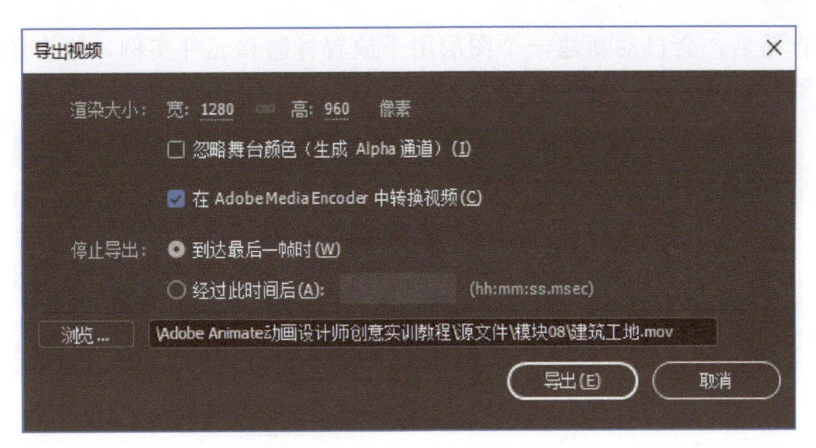

图 8-30　“导出视频”对话框

拓展知识

1. 骨骼工具

骨骼工具用于为多个元件建立骨骼连接，图标是，快捷键是 M。

骨骼工具使用反向运动（IK）进行动画处理，这些骨骼按父子关系连接成线性或枝状的骨架。当一个骨骼移动时，与其连接的骨骼也发生相应的移动。在时间轴上指定骨骼的开始和结束位置，会自动在起始帧和结束帧之间对骨架中骨骼的位置进行内插处理。

（1）为元件实例添加骨骼

打开“素材\模块 08\元件添加骨骼.fla”文件，包括头部、躯干和四肢共 6 个元件实例。选择“骨骼工具”，单击身体躯干顶部添加一个根骨骼，再单击头部下巴区域添加一个子级骨骼，完成躯干和头部的骨骼绑定。单击根骨骼后，再分别单击左右上肢的肩关节处添加两个子级骨骼。单击根骨骼后，再分别单击左右下肢的胯关节处添加两个子级骨骼。添加完所有的骨骼后，如果发现排列的层级错误，可以在元件实例上单击鼠标右键，在弹出的快捷菜单中选择“排列”命令组中的命令修改层级。添加骨骼的过程，如图 8-31 所示。

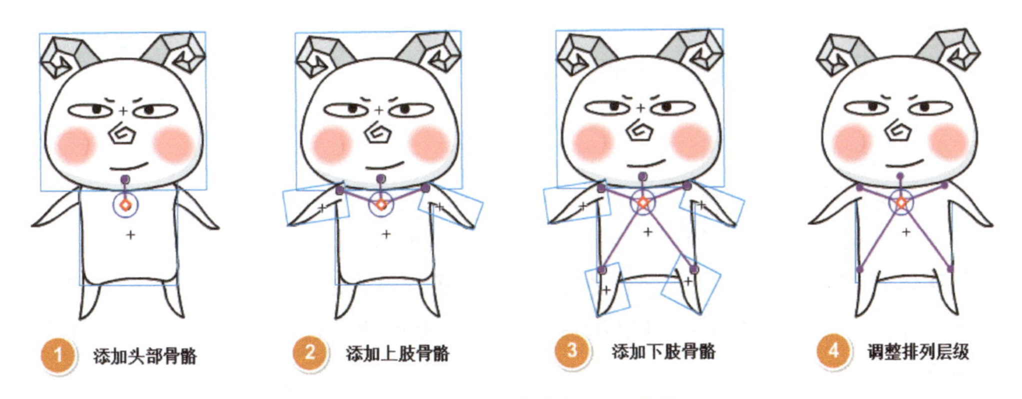

图 8-31　为元件实例添加骨骼

添加完骨骼后，会自动新建一个图层用于放置骨骼和元件实例，原有图层的元件实例自动放置到新建图层中，如图 8-32 所示。

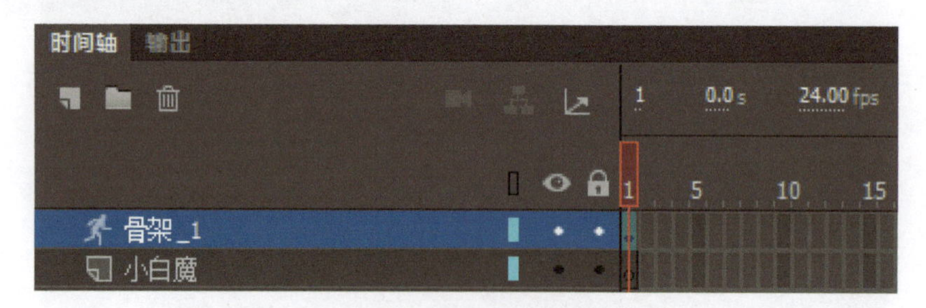

图 8-32　骨骼和元件实例放置到新建图层中

选择“选择工具”，拖曳各元件实例可以调整骨骼的姿势。选择第 25 帧，单击鼠标右键，在弹出的快捷菜单中选择“插入姿势”命令，再拖曳元件实例调整骨骼姿势，如图 8-33 所示。此时，拖曳时间线可以看到自动生成的动画效果。

图 8-33　插入姿势自动生成动画

提示

按住 Alt 键可以整体拖曳移动骨骼。

（2）为形状添加骨骼

打开“素材\模块 08\形状添加骨骼.fla”文件，包括一条绘制好的鱼。选择“选择工具”框选鱼，再选择“骨骼工具”。单击嘴部，添加根骨骼。单击身体中部再单击尾部，添加两个身体骨骼。单击尾鳍下部，添加尾鳍骨骼。单击右鳍根部再单击身体中部，添加两个右鳍骨骼。单击左鳍根部再单击身体中部，添加两个左鳍骨骼。添加骨骼的过程，如图 8-34 所示。

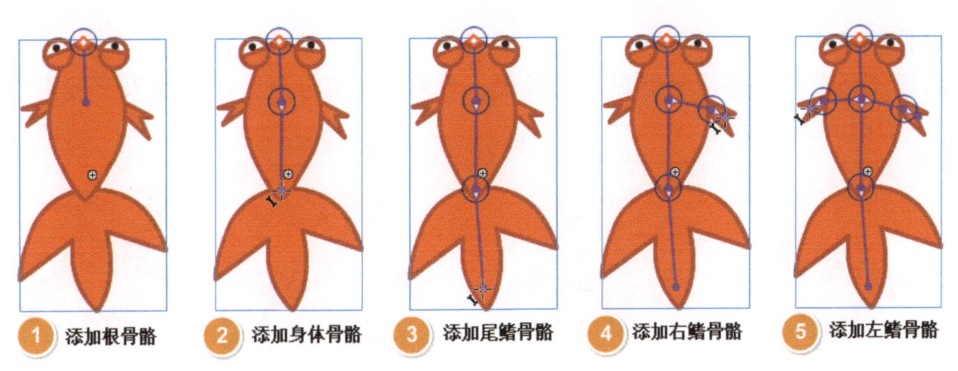

图 8-34　为形状添加骨骼

> **提示**
>
> 为形状添加骨骼前，必须选中要添加骨骼的所有形状，再使用“骨骼工具”添加骨骼。

添加完骨骼后，形状被转换成 IK 形状，并自动新建一个图层将骨骼和 IK 形状放置到新建图层中，如图 8-35 所示。

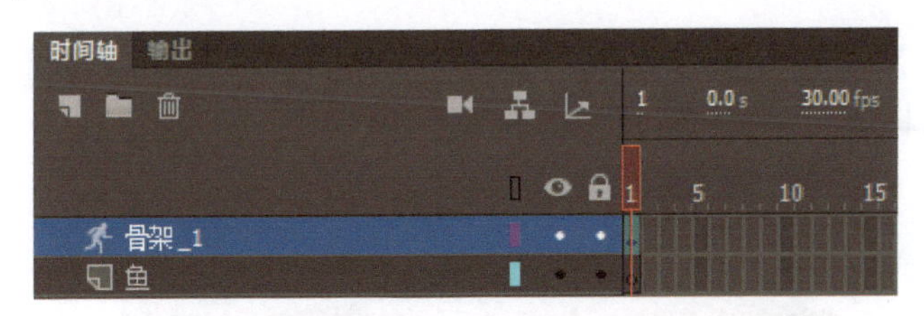

图 8-35　骨骼和 IK 形状放置到新建图层中

选择“选择工具”，拖曳骨骼调整姿势。选择第 15 帧，单击鼠标右键，在弹出的快捷菜单中选择“插入姿势”命令，再拖曳尾部骨骼调整骨骼姿势；选择第 45 帧，单击鼠标右键，在弹出的快捷菜单中选择“插入姿势”命令，再拖曳尾部骨骼调整骨骼姿势，如图 8-36 所示。此时，拖曳时间线就可以看到自动生成的动画效果。

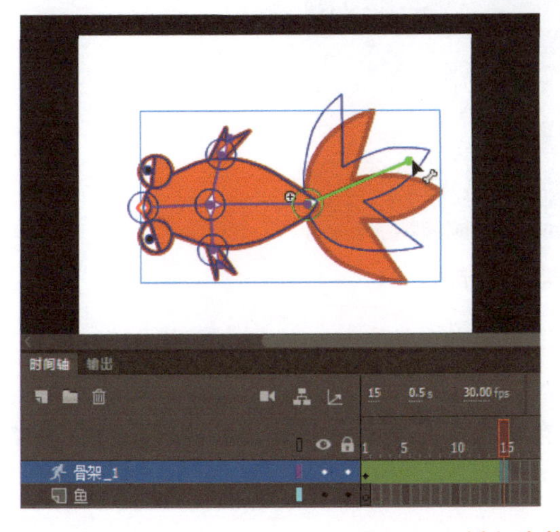

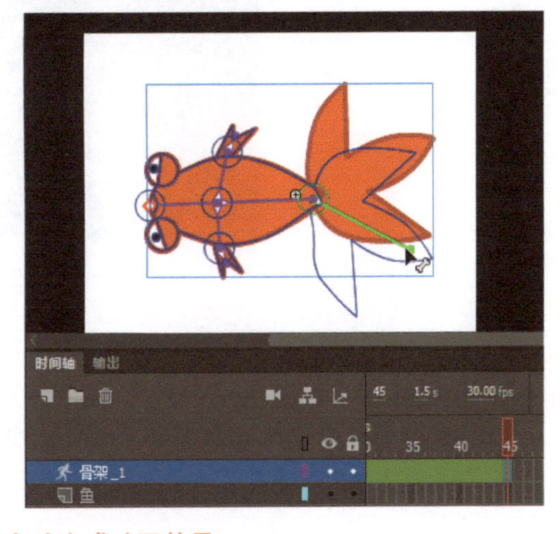

图 8-36　插入姿势自动生成动画效果

（3）骨骼样式

骨骼样式是选中骨骼后骨骼显示的效果，骨骼样式有 4 种："实线"、"线框"、"线"和"无"，如图 8-37 所示。

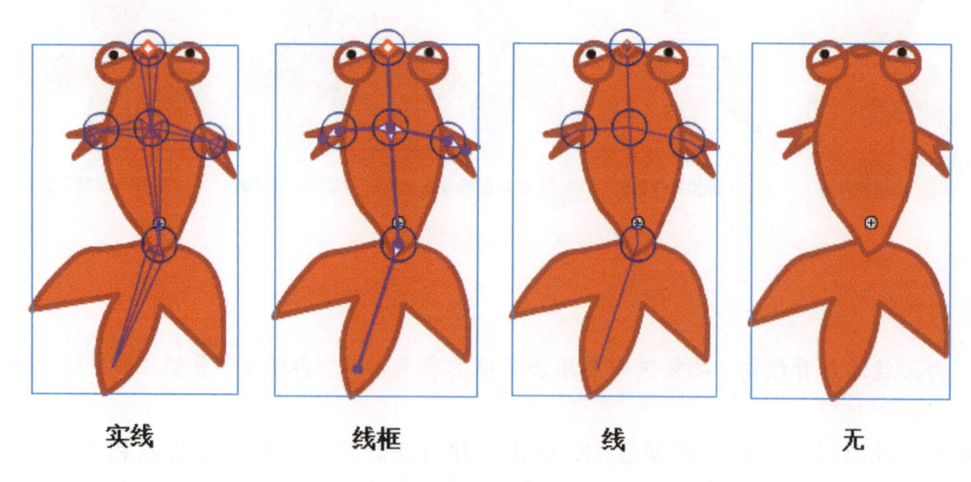

图 8-37　骨骼样式

在时间轴中选择骨骼图层的帧，然后在"属性"面板"选项"选项卡的"样式"下拉列表中选择骨骼样式，默认为"线框"，如图 8-38 所示。

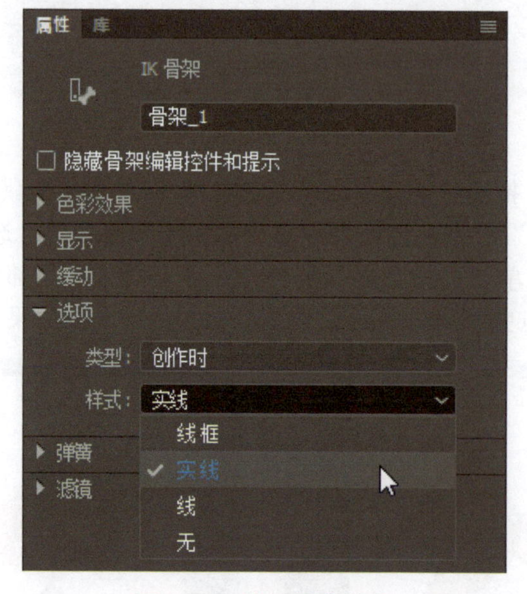

图 8-38　选择骨骼样式

提示

如果将"骨骼样式"设置为"无"并保存文档，在下次打开该文档时会自动将骨骼样式更改为"线"。

（4）骨骼和骨骼编辑控件

选择绑定骨骼的元素后，会显示骨骼和骨骼编辑控件。默认样式下，骨骼显示为末端为圆形的线段，骨骼编辑控件显示为骨骼起始端为圆心的圆形，如图 8-39 所示。

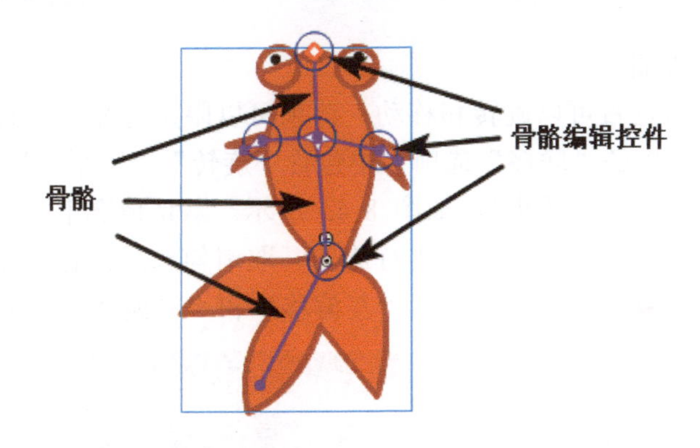

图 8-39　骨骼和骨骼编辑控件

骨骼编辑控件无法直接选择，需要在选择骨骼后才能选择与其对应的骨骼编辑控件，如图 8-40 所示。

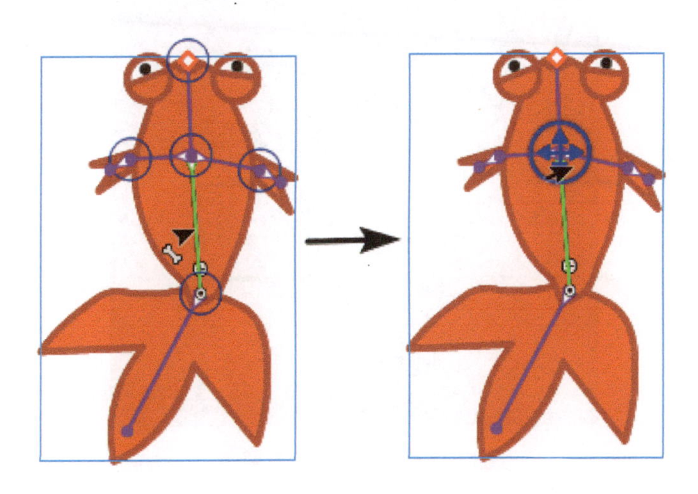

图 8-40　选择骨骼编辑控件

选择骨骼后，在“属性”面板中勾选“隐藏骨架编辑控件和提示”复选框，骨骼编辑控件和提示会被隐藏起来，只保留显示骨骼，如图 8-41 所示。

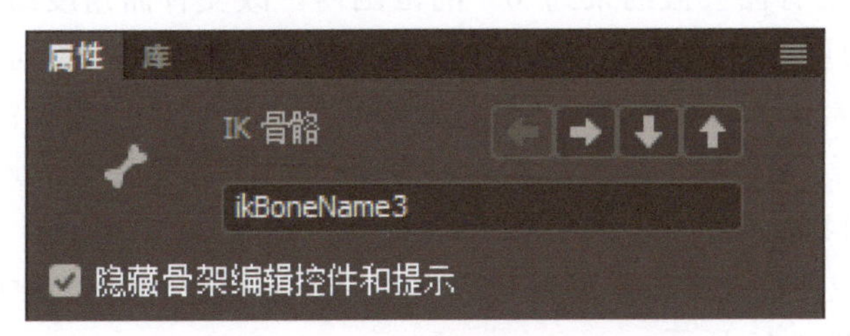

图 8-41　隐藏骨骼编辑控件和提示

（5）删除骨骼

选择骨骼后，按 Delete 键或 BackSpace 键可以删除该骨骼及其子骨骼。在骨骼图层的帧上，单击鼠标右键，在弹出的快捷菜单中选择“删除骨架”命令，可以删除该图层上的所有骨骼。

（6）启用和约束骨骼

启用用于设置骨骼是否可以旋转和移动，约束可以限定骨骼的旋转和移动范围。选中骨骼后，在“属性”面板的“联接”选项卡中包含“旋转”、“X 平移”和“Y 平移”，每个选项卡中都包含“启用”和“约束”，如图 8-42 所示。默认情况下，只有勾选“联接：旋转”的“启用”复选框，该骨骼才可以进行旋转，取消勾选后该骨骼无法旋转。勾选“联接：旋转”的“约束”复选框，可以设置“左偏移”和“右偏移”限定左右旋转的角度。

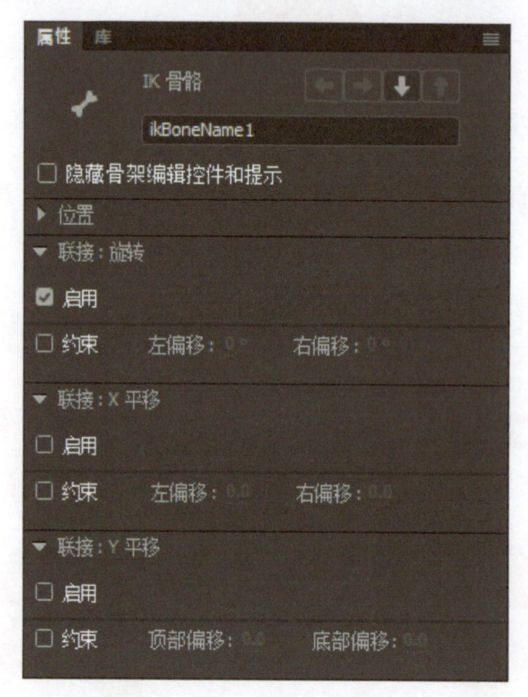

图 8-42 “联接”选项卡

选择金鱼身体的第二节骨骼，在“属性”面板的“联接：旋转”选项卡中取消勾选“启用”复选框。再选择金鱼尾巴的骨骼，在“属性”面板的“联接：旋转”选项卡中勾选“约束”复选框，并将“左偏移”设置为“–3”，将“右偏移”设置为“3”。此时，选择“选择工具”，拖曳尾巴的骨骼会被约束到 6° 的范围内。改变骨骼角度后，“左偏移”和“右偏移”的角度会自动重新计算可以旋转的角度，以保证与之前的设置同步，如图 8-43 所示。

启动和约束骨骼不仅可以通过“属性”面板设置，还可以使用骨骼编辑控件操作。在“属性”面板设置“约束”后，将鼠标指针移动到该骨骼与父骨骼的连接处才能显示骨骼编辑控件，如图 8-44 所示。

显示骨骼编辑控件后，单击骨骼编辑控件，骨骼编辑控件会被放大显示，此时骨骼编辑控件被激活，如图 8-45 所示。

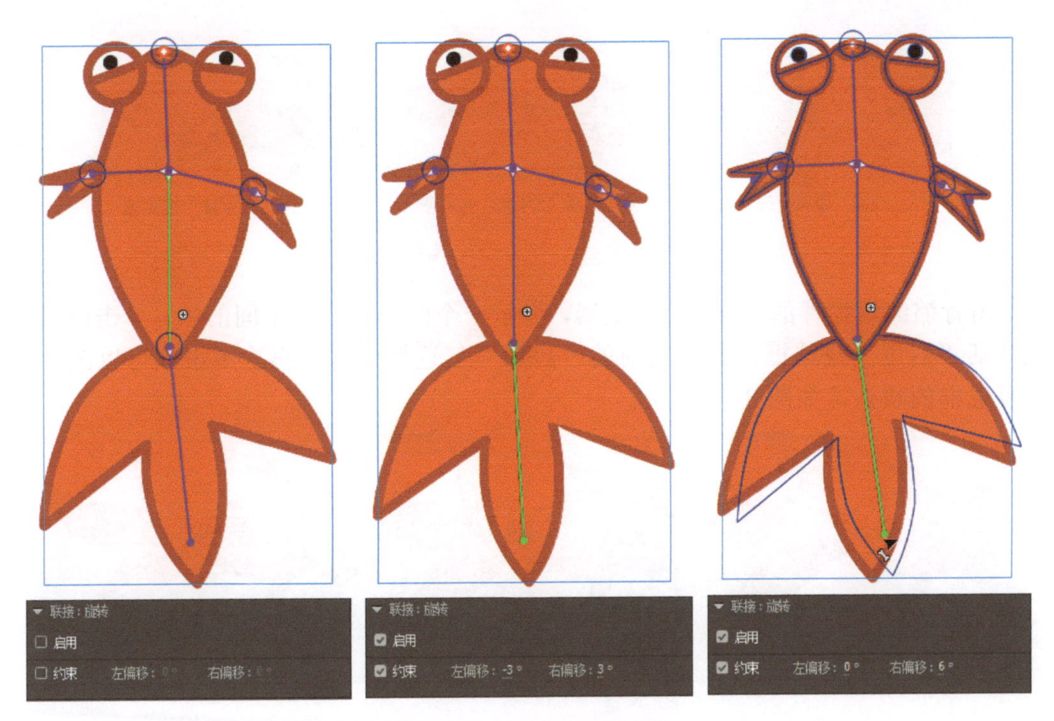

图 8-43　启动和约束骨骼

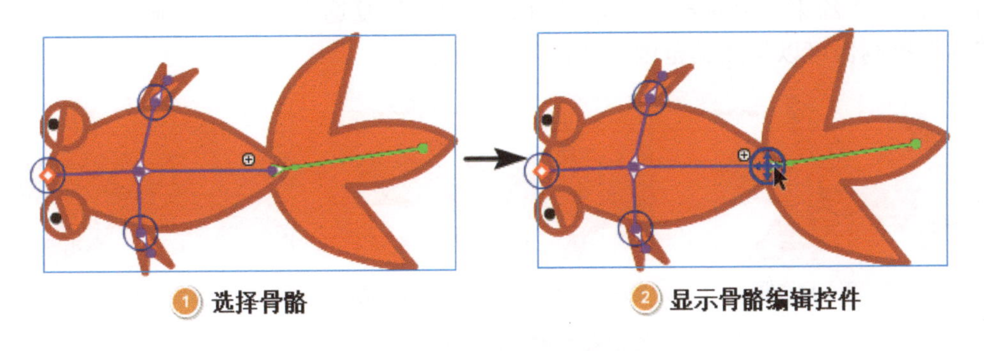

图 8-44　显示骨骼编辑控件

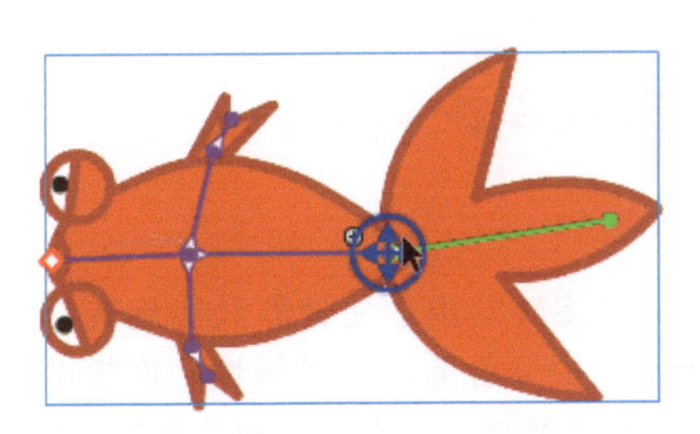

图 8-45　激活骨骼编辑控件

骨骼编辑控件被激活后，可以选择“旋转”、“X 平移”和“Y 平移”控制器，如图 8-46 所示。

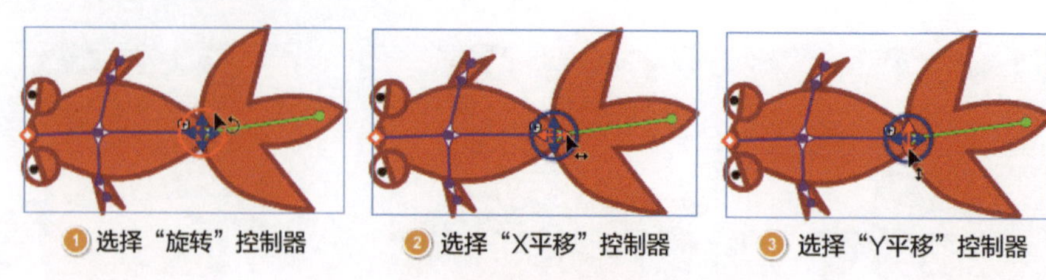

图 8-46　选择骨骼编辑控件的控制器

单击骨骼编辑控件的“旋转”控制器，显示一个圆形和圆形中间的锁。单击圆形中间的锁激活“启用”复选框，显示当前的“启用”复选框状态，再次单击锁可以改变“启用”复选框的状态，如图 8-47 所示。

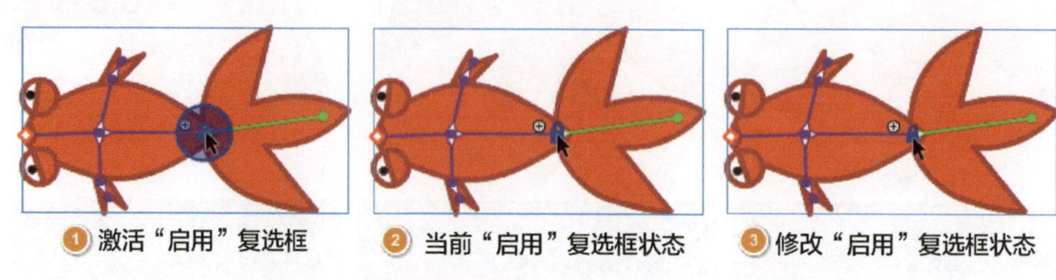

图 8-47　使用骨骼编辑控件操作“启用”复选框

单击骨骼编辑控件的“旋转”控制器，显示一个圆形和圆形中间的锁。单击圆形右侧的半径线激活“约束”复选框，显示当前的“约束”复选框的范围，拖曳“左偏移”和“右偏移”控制器可以修改其范围，如图 8-48 所示。

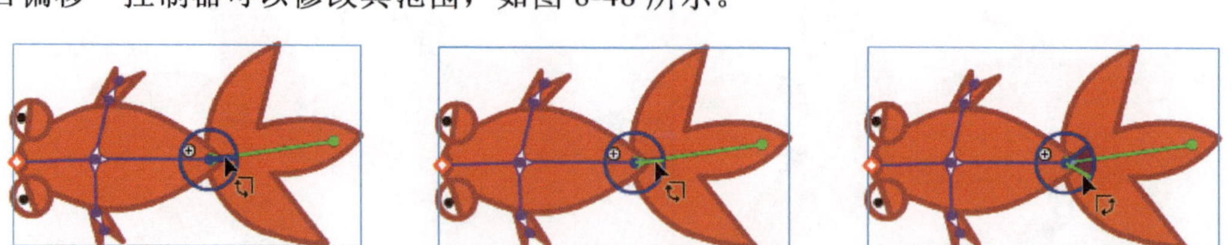

图 8-48　使用骨骼编辑控件操作“约束”复选框

提示

使用骨骼编辑控件操作“X 平移”、“Y 平移”和“约束”复选框的方法，与“旋转”的操作方法类似。

默认情况下，父骨骼只能旋转。由于父骨骼只能旋转，因此整个骨架不能进行位移，也无法制作位移动画。选中父骨骼，在“属性”面板的“联接：旋转”选项卡中取消勾选“启用”复选框，在“联接：X 平移”和“联接：Y 平移”选项卡中勾选“启动”复选框，如图 8-49 所示。此时，可以拖曳父骨骼移动整个骨架，制作骨架的移动动画。

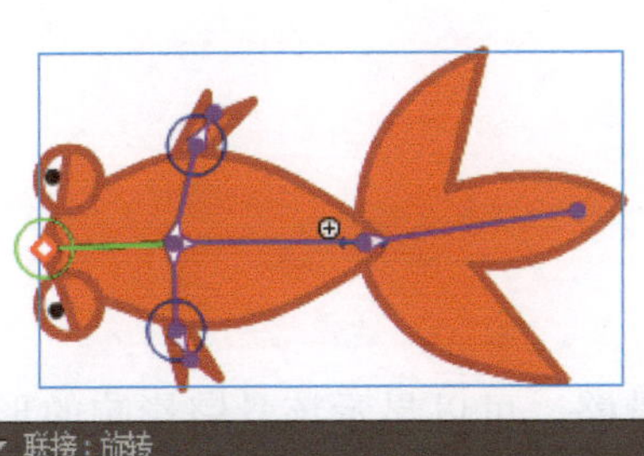

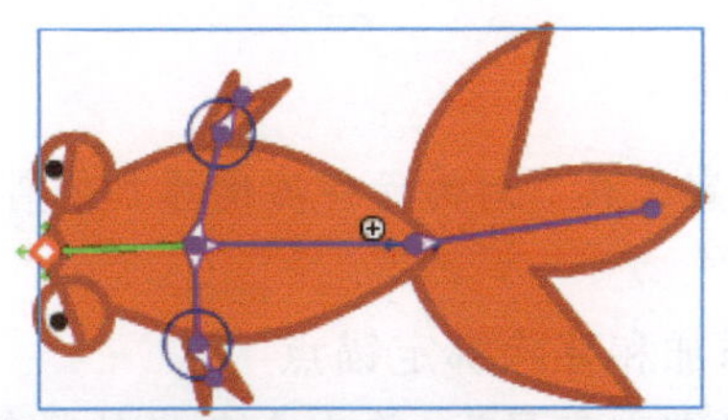

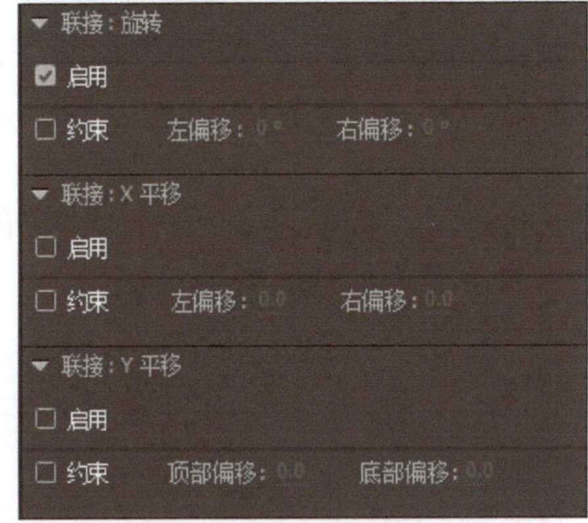

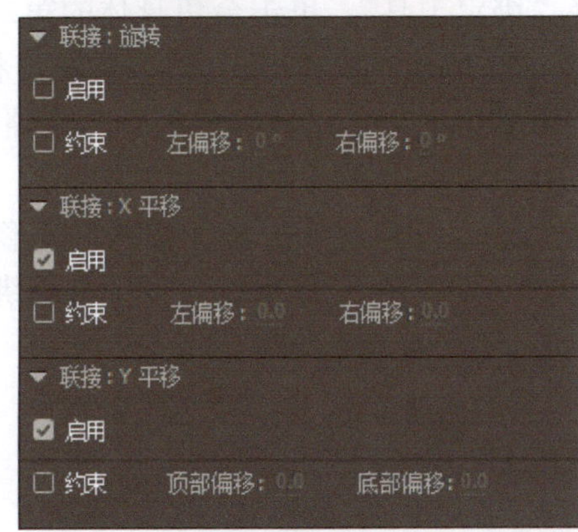

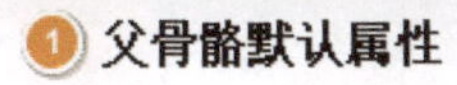

2 修改父骨骼属性

图 8-49　父骨骼属性

（7）弹簧

选择骨骼，在“属性”面板的“弹簧”选项卡中的“强度”和“阻尼”属性可以在补间动画中自动生成类似于弹簧受力后的回弹效果，在没有补间动画时不起作用，如图 8-50 所示。“强度”用于设置弹簧强度，其数值越大，弹簧越坚硬，回弹幅度越小。“阻尼”用于设置弹簧的衰减速率，其数值越大，弹簧减小得越快，回弹动画结束得越快，若值为 0，则弹簧在姿势图层的所有帧中保持最大强度。

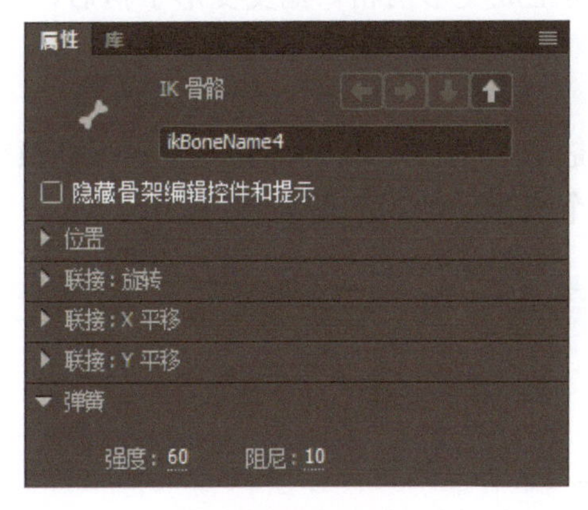

图 8-50　弹簧

2．绑定工具

绑定工具用于编辑骨骼绑定的锚点和显示锚点绑定的骨骼，图标是，快捷键是 M。

提示

“绑定工具”对为元件实例添加的骨骼无效。

（1）添加和移除绑定锚点

选择“绑定工具”，单击金鱼身体的第二节骨骼，可以显示该骨骼影响的形状上的锚点，如图 8-51 所示。按住 Shift 键，单击形状上的点可以将该锚点与骨骼绑定；按住 Ctrl 键，单击形状上的点可以解除该锚点与骨骼的绑定。

（2）显示锚点的绑定骨骼

选择“绑定工具”，单击与骨骼绑定的形状上的锚点，可以显示与该锚点绑定的骨骼，如图 8-52 所示。一个锚点可以与多个骨骼绑定，也可以不与任何骨骼绑定。

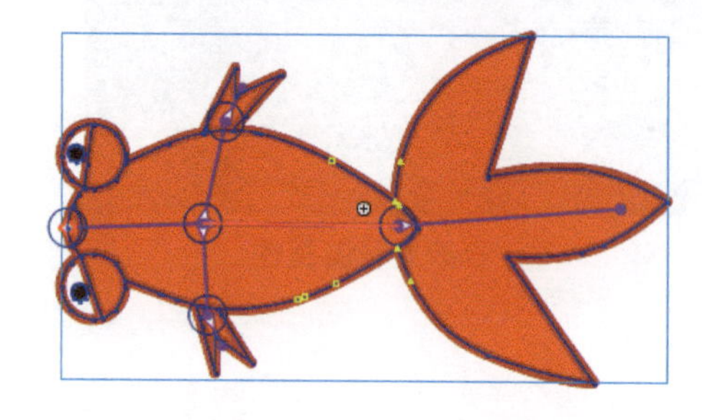

图 8-51　与骨骼绑定的锚点

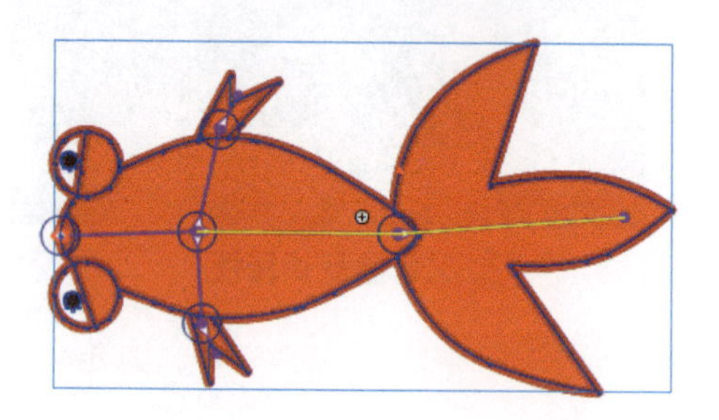

图 8-52　显示与该锚点绑定的骨骼

3．资源变形工具

资源变形工具用于在形状、绘制对象和位图上创建变形手柄来控制形变，图标是📌，快捷键是 W。

添加变形手柄后，自动生成变形网格。拖曳变形手柄后，变形网格随之改变形状。变形的元素根据原有网格的对应形状，自动计算生成新的形状。

（1）添加变形手柄

打开“素材\模块 08\资源变形工具.fla”文件，选择“资源变形工具”，在“毛毛虫”位图上单击 5 次，添加 5 个变形手柄，如图 8-53 所示。

图 8-53　添加变形手柄

（2）移动变形手柄

选择第 20 帧，按 F6 键插入关键帧。选择“资源变形工具”，拖曳变形手柄对“毛毛虫”位图进行变形，将中间的变形手柄向上移动，将右侧两个变形手柄向左移动，形成向前爬行的姿势，如图 8-54 所示。

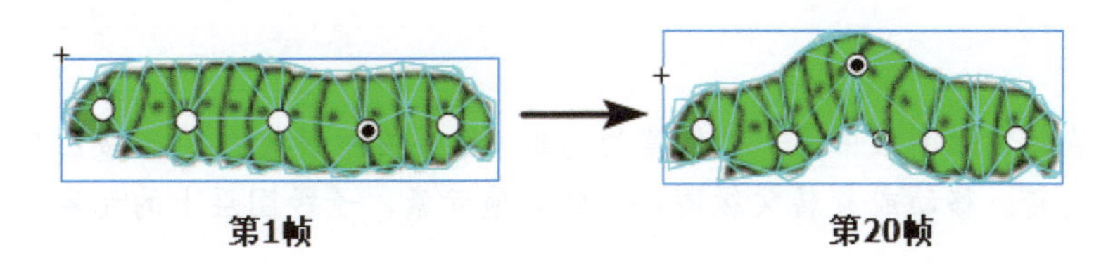

图 8-54　移动变形手柄

提示

在复杂的形状或绘制对象出现不可控的变形错误时，可以将其转换为位图后再添加变形手柄制作变形。

（3）删除变形手柄

选择“资源变形工具”，单击变形手柄将其选中，按 Delete 键或 BackSpace 键即可将变形手柄删除。

（4）资源变形动画

选择第 1 帧至第 20 帧之间的任意一帧，单击鼠标右键，在弹出的快捷菜单中选择“创建传统补间”命令，自动生成变形的传统补间动画。使用传统补间动画时，变形的对象无须转换为元件。除传统补间动画外，还可以使用“创建补间动画”命令制作动画。

4. 父级图层

父级图层是高级图层模式下的一种功能，创建的文档在默认情况下该功能是开启的。如果是不支持父级图层的版本软件创建的文档，可以按 Ctrl+J 快捷键打开“文档设置”对话框，勾选“使用高级图层”复选框，单击“确定”按钮开启高级图层模式，如图 8-55 所示。

图 8-55　“文档设置”对话框

提示

移动或旋转父级图层中第一个创建的元素（除线条和形状外），子级图层上的元素会跟随移动或旋转。移动或旋转父级图层中的其他元素，子级图层上的元素不会跟随移动或旋转。

（1）显示和隐藏父级视图

打开“素材\模块 08\父级图层.fla”文件，单击“显示父级视图”按钮显示父级视图，如图 8-56 所示。再次单击该按钮会隐藏父级视图。

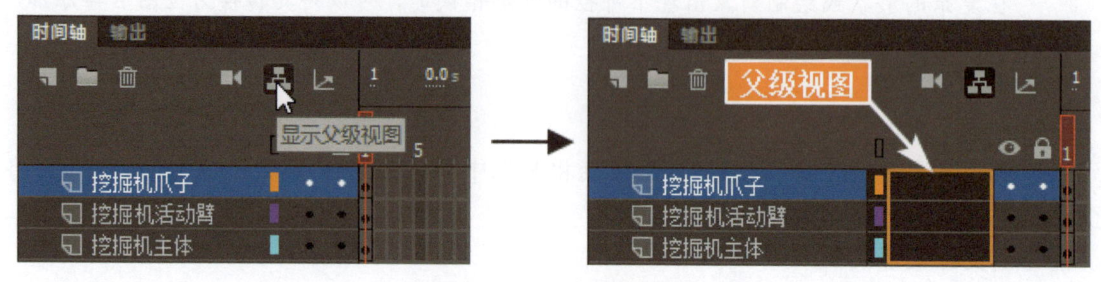

图 8-56　显示父级视图

（2）设置父级图层

单击“挖掘机活动臂”图层的父级视图，在弹出的“设置父级”菜单中选择“挖掘机主体”，将“挖掘机主体”图层设置为“挖掘机活动臂”图层的父级图层。单击“挖掘机爪子”图层的父级视图，在弹出的“设置父级”菜单中选择“挖掘机活动臂”，将“挖掘机活动臂”图层设置为“挖掘机爪子”图层的父级图层，如图 8-57 所示。

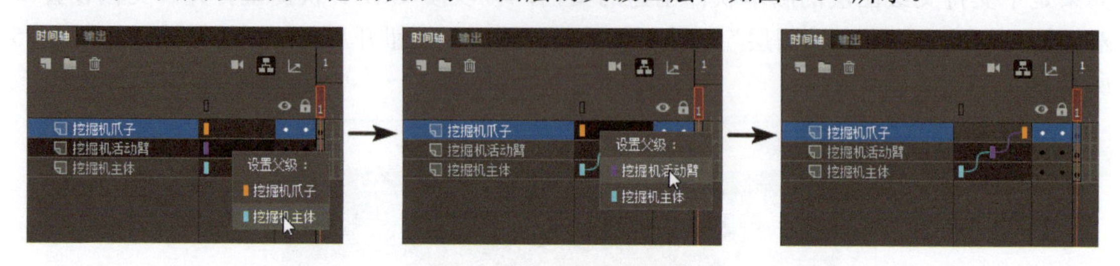

图 8-57　设置父级图层

提示

单击图层对应的“父级视图”区域即可在弹出的“设置父级”菜单中设置父级视图，该操作与当前选中的图层无关。

选择“选择工具”，拖曳移动“挖掘机主体”元件实例，“挖掘机活动臂”图层和“挖掘机爪子”图层上的元素会跟随移动，如图 8-58 所示。

选择“任意变形工具”，拖曳旋转“挖掘机活动臂”元件实例，“挖掘机爪子”图层上的元素会跟随移动，如图 8-59 所示。

图 8-58　移动父级图层上的元素

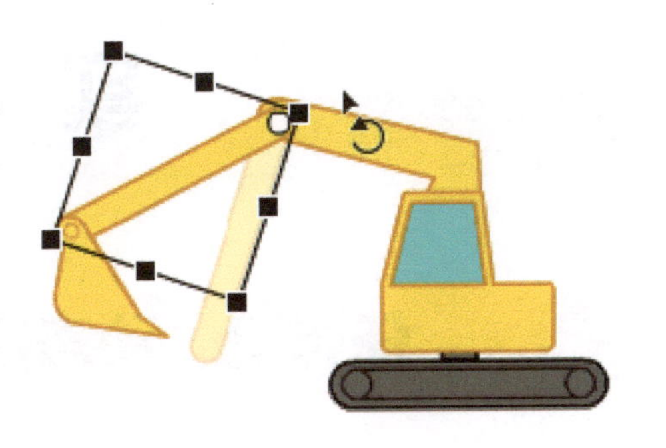

图 8-59　旋转父级图层上的元素

（3）更改父级图层

单击“挖掘机爪子”图层的父级视图，将鼠标指针移动到弹出菜单的“更改父级”命令上，会显示出可以更改为父级图层的图层，如图 8-60 所示。单击要更改的图层名称，即可更改父级图层。

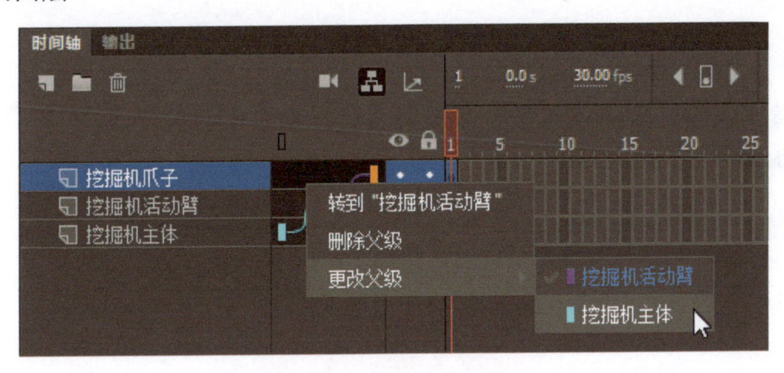

图 8-60　更改父级图层

（4）取消父级图层

单击“挖掘机爪子”图层的父级视图，在弹出的菜单中选择“删除父级”命令，可以取消父级图层，如图 8-61 所示。

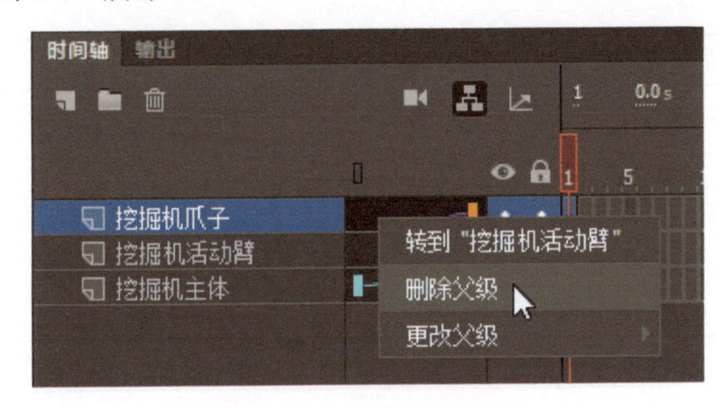

图 8-61　取消父级图层

实践任务

任务 2　动态电子贺卡——生日快乐

任务背景

你的好朋友马上就要过生日了，你为好朋友准备一份特殊的礼物——电子贺卡。电子贺卡不仅绿色环保，还能永久保存。

任务要求

文档尺寸为 1024 像素×768 像素，电子贺卡要包含“生日快乐”文字、生日蛋糕及生日蜡烛。蜡烛火苗要有动画效果，文字要有变形动画效果。动画能够循环播放，构图均衡，色彩协调。

技术要领

骨骼动画，资源变形动画。

解决问题

使用“骨骼工具”制作蜡烛火苗的动画，使用“资源变形工具”制作文字摆动的动画。

任务分析

____

____

____

____

主要制作步骤

____

____

____

____

理论考核

1. 单项选择题

（1）骨骼工具的快捷键是（　　）键。

A. G　　B. M　　C. D　　D. N

（2）移动变形手柄的位置可以使用（　　）工具。

A. 选择工具　　B. 部分选取工具

C. 资源变形工具　　D. 手形工具

2. 多项选择题

（1）（　　）可以添加骨骼。

A. 图形　　B. 线条　　C. 形状　　D. 位图

（2）骨骼的样式种类有（　　）。

A. 实线　　B. 虚线　　C. 线框　　D. 无

3. 判断题

（1）每个图层只能有一个父级图层。（　　）

（2）每个锚点只能被一个骨骼绑定。（　　）

模块 09

制作 3D 动画

能力目标

1. 掌握 3D 旋转工具和 3D 平移工具的使用方法
2. 掌握摄像头的使用方法
3. 掌握图层深度的使用方法

知识目标

1. 了解摄像头的基本运动方法
2. 了解图层深度的概念
3. 理解摄像头运动时图层深度对摄像头画面的影响

学时分配

6 课时（讲课 2 课时，实践 4 课时）

模拟任务

任务 1　游戏片头动画——疯狂斗地主

任务背景

公司开发了一款手机游戏——《疯狂斗地主》，现在需要制作一个游戏片头。片头所需要的素材已经由负责原画的同事完成，由你负责动画部分的制作。

图 9-1　最终效果

任务要求

角色由远处飞到近处，从农民的手中飞出扑克牌和金币，摄像头跟随角色运动，如图 9-1 所示。动画流畅，能够体现速度感。

重点难点

1. 使用摄像头制作摄像头运动动画
2. 图层深度
3. 3D 旋转工具和 3D 平移工具

技术要领

使用摄像头制作摄像头运动动画；使用图层深度设置动画实现图层前后关系的交换；制作影片剪辑元件实例可以使用 3D 旋转工具和 3D 平移工具。

解决问题

制作摄像头运动动画，使用图层深度模拟深度距离，使用 3D 旋转工具和 3D 平移工具对影片剪辑元件实例进行 3D 空间的操作。

素材路径

素材\模块 09\疯狂斗地主.fla。

任务分析

在同一个图层中，图层深度与 3D 旋转工具和 3D 平移工具配合使用的可控性较差，因此要根据具体情况单独使用。使用图层深度和摄像头制作背景的镜头运动动画，使用 3D 旋转工具和 3D 平移工具调整扑克牌和金币的位置，使用补间动画制作角色、金币和扑克牌的动画。

打开素材

01 启动 Animate，打开“素材\模块 09\疯狂斗地主.fla”文件，如图 9-2 所示。

图 9-2 打开素材

制作镜头运动的动画

02 单击“时间轴”面板中的“添加摄像头”按钮，自动生成一个“Camera”图层。选择“工具”面板中的“摄像头工具”，舞台下方的粘贴板区域出现摄像头控制器，如图 9-3 所示。

图 9-3 添加摄像头

提示

在“工具”面板中选择“摄像头工具”，才会显示摄像头控制器。

03 选择所有图层的第 30 帧，按 F5 键插入帧。选择“Camera”图层的第 1 帧至第 30 帧之间的任意一帧，单击鼠标右键，在弹出的快捷菜单中选择“创建补间动画”命令，如图 9-4 所示。

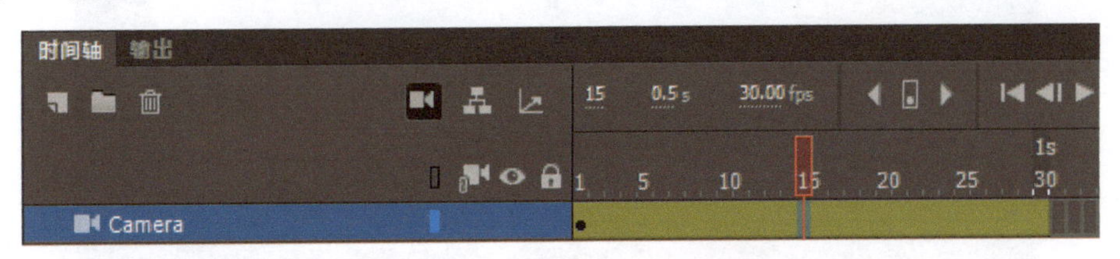

图 9-4　创建摄像头的补间动画

04 选择“Camera”图层的第 30 帧，单击鼠标右键，在弹出的快捷菜单中选择“插入关键帧”→“全部”命令。向左拖曳缩放摄像头控制器的滑块，使背景更多地显示在摄像头内，如图 9-5 所示。

图 9-5　缩放摄像头

05 选择“Camera”图层的第 1 帧，拖曳缩放摄像头控制器将摄像头放大。单击摄像头控制器左侧的“旋转摄像头”按钮，拖动滑块旋转摄像头，如图 9-6 所示。

设置图层深度

06 选择“树 1”图层的第 30 帧，单击“时间轴”面板上的“图层深度”按钮，打开“图层深度”面板。在“图层深度”面板中，将“树 1”图层深度设置为“-300”，如图 9-7 所示。

图 9-6　旋转摄像头

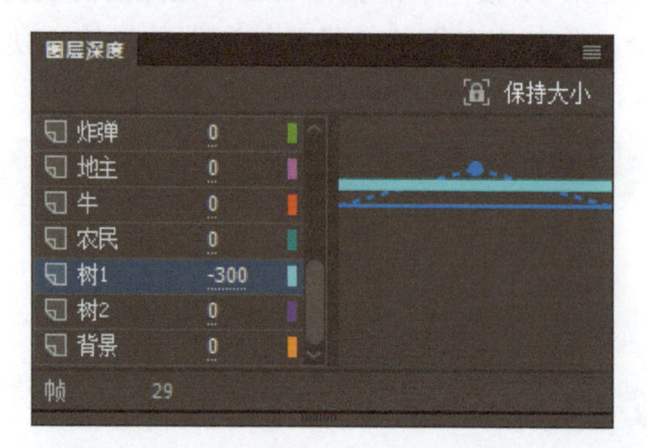

图 9-7　设置“树 1”图层深度

07 选择“任意变形工具”，将“树 1”图层的“树 1.png”位图元件实例缩放后放置在舞台的左侧，如图 9-8 所示。

图 9-8　调整“树 1.png”位图元件实例的大小和位置

08 选择“树 2”图层的第 30 帧，在“图层深度”面板中，将“树 2”图层深度设置为“-200”，如图 9-9 所示。

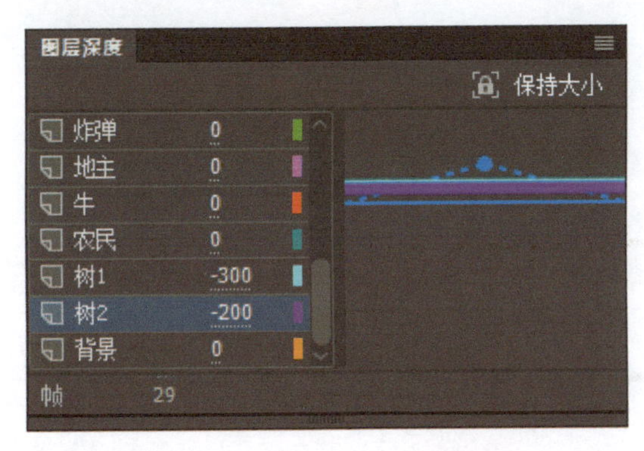

图 9-9　设置“树 2”图层深度

09 选择“选择工具”，将“树 2”图层的“树 2.png”位图元件实例放置在舞台的右上角，如图 9-10 所示。

图 9-10　调整“树 2.png”位图元件实例的位置

制作地主的动画

10 选择“地主”图层的第 30 帧，单击鼠标右键，在弹出的快捷菜单中选择“创建补间动画”命令创建补间动画。选择“任意变形工具”对“地主”元件实例进行放大，并移动到舞台中间稍偏右的位置，如图 9-11 所示。

提示

如果容易误选到其他图层的元素，可以将其他图层都锁定，再进行选择。

图 9-11 放大并移动“地主”元件实例

11 选择“选择工具”，将补间动画的运动路径向左拖曳，使其变成弧线，如图 9-12 所示。

图 9-12 修改补间动画的运动路径

12 单击“地主”图层第 1 帧至第 30 帧之间的任意一帧，在“属性”面板中将“缓动”设置为“-100”，如图 9-13 所示。

图 9-13 设置缓动

制作农民的动画

13 选择“农民”图层的第 30 帧，单击鼠标右键，在弹出的快捷菜单中选择“创建补间动画”命令创建补间动画。选择“任意变形工具”对“农民”元件实例进行放大，并移动到舞台左上方的位置，如图 9-14 所示。

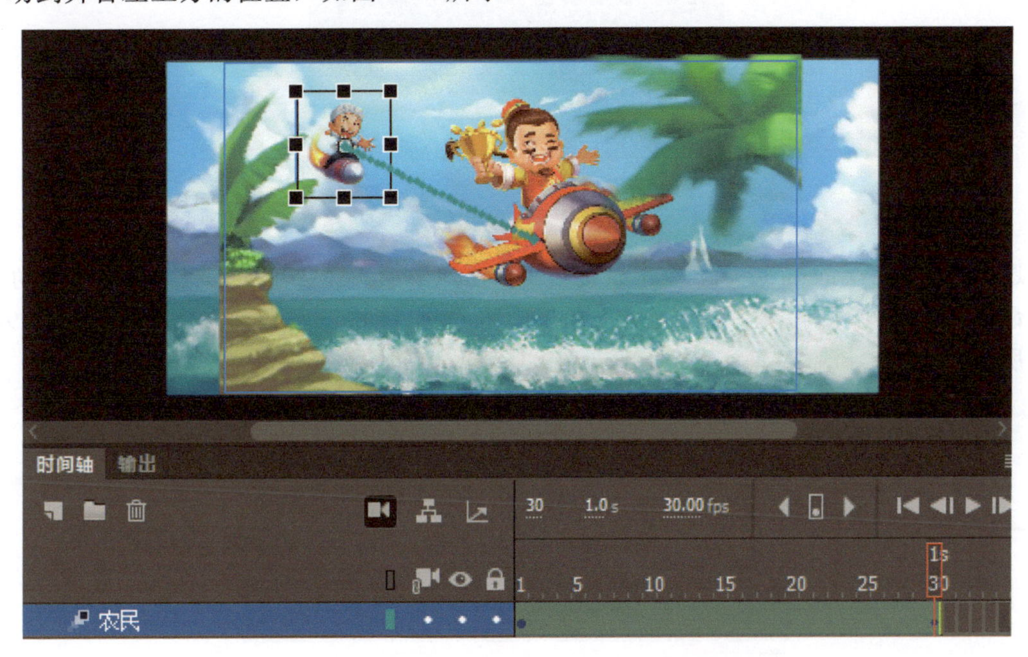

图 9-14　放大并移动“农民”元件实例

14 选择“选择工具”，将补间动画的运动路径向左拖曳，使其变成弧线，如图 9-15 所示。

图 9-15　修改补间动画的运动路径

15 单击“农民”图层第 1 帧至第 30 帧之间的任意一帧，在“属性”面板中将“缓动”设置为“-100”，如图 9-16 所示。

图 9-16 设置缓动

制作牛的动画

16 选择“牛”图层的第 30 帧，单击鼠标右键，在弹出的快捷菜单中选择“创建补间动画”命令创建补间动画。在“图层深度”面板中将“牛”图层深度设置为“-210”，如图 9-17 所示。

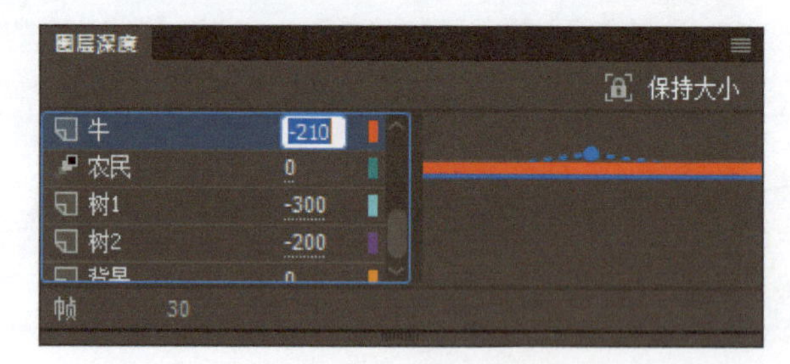

图 9-17 设置“牛”图层深度

17 选择“任意变形工具”对“牛”元件实例进行放大，并移动到舞台右上方的位置，如图 9-18 所示。

图 9-18 放大并移动“牛”元件实例

18 选择“选择工具”，将补间动画的运动路径向左拖曳，使其变成弧线，如图 9-19 所示。

图 9-19　修改补间动画的运动路径

19 单击“牛”图层第 1 帧至第 30 帧之间的任意一帧，在“属性”面板中将“缓动”设置为“–100”，如图 9-20 所示。

图 9-20　设置缓动

制作炸弹的动画

20 选择“炸弹”图层的第 30 帧，单击鼠标右键，在弹出的快捷菜单中选择“创建补间动画”命令创建补间动画。选择“任意变形工具”对“炸弹”元件实例进行放大，并移动到舞台左上方的位置，如图 9-21 所示。

21 选择“选择工具”，将补间动画的运动路径向左拖曳，使其变成弧线，如图 9-22 所示。

22 单击“炸弹”图层第 1 帧至第 30 帧之间的任意一帧，在“属性”面板中将“缓动”设置为“–100”，如图 9-23 所示。

23 选择“Camera”图层的第 80 帧，按 F5 键插入帧。

图 9-21　放大并移动“炸弹”元件实例

图 9-22　修改补间动画的运动路径

图 9-23　设置缓动

24 选择“炸弹”图层的第 30 帧，单击鼠标右键，在弹出的快捷菜单中选择“复制帧”命令。选择第 31 帧，单击鼠标右键，在弹出的快捷菜单中选择“粘贴帧”命令。选择第 80 帧，按 F5 键插入帧，如图 9-24 所示。

图 9-24　复制粘贴帧后插入帧（1）

25 选择“地主”图层的第 30 帧，单击鼠标右键，在弹出的快捷菜单中选择“复制帧”命令。选择第 31 帧，单击鼠标右键，在弹出的快捷菜单中选择“粘贴帧”命令。选择第 80 帧，按 F5 键插入帧，如图 9-25 所示。

图 9-25　复制粘贴帧后插入帧（2）

26 选择“牛”图层的第 30 帧，单击鼠标右键，在弹出的快捷菜单中选择“复制帧”命令。选择第 31 帧，单击鼠标右键，在弹出的快捷菜单中选择“粘贴帧”命令。选择第 80 帧，按 F5 键插入帧，如图 9-26 所示。

图 9-26　复制粘贴帧后插入帧（3）

27 选择“农民”图层的第 30 帧，单击鼠标右键，在弹出的快捷菜单中选择“复制帧”命令。选择第 31 帧，单击鼠标右键，在弹出的快捷菜单中选择“粘贴帧”命令。选择第 80 帧，按 F5 键插入帧，如图 9-27 所示。

图 9-27　复制粘贴帧后插入帧（4）

28 拖曳选择“树 1”图层、“树 2”图层和“背景”图层的第 80 帧，按 F5 键插入帧。

制作扑克牌的动画

29 选择“扑克牌黑桃 A”图层的第 36 帧，按 F6 键插入关键帧。将“库”面板中的“扑克牌黑桃 A”元件拖曳到舞台上，使用“3D 旋转工具”和“3D 平移工具”调整其角度和位置，如图 9-28 所示。

图 9-28 调整角度和位置

提示

当摄像头的“缩放”不是“100%”时，如图 9-29 所示，使用“3D 旋转工具”和“3D 平移工具”，元件实例轮廓线和元件实例的位置会有位差。

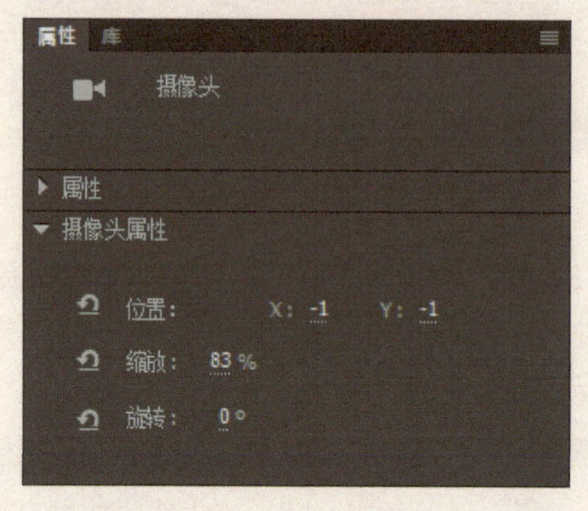

图 9-29 摄像头

30 选择“扑克牌黑桃 A”图层的第 45 帧，按 F5 键插入帧，单击鼠标右键，在弹出的快捷菜单中选择“创建补间动画”命令，再单击鼠标右键，在弹出的快捷菜单中选择“插入关键帧”→“全部”命令。选择第 36 帧上的“扑克牌黑桃 A”元件实例，使用“3D 旋转工具”和“3D 平移工具”调整其角度和位置，选择“任意变形工具”对其进行缩放，如图 9-30 所示。

31 选择“扑克牌黑桃 A”图层的第 45 帧，选择“选择工具”，在“属性”面板的“滤镜”选项卡中，单击“+”按钮选择“模糊”，将“模糊 X”和“模糊 Y”值修改为“10 像素”，如图 9-31 所示。单击第 80 帧，按 F5 键插入帧。

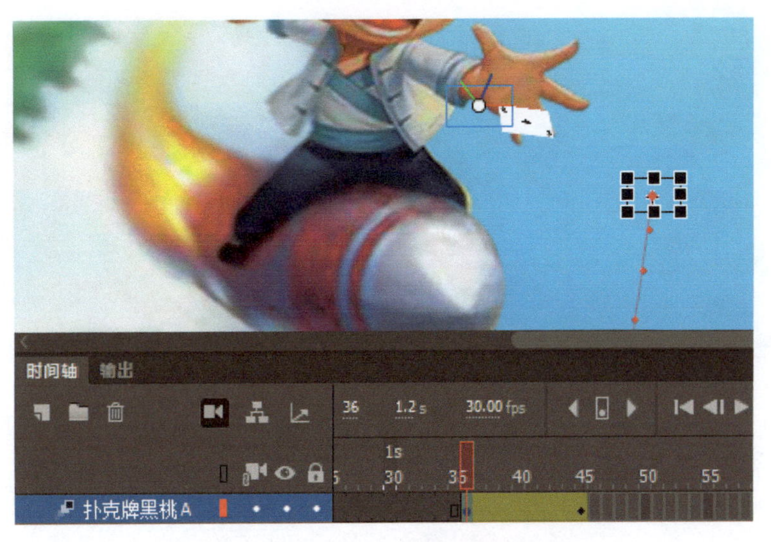

图 9-30 调整角度和位置后缩放

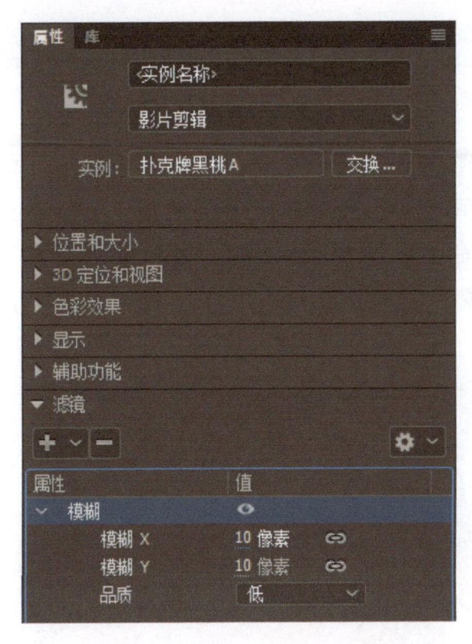

图 9-31 添加“模糊”滤镜

提示

当元件实例轮廓线和元件实例有位差时，很容易选不中元件实例。此时可以先选中帧，再选择“3D 旋转工具”或“3D 位移工具”，最后选择“选择工具”就会直接选中该元件实例并设置其属性。

32 选择“扑克牌梅花 3”图层的第 37 帧，按 F6 键插入关键帧。将“库”面板中的“扑克牌梅花 3”元件拖曳到舞台上，使用“3D 旋转工具”和“3D 平移工具”调整其角度和位置，如图 9-32 所示。

图 9-32　调整角度和位置

33 选择“扑克牌梅花 3”图层的第 45 帧，按 F5 键插入帧，单击鼠标右键，在弹出的快捷菜单中选择“创建补间动画”命令，再单击鼠标右键，在弹出的快捷菜单中选择“插入关键帧”→“全部”命令。选择第 37 帧上的“扑克牌梅花 3”元件实例，使用“3D 旋转工具”和“3D 平移工具”调整其角度和位置，选择“任意变形工具”对其进行缩放，如图 9-33 所示。

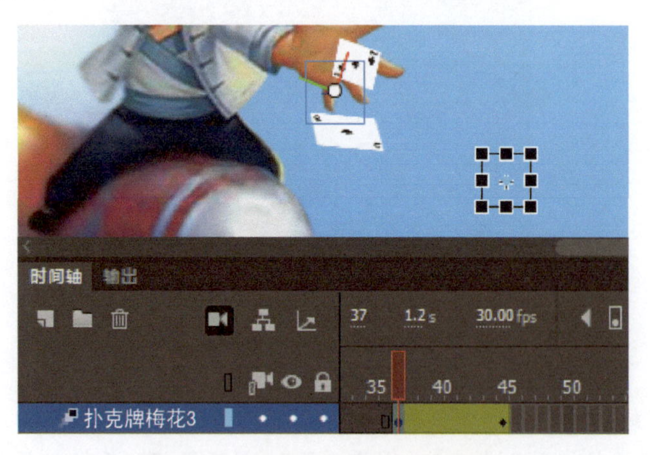

图 9-33　调整角度和位置后缩放

34 选择“扑克牌梅花 3”图层的第 45 帧，选择“选择工具”，在“属性”面板的“滤镜”选项卡中，单击“+”按钮选择“模糊”，将“模糊 X”和“模糊 Y”值修改为“10 像素”，如图 9-34 所示。单击第 80 帧，按 F5 键插入帧。

35 选择“扑克牌方片 10”图层的第 38 帧，按 F6 键插入关键帧。将“库”面板中的“扑克牌方片 10”元件拖曳到舞台上，使用“3D 旋转工具”和“3D 平移工具”调整其角度和位置，如图 9-35 所示。

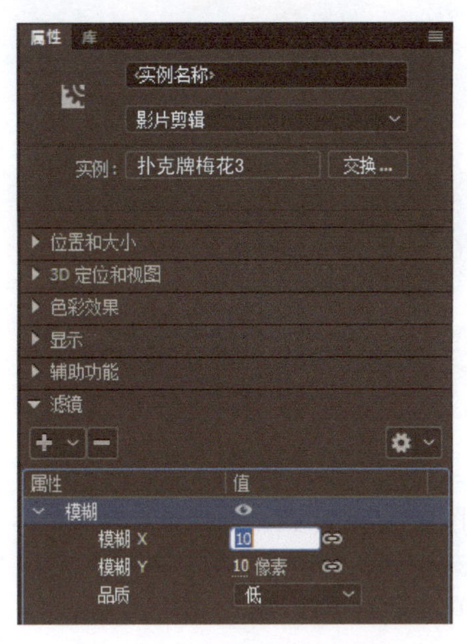

图 9-34　添加“模糊”滤镜

图 9-35　调整角度和位置

36 选择“扑克牌方片 10”图层的第 45 帧，按 F5 键插入帧，单击鼠标右键，在弹出的快捷菜单中选择“创建补间动画”命令，再单击鼠标右键，在弹出的快捷菜单中选择“插入关键帧”→“全部”命令。选择第 38 帧上的“扑克牌方片 10”元件实例，使用“3D 旋转工具”和“3D 平移工具”调整其角度和位置，选择“任意变形工具”对其进行缩放，如图 9-36 所示。

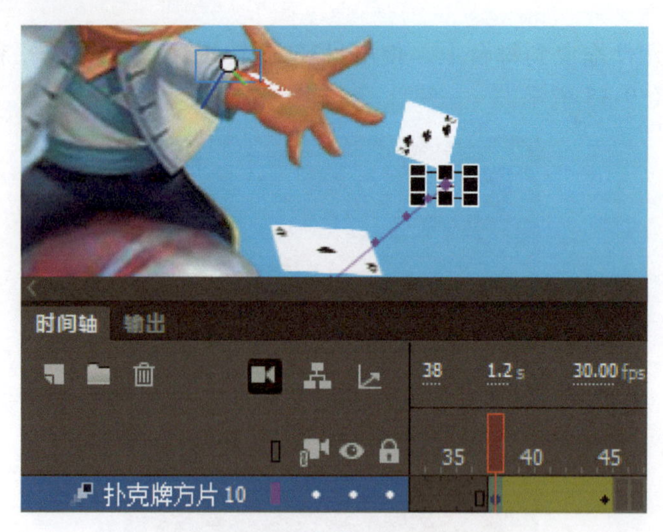

图 9-36　调整角度和位置后缩放

37 选择“扑克牌方片 10”图层的第 45 帧，选择“选择工具”，在“属性”面板的“滤镜”选项卡中，单击“＋”按钮选择“模糊”，将“模糊 X”和“模糊 Y”值修改为“10 像素”，如图 9-37 所示。单击第 80 帧，按 F5 键插入帧。

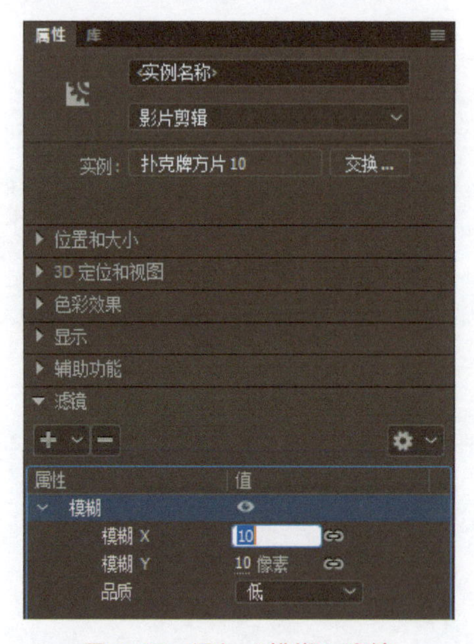

图 9-37　添加“模糊”滤镜

38 选择“扑克牌红桃 K”图层的第 34 帧，按 F6 键插入关键帧。将“库”面板中的“扑克牌红桃 K”元件拖曳到舞台上，使用“3D 旋转工具”和“3D 平移工具”调整其角度和位置，如图 9-38 所示。

39 选择“扑克牌红桃 K”图层的第 45 帧，按 F5 键插入帧，单击鼠标右键，在弹出的快捷菜单中选择“创建补间动画”命令，再单击鼠标右键，在弹出的快捷菜单中选择“插入关键帧”→“全部”命令。选择第 34 帧上的“扑克牌红桃 K”元件实例，使用“3D

旋转工具”和“3D 平移工具”调整其角度和位置，选择“任意变形工具”对其进行缩放，如图 9-39 所示。

图 9-38　调整角度和位置

图 9-39　调整角度和位置后缩放

40 选择“扑克牌红桃 K”图层的第 45 帧，选择“选择工具”，在“属性”面板的“滤镜”选项卡中，单击“+”按钮选择“模糊”，将“模糊 X”和“模糊 Y”值修改为“10 像素”，如图 9-40 所示。单击第 80 帧，按 F5 键插入帧。

制作金币的动画

41 选择“金币 1”图层的第 36 帧，按 F6 键插入关键帧。将“库”面板中的“金币”元件拖曳到舞台上，如图 9-41 所示。

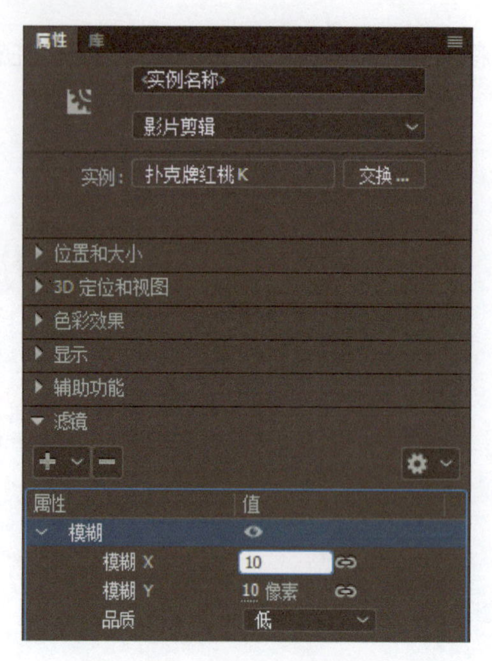

图 9-40　添加“模糊”滤镜

图 9-41　从“库”面板中拖曳元件到舞台上

42 选择“金币 1”图层的第 45 帧，按 F5 键插入帧，单击鼠标右键，在弹出的快捷菜单中选择“创建补间动画”命令，再单击鼠标右键，在弹出的快捷菜单中选择“插入关键帧”→“全部”命令。选择第 36 帧上的“金币”元件实例，选择“任意变形工具”对其进行缩放并调整位置，如图 9-42 所示。

43 选择“金币 1”图层第 45 帧上的“金币”元件实例，在“属性”面板的“滤镜”选项卡中，单击“+”按钮选择“模糊”，将“模糊 X”和“模糊 Y”值修改为“4 像素”，如图 9-43 所示。单击第 80 帧，按 F5 键插入帧。

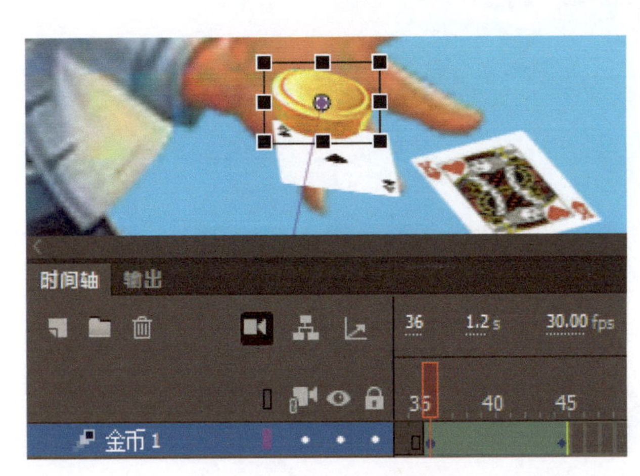

图 9-42　缩放并调整位置

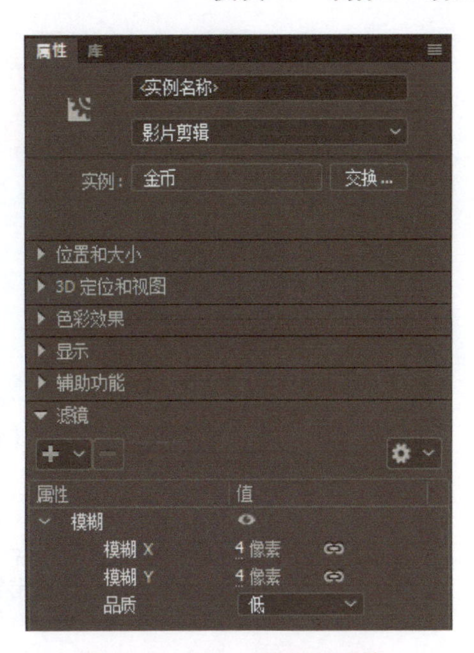

图 9-43　添加“模糊”滤镜

44 选择“金币 2”图层的第 35 帧，按 F6 键插入关键帧。将“库”面板中的“金币”元件拖曳到舞台上，使用“3D 旋转工具”和“3D 平移工具”调整其角度和位置，如图 9-44 所示。

图 9-44　调整角度和位置

45 选择“金币 2”图层的第 45 帧，按 F5 键插入帧，单击鼠标右键，在弹出的快捷菜单中选择“创建补间动画”命令，再单击鼠标右键，在弹出的快捷菜单中选择“插入关键帧”→“全部”命令。选择第 35 帧上的“金币”元件实例，使用“3D 旋转工具”和“3D 平移工具”调整其角度和位置，选择“任意变形工具”对其进行缩放，如图 9-45 所示。

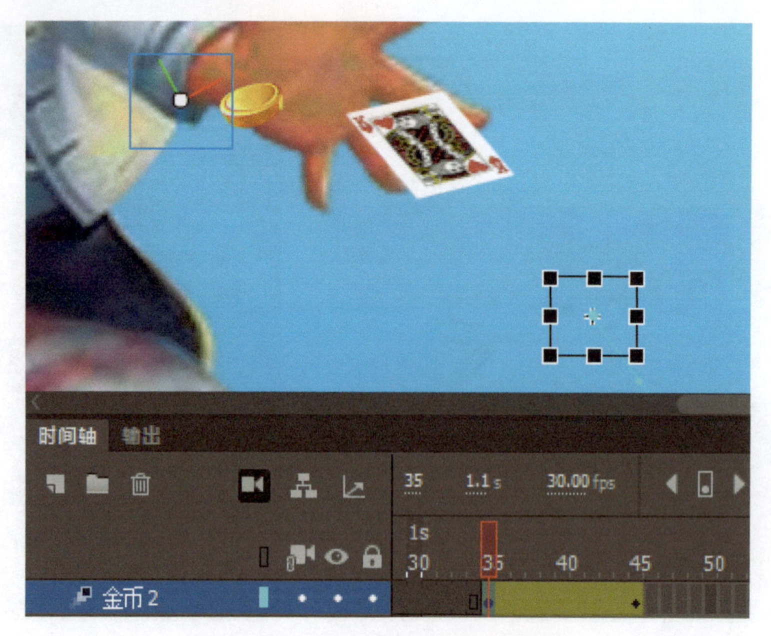

图 9-45　调整角度和位置后缩放

46 选择“金币 1”图层第 45 帧上的“金币”元件实例，在“属性”面板的“滤镜”选项卡中，单击“+”按钮选择“模糊”，将“模糊 X”和“模糊 Y”值修改为“10 像素”，如图 9-46 所示。单击第 80 帧，按 F5 键插入帧。

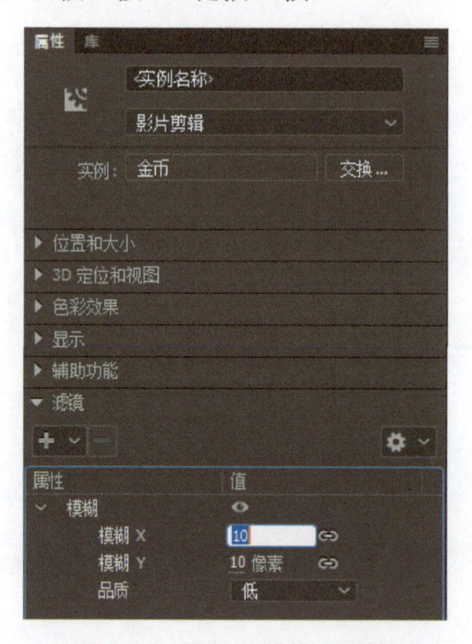

图 9-46　添加“模糊”滤镜

47 选择“金币 3”图层的第 38 帧，按 F6 键插入关键帧。将“库”面板中的“金币”元件拖曳到舞台上，使用“3D 旋转工具”和“3D 平移工具”调整其角度和位置，如图 9-47 所示。

图 9-47　调整角度和位置

48 选择“金币 3”图层的第 45 帧，按 F5 键插入帧，单击鼠标右键，在弹出的快捷菜单中选择“创建补间动画”命令，再单击鼠标右键，在弹出的快捷菜单中选择“插入关键帧”→“全部”命令。选择第 38 帧上的“金币”元件实例，使用“3D 旋转工具”和“3D 平移工具”调整其角度和位置，选择“任意变形工具”对其进行缩放，如图 9-48 所示。

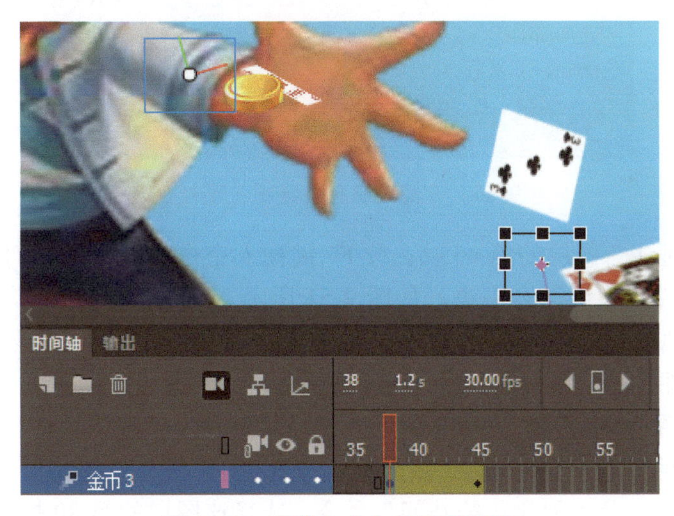

图 9-48　调整角度和位置后缩放

49 选择“金币 3”图层第 45 帧上的“金币”元件实例，在“属性”面板的“滤镜”选项卡中，单击“＋”按钮选择“模糊”，将“模糊 X”和“模糊 Y”值修改为“10 像素”，如图 9-49 所示。单击第 80 帧，按 F5 键插入帧。

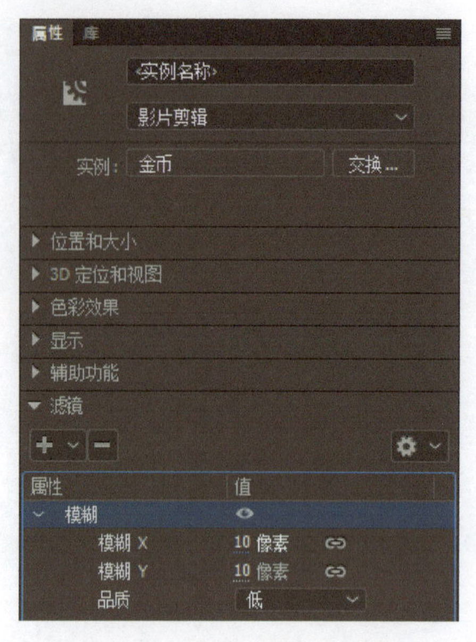

图 9-49　添加“模糊”滤镜

制作标题的动画

50 在“图层深度”面板中，将“疯狂斗地主”图层深度设置为“-360”，如图 9-50 所示。

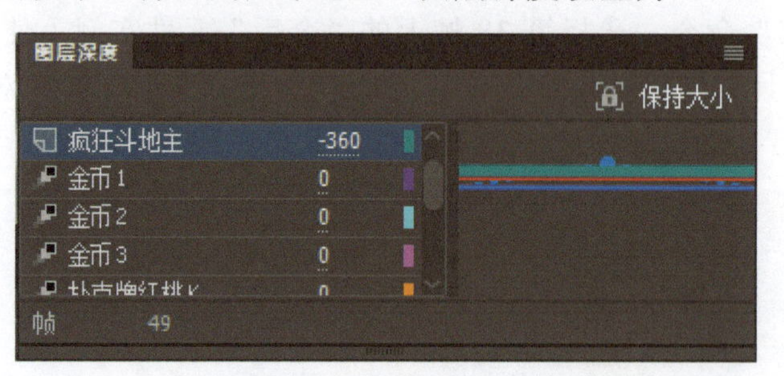

图 9-50　设置“疯狂斗地主”图层深度

51 选择“疯狂斗地主”图层的第 45 帧，按 F7 键插入空白关键帧。将“库”面板中的“疯狂斗地主”元件拖曳到舞台中央，如图 9-51 所示。

52 选择“疯狂斗地主”图层的第 55 帧，按 F6 键插入关键帧。选择该图层第 45 帧上的“疯狂斗地主”元件实例，将“属性”面板“色彩效果”选项卡中的“样式”设置为“Alpha”，“Alpha”值设置为 0%，如图 9-52 所示。

53 选择“疯狂斗地主”图层的第 45 帧至第 55 帧之间的任意一帧，单击鼠标右键，在弹出的快捷菜单中选择“创建传统补间”命令。选择该图层的第 80 帧，按 F5 键插入帧，如图 9-53 所示。

54 选择“开始游戏”图层的第 45 帧，按 F7 键插入空白关键帧。将“库”面板中的“开始游戏”元件拖曳到舞台中央，如图 9-54 所示。

55 选择“开始游戏”图层的第 55 帧，按 F6 键插入关键帧。选择该图层第 45 帧上的“开始游戏”元件实例，将“属性”面板“色彩效果”选项卡中的“样式”设置为“Alpha”，“Alpha”值设置为 0%，如图 9-55 所示。

图 9-51　将“库”面板中元件拖曳到舞台中央

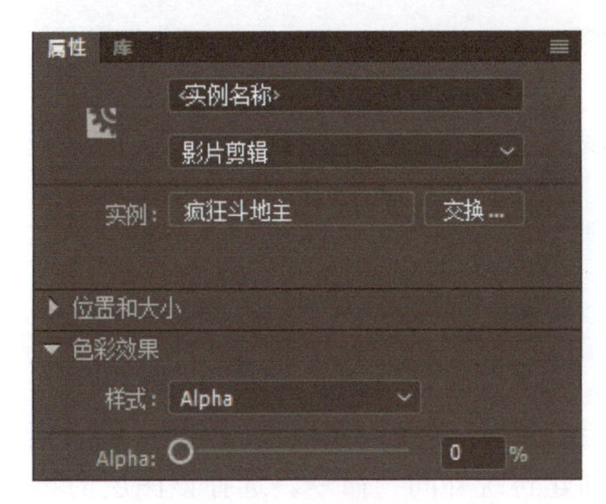

图 9-52　设置样式

图 9-53　创建传统补间动画后插入帧

图 9-54　将“库”面板中元件拖曳到舞台中央

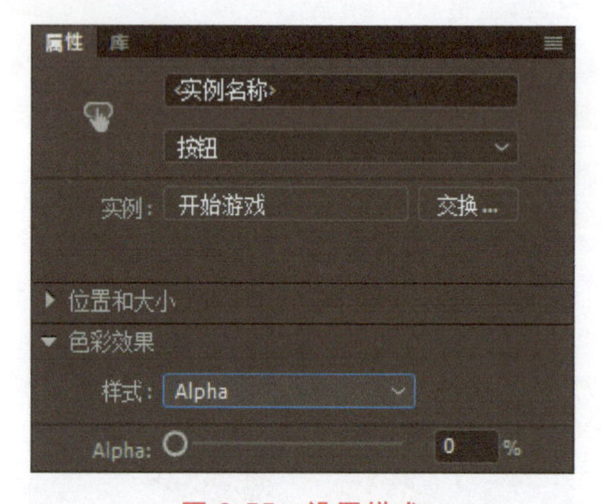

图 9-55　设置样式

56 选择“开始游戏”图层的第 45 帧至第 55 帧之间的任意一帧，单击鼠标右键，在弹出的快捷菜单中选择“创建传统补间”命令。选择该图层的第 80 帧，按 F5 键插入帧，如图 9-56 所示。

图 9-56　创建传统补间动画后插入帧

57 选择“文件”→“保存”命令，将文件保存后提交给程序员进行后续的编程工作。

拓展知识

1. 3D 旋转工具

3D 旋转工具用于影片剪辑的三维空间旋转，图标是，快捷键是 Shift+W。

（1）旋转

单击影片剪辑元件实例，出现旋转控制器。红色线表示旋转 *X* 轴，绿色线表示旋转 *Y* 轴，蓝色线表示旋转 *Z* 轴，橙色线表示自由旋转，如图 9-57 所示。

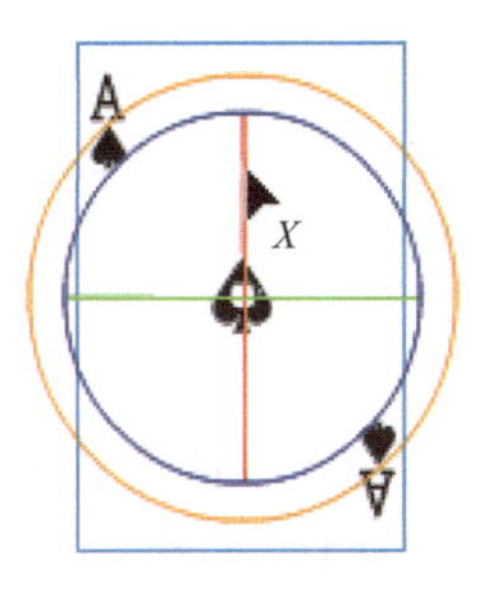

图 9-57　旋转控制器

拖曳橙色线可以控制所有轴进行自由旋转，其他颜色的线只能按照一个轴的方向进行旋转，如图 9-58 所示。

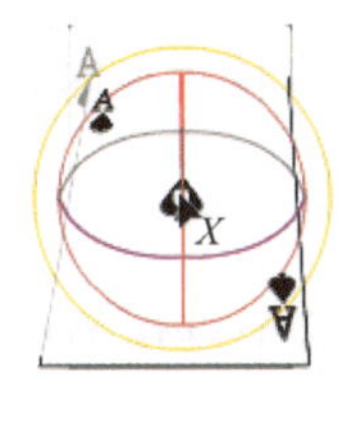

旋转X轴

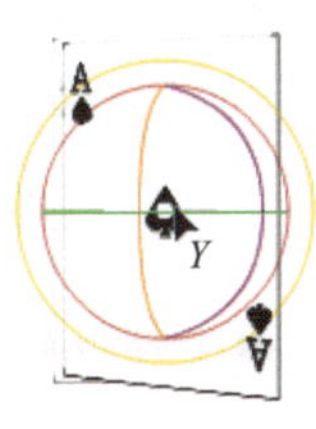

旋转Y轴

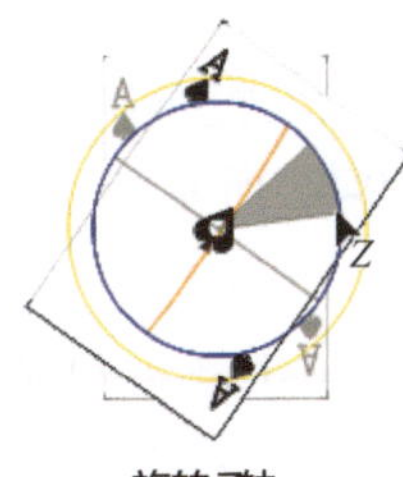

旋转Z轴

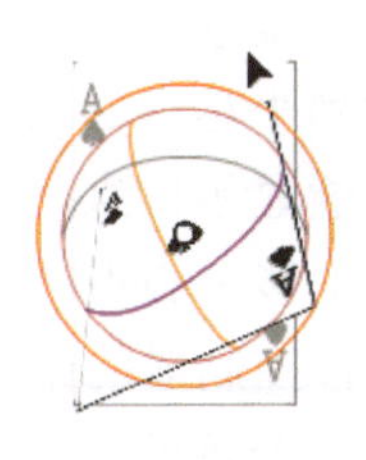

自由旋转

图 9-58　旋转方式

（2）旋转中心点

在旋转控制器的中心有一个旋转中心点，所有的旋转操作都以这个点作为中心进行旋转，拖曳这个点可以移动位置，如图 9-59 所示。

（3）按钮

选中“3D 旋转工具”后，在“工具”面板下方有两个按钮：“贴紧至对象”和“全局转换”，如图 9-60 所示。“贴紧至对象”与“选择工具”中的“贴紧至对象”功能类似。

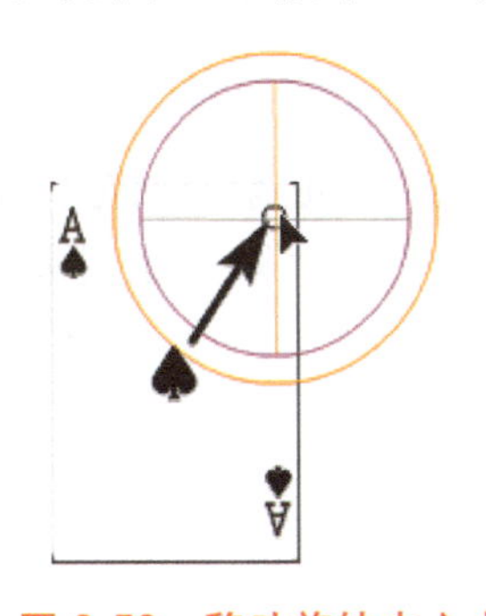

图 9-59　移动旋转中心点

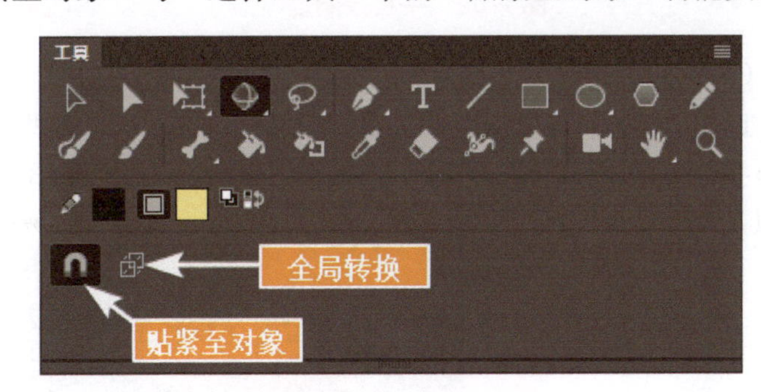

图 9-60　“工具”面板

单击“全局转换”按钮，旋转控制器会恢复到默认位置，但是元素的旋转角度不变。再单击“全局转换”按钮，效果对比如图 9-61 所示。

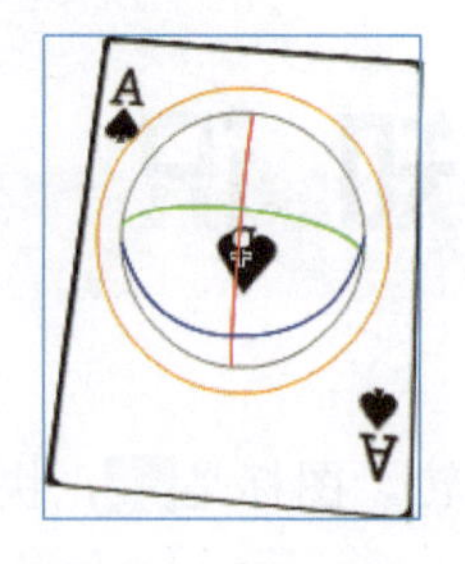

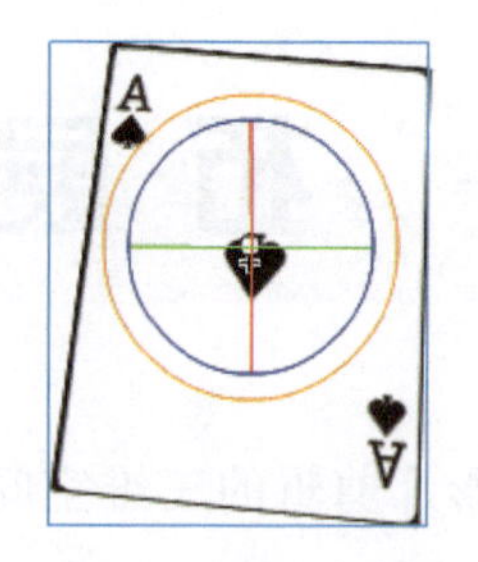

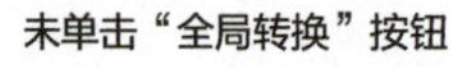

未单击“全局转换”按钮　　单击“全局转换”按钮

图 9-61　全局转换

2. 3D 平移工具

3D 平移工具用于影片剪辑的三维空间移动，图标是，快捷键是 G。

（1）平移

单击影片剪辑元件实例，出现平移控制器。红色箭头表示平移 *X* 轴，绿色箭头表示平移 *Y* 轴，蓝色箭头表示平移 *Z* 轴。当 *Y* 轴无旋转时，*Z* 轴会与平移中心点重合，当鼠标指针移动到平移中心点出现“*Z*”提示时可以移动 *Z* 轴。当 *Y* 轴有旋转角度时，*Z* 轴的蓝色箭头才能显示出来，如图 9-62 所示。

（2）平移中心点

在平移控制器的中心有一个平移中心点，所有的平移操作都以这个点作为中心进行平移，拖曳这个点可以移动位置，如图 9-63 所示。

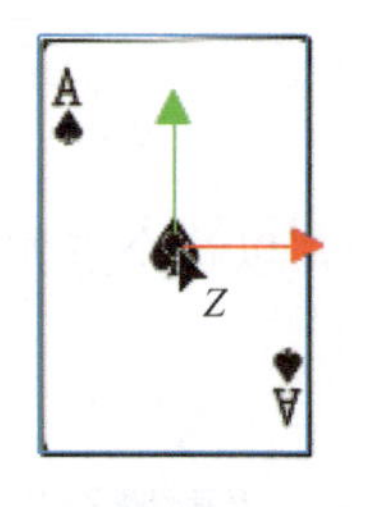

Y轴无旋转

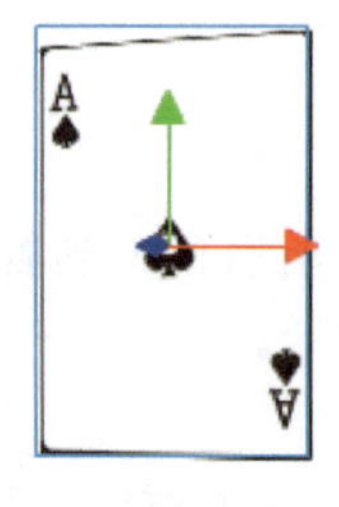

Y轴有旋转

图 9-62　平移控制器

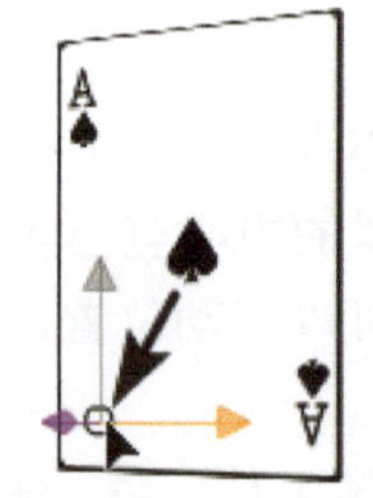

图 9-63　移动平移中心点

（3）按钮

选中“3D 平移工具”后，在“工具”面板下方有两个按钮：“贴紧至对象”和“全局转换”，如图 9-64 所示。“贴紧至对象”与“选择工具”中的“贴紧至对象”功能类似。

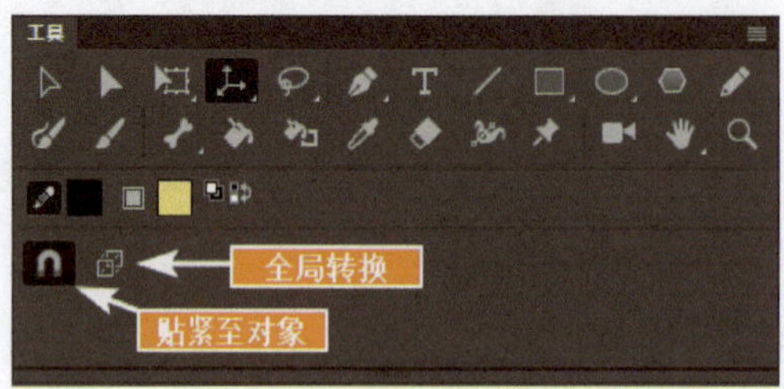

图 9-64　“工具”面板

单击“全局转换”按钮，平移控制器会恢复到默认位置。再单击“全局转换”按钮，会根据实际的旋转角度显示平移控制器，如图 9-65 所示。

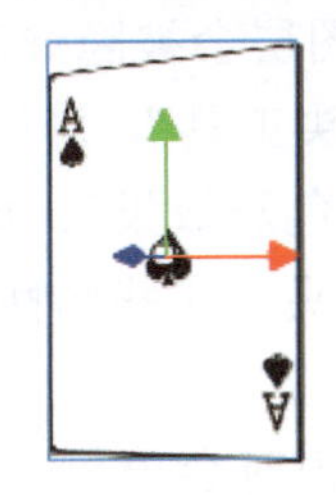

未单击“全局转换”按钮

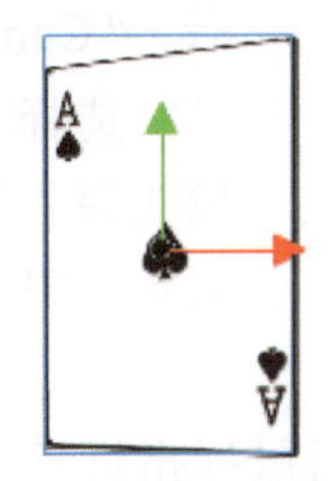

单击“全局转换”按钮

图 9-65　全局转换

3. 摄像头

摄像头用于模拟镜头的推拉、平移和旋转效果，图标是■，快捷键是 C。

提示

摄像头是默认存在的，开启后可以修改摄像头的设置，关闭后恢复默认值。

（1）开启和关闭摄像头

选择“摄像头工具”或单击“时间轴”面板中的“添加摄像头”按钮，可以开启摄像头。开启摄像头后，在舞台下方会显示一个摄像头控制器。在“时间轴”面板中会显示一个“Camera”图层，并放置一个不可删除的虚拟摄像头，该图层可以制作逐帧动画和补间动画，如图 9-66 所示。

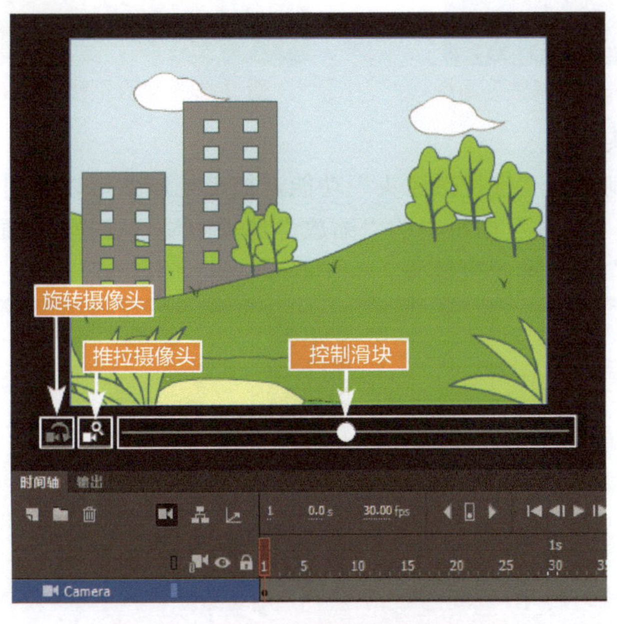

图 9-66　摄像头控制器和摄像头图层

图 9-67　删除摄像头

如果要关闭摄像头，可以单击“时间轴”面板上的“删除摄像头”按钮关闭摄像头，如图 9-67 所示。关闭摄像头后，“Camera”图层会被隐藏起来。

选择“摄像头工具”，可以在“属性”面板中设置“摄像头属性”和“色彩效果”，如图 9-68 所示。关闭摄像头再重新开启摄像头，这些属性依然保留。

（2）平移摄像头

选择“摄像头工具”，当鼠标指针放在舞台内时会出现一个十字形和摄像机的指针，如图 9-69 所示。此时拖曳舞台，可以平移摄像头。在“属性”面板中的“位置”选项中显示平移的偏移值，也可以通过修改“位置”参数平移摄像头。

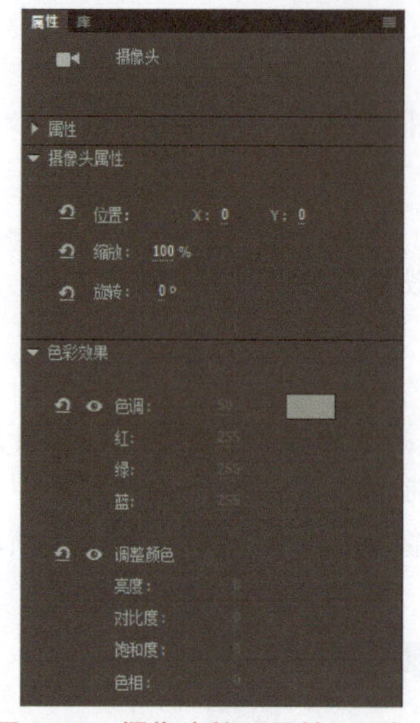

图 9-68　摄像头的“属性”面板

图 9-69　可以平移摄像头的鼠标指针

（3）推拉摄像头

选择摄像机控制器的“推拉摄像头”功能，拖曳控制条可以控制摄像头的推拉效果，如图 9-70 所示。在“属性”面板中的“缩放”选项中显示推拉时画面显示的比例，也可以通过修改“缩放”参数推拉摄像头。

图 9-70　推拉摄像头

（4）旋转摄像头

选择摄像机控制器的“旋转摄像头”功能，拖曳控制条可以控制摄像头的旋转效果，如图 9-71 所示。在“属性”面板中的“旋转”选项中显示推拉时画面显示的比例，也可以通过修改“旋转”参数旋转摄像头。

图 9-71　旋转摄像头

（5）颜色效果

在“属性”面板的“色彩效果”选项卡中，单击“色调”前的“应用色调至摄像头”按钮，可以为摄像头叠加色调，如图 9-72 所示。当叠加色调的百分比为“100”时，画面会被色调的颜色完全覆盖。

在“属性”面板的“色彩效果”选项卡中，单击“调整颜色”前面的“应用颜色滤镜至摄像头”按钮，可以为摄像头叠加颜色滤镜，如图 9-73 所示。

图 9-72　应用色调至摄像头

图 9-73　应用颜色滤镜至摄像头

（6）图层附加到摄像头

开启摄像头后，在“时间轴”面板中会增加图层附加到摄像头的功能。单击图层名称后的“附加到摄像头”按钮，该图层上的元素会固定在摄像头中当前的位置上，此时再移动或旋转摄像头，该图层上的元素都不会改变位置，如图 9-74 所示。“附加到摄像头”功能关闭后，该图层上的元素恢复到应在的位置。

图 9-74　图层附加到摄像头

4. “图层深度”面板

“图层深度”面板用于设置图层的前后关系，图层深度的数值越大该图层离摄像头越远。打开“素材\模块 09\图层深度.fla”文件，修改“图层深度”面板参数，如图 9-75 所示。蓝色圆点表示摄像头的位置，“Camera”图层深度数值不代表摄像头的位置，而代表摄像头焦平面的位置。改变“Camera”图层深度数值，也可以实现摄像头的推拉效果。

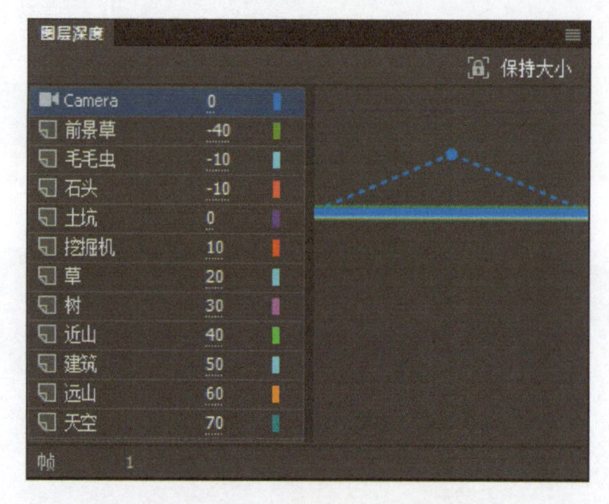

图 9-75　“图层深度”面板

选中“树”图层，开启“保持大小”选项，修改“图层深度”面板参数，该图层的所有元素都保持当前的大小。修改后，“保持大小”选项自动关闭，如图 9-76 所示。

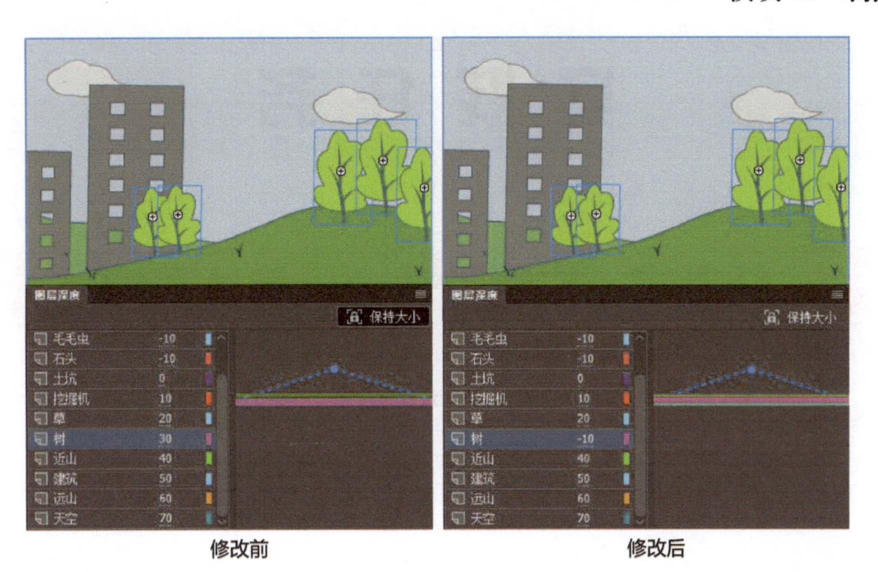

图 9-76　保持大小

设置好“图层深度”面板参数后，摄像头在移动时会根据图层深度模拟透视的效果。如图 9-77 所示，移动摄像头位置后，“草”图层与“土坑”图层的相对位置发生了改变，图中使用圆圈进行了标注。若图层深度值相同，则在移动摄像头时相对位置不会改变。

图 9-77　图层深度对移动摄像头的影响

实践任务

任务2　栏目片头——佳片有约

任务背景

《佳片有约》是一档介绍经典电影的电视栏目，现在需要为该栏目制作一个栏目片头。

任务要求

文档尺寸为 1920 像素×1080 像素，栏目片头时间长度为 8 秒。模拟一个时空穿梭的效果，在时空中展示经典影片的精彩镜头，然后出现栏目名称。动画流畅，构图均衡，色彩协调。

技术要领

3D 旋转工具，3D 平移工具，摄像头，图层深度。

解决问题

使用“3D 旋转工具”和“3D 平移工具”将精彩镜头的图像移动到空间中的不同位置，与摄像头焦平面距离相同的精彩镜头的图像移动到一个单独的图层中，为“Camera”图层制作补间动画模拟镜头前进的效果。

任务分析

主要制作步骤

理论考核

1. 单项选择题

（1）3D 旋转工具的快捷键是（　　）。

A. W　　B. Ctrl+W　　C. Shift+W　　D. Alt+W

（2）摄像头的快捷键是（　　）。

A. S　　B. C　　C. T　　D. K

2. 多项选择题

（1）摄像头可以进行（　　）操作。

A. 平移镜头　　B. 推拉镜头　　C. 摇摆镜头　　D. 旋转镜头

（2）3D 平移工具可以进行（　　）操作。

A. X 轴平移　　B. Y 轴平移　　C. Z 轴平移　　D. 自由平移

3. 判断题

（1）3D 旋转工具可以在影片剪辑元件实例和图形元件实例上使用。（　　）

（2）摄像头的图层深度是无法改变的。（　　）

模块 10

制作简单交互应用

能力目标

1. 掌握按钮元件的制作方法
2. 掌握视频的导入方法
3. 掌握简单的 ActionScript 3.0 语句

知识目标

1. 了解按钮元件内各帧的作用
2. 了解事件类型
3. 理解事件和监听的关系

学时分配

6 课时（讲课 2 课时，实践 4 课时）

模拟任务

任务 1　产品介绍交互——小鲸鱼加湿器

任务背景

“小鲸鱼加湿器”是针对青年女性设计的一款加湿器，采用粉色的卡通造型设计。该产品要参加创意展览会，需要制作一个交互展示程序供参观者了解产品特点。

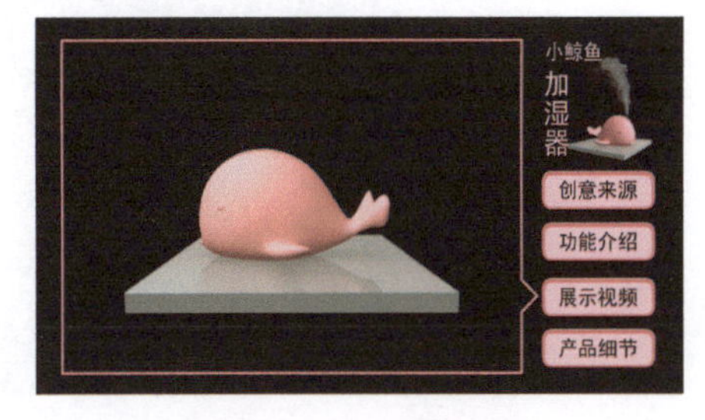

图 10-1　最终效果

任务要求

结合文字、图片和视频展现产品的特点，如图 10-1 所示。构图和导航菜单设计合理，色彩以黑色、白色和粉色为主色。

重点难点

1. 按钮元件的使用
2. 导入视频
3. 使用 ActionScript 3.0 语句控制播放和跳转

技术要领

使用按钮元件制作导航菜单；导入视频，使用视频组件播放视频；为按钮元件添加 ActionScript 3.0 语句控制导航。

解决问题

按钮元件，导入视频，使用简单的 ActionScript 3.0 语句。

素材路径

素材\模块 10\小鲸鱼加湿器.fla，展示视频.mov。

任务分析

导航界面使用 stop()语句停止播放，为每个导航按钮添加 gotoAndStop()语句控制跳转。

打开素材

01 启动 Animate，打开“素材\模块 10\小鲸鱼加湿器.fla”文件，如图 10-2 所示。

图 10-2　打开素材

导入视频

02 选择“内容”图层的第 3 帧，选择“文件”→“导入”→“导入视频”命令。在弹出的“导入视频”对话框中，单击“浏览”按钮，选择“素材\模块 10\展示视频.mov”，如图 10-3 所示。

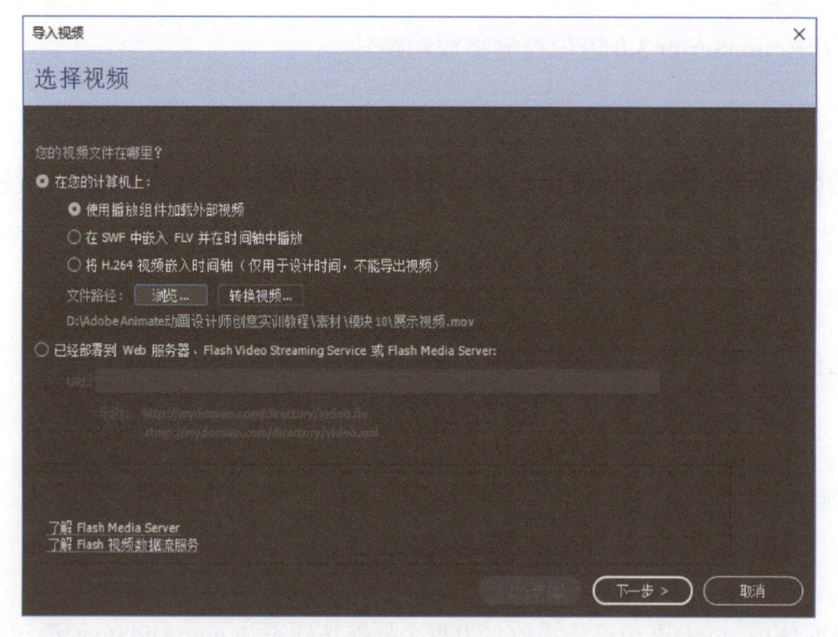

图 10-3　选择视频

03 单击“下一步”按钮，“外观”选择“SkinOverAll.swf”，单击“下一步”按钮，如图 10-4 所示。

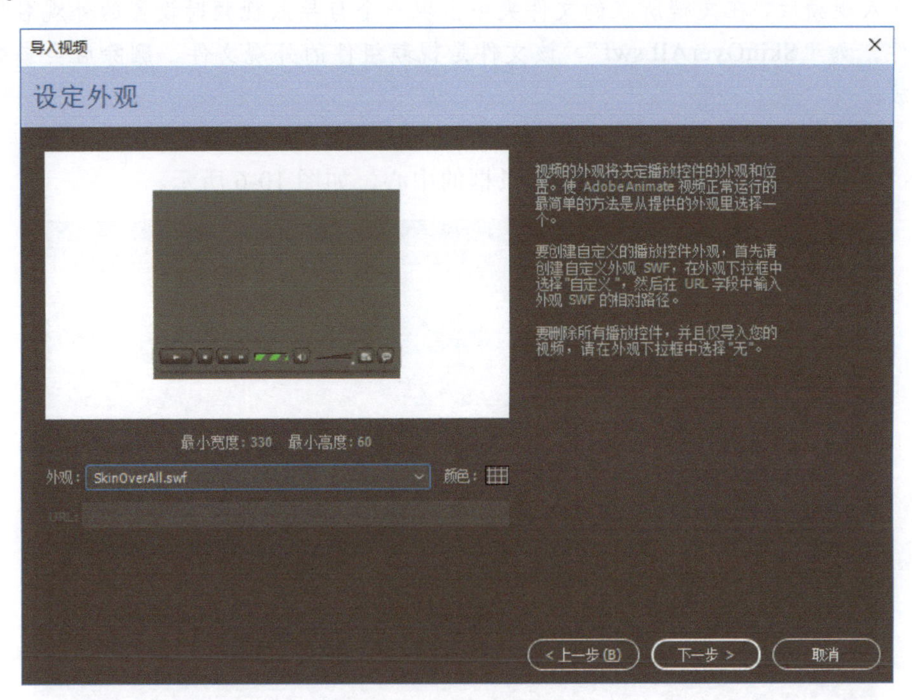

图 10-4　设定外观

04 此时会显示完成视频导入的提示内容，单击“完成”按钮，如图 10-5 所示。

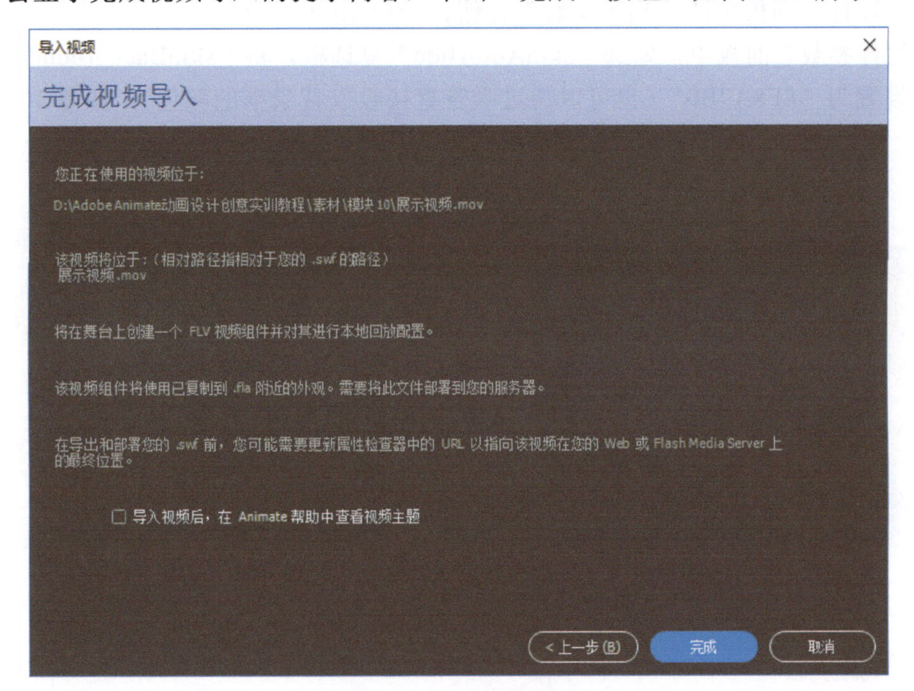

图 10-5　完成视频导入

导入视频后，在文档所在的文件夹中出现一个与导入视频时设置的外观名称相同的文件。如“SkinOverAll.swf”，该文件是视频组件的外观文件，删除后会影响视频的播放。

05 选择“选择工具”，将视频拖曳到背景框的中心，如图 10-6 所示。

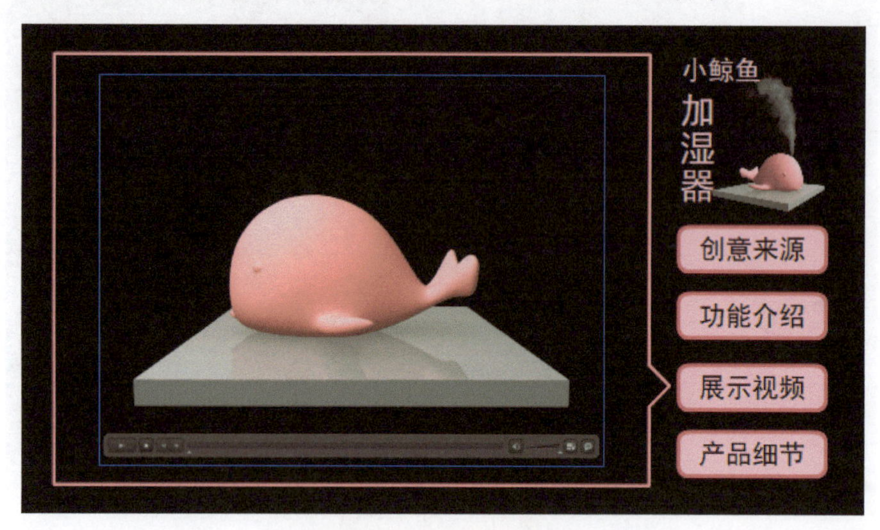

图 10-6　调整视频位置

06 单击“属性”面板中的“显示参数”按钮，如图 10-7 所示。

07 在“组件参数”面板中，勾选“skinAutoHide”复选框，将“skinBackgroundColor”颜色值设置为“#F8A7B0”（也可以通过吸管直接吸取背景框的颜色），如图 10-8 所示。

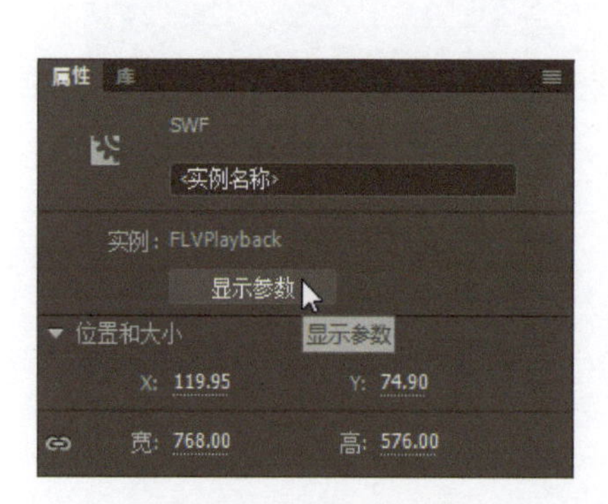

图 10-7　显示参数

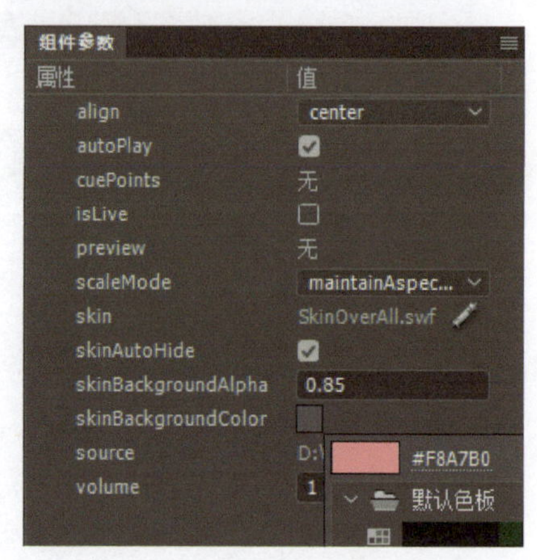

图 10-8　视频组件参数

制作导航按钮

08 框选“创意来源”文本及其周围的圆角矩形，如图 10-9 所示。

图 10-9　框选文本和形状

09 按 F8 键将其转换为元件，在“转换为元件”对话框中，“名称”输入“创意来源”，“类型”选择“按钮”，单击“确定”按钮，如图 10-10 所示。

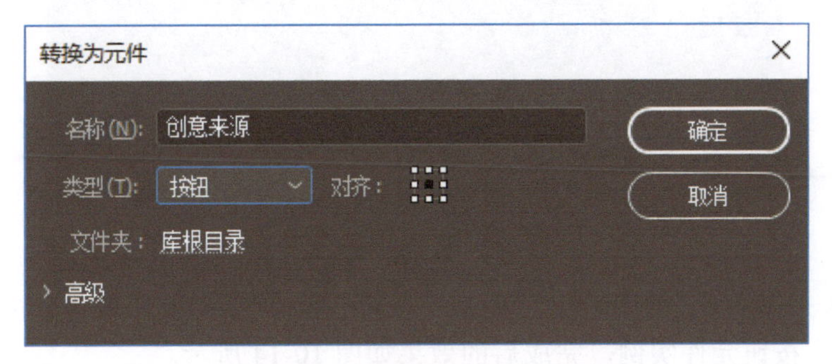

图 10-10　“转换为元件”对话框

10 双击“创意来源”按钮元件实例，进入其内部。选择第 2 帧，按 F6 键插入关键帧，如图 10-11 所示。

图 10-11　插入关键帧

11 选择“创意来源”文本，在“属性”面板中，将“颜色”值设置为“#DC8594”，如图 10-12 所示。

12 选择第 3 帧，按 F6 键插入关键帧，如图 10-13 所示。选择“创意来源”文本，在“属性”面板中，将其颜色设置为白色。双击舞台或粘贴板的空白区域，返回“场景 1”场景。

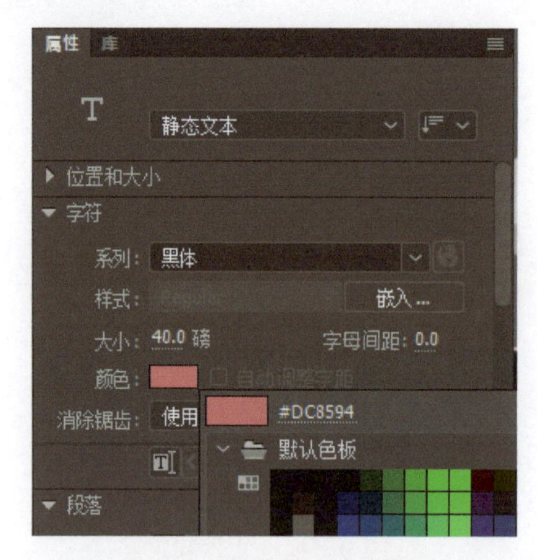

图 10-12　设置文本颜色

图 10-13　插入关键帧

13 按照步骤 8～12 的方法制作“功能介绍”按钮元件实例、“展示视频”按钮元件实例和“产品细节”按钮元件实例，完成后的效果如图 10-14 所示。

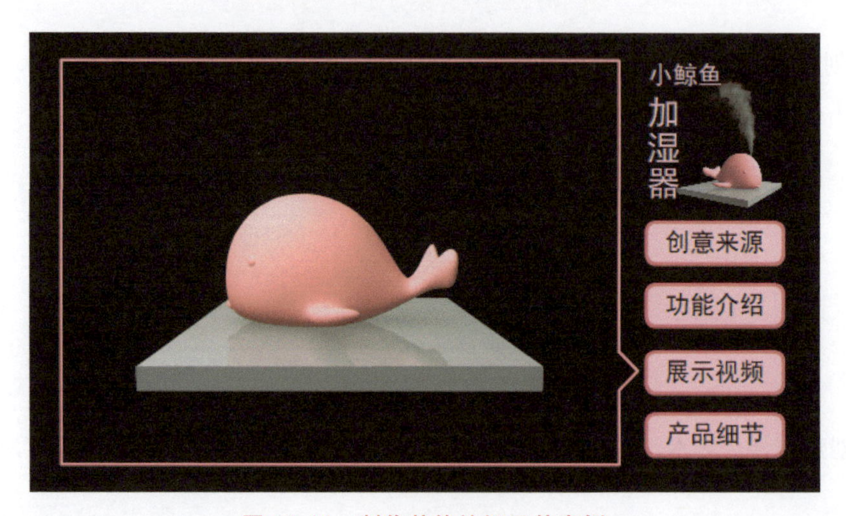

图 10-14　制作其他按钮元件实例

添加代码

14 单击“创意来源”按钮元件实例，在“属性”面板中，输入实例名称为“menu1”，如

图 10-15 所示。使用相同的方法，输入“功能介绍”按钮元件实例的实例名称为“menu2”，“展示视频”按钮元件实例的实例名称为“menu3”，“产品细节”按钮元件实例的实例名称为“menu4”。

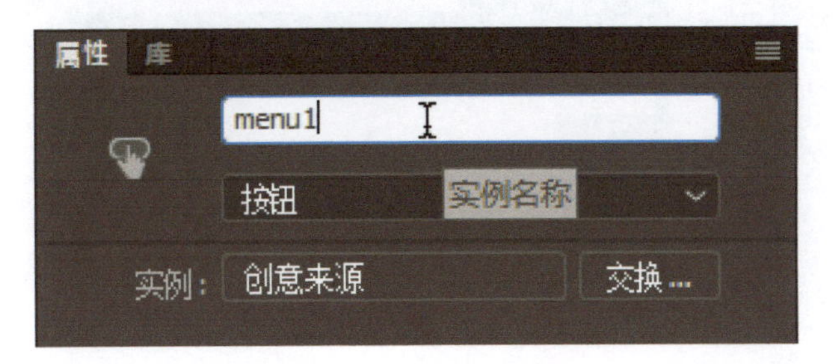

图 10-15　输入实例名称

15 单击“导航”图层的第 1 帧，选择“窗口”→“代码片断”命令，打开“代码片断”窗口，如图 10-16 所示。

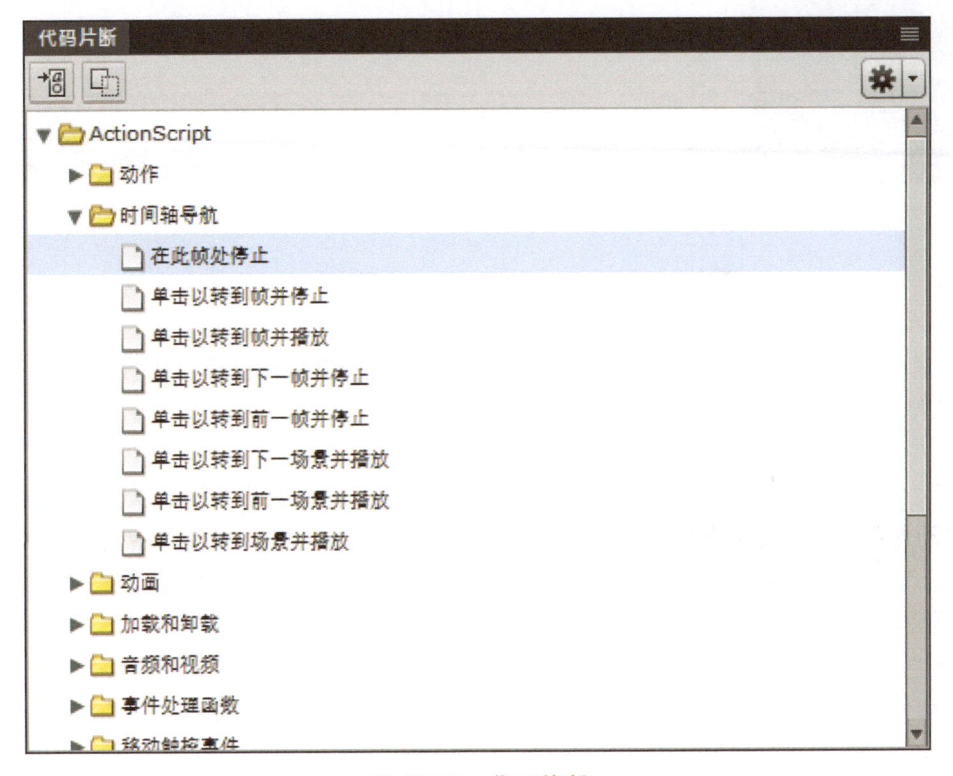

图 10-16　代码片断

16 双击“代码片断”窗口中的“在此帧处停止”，此时会自动添加一个“Actions”图层，并打开“动作”面板添加停止播放的代码，如图 10-17 所示。在“时间轴”面板中，“Actions”图层的第 1 帧会出现一个“a”字母，表示该帧上有代码，打开“动作”面板可以查看该帧上的代码。

图 10-17　快速添加的代码（1）

提示

通过“代码片断”窗口快速添加的代码，会包含一段注释代码，用“/*”和“*/”包含起来。这些注释代码并不会执行，只用于标注代码。

17 选择“创意来源”按钮元件实例，双击“代码片断”窗口中的“单击以转到帧并停止”，在“动作”面板中快速添加了一段代码，如图 10-18 所示。将添加代码中的“gotoAndStop（5）;”修改为“gotoAndStop（1）;”，修改后的代码表示单击“创意来源”按钮元件实例会跳转到第 1 帧并停止播放。

18 选择“功能介绍”按钮元件实例，双击“代码片断”窗口中的“单击以转到帧并停止”，在“动作”面板中快速添加了一段代码，如图 10-19 所示。将添加代码中的“gotoAndStop（5）;”修改为“gotoAndStop（2）;”，修改后的代码表示单击“功能介绍”按钮元件实例会跳转到第 2 帧并停止播放。

19 选择“展示视频”按钮元件实例，双击“代码片断”窗口中的“单击以转到帧并停止”，在“动作”面板中快速添加了一段代码，如图 10-20 所示。将添加代码中的“gotoAndStop（5）;”修改为“gotoAndStop（3）;”，修改后的代码表示单击“展示视频”按钮元件实例会跳转到第 3 帧并停止播放。

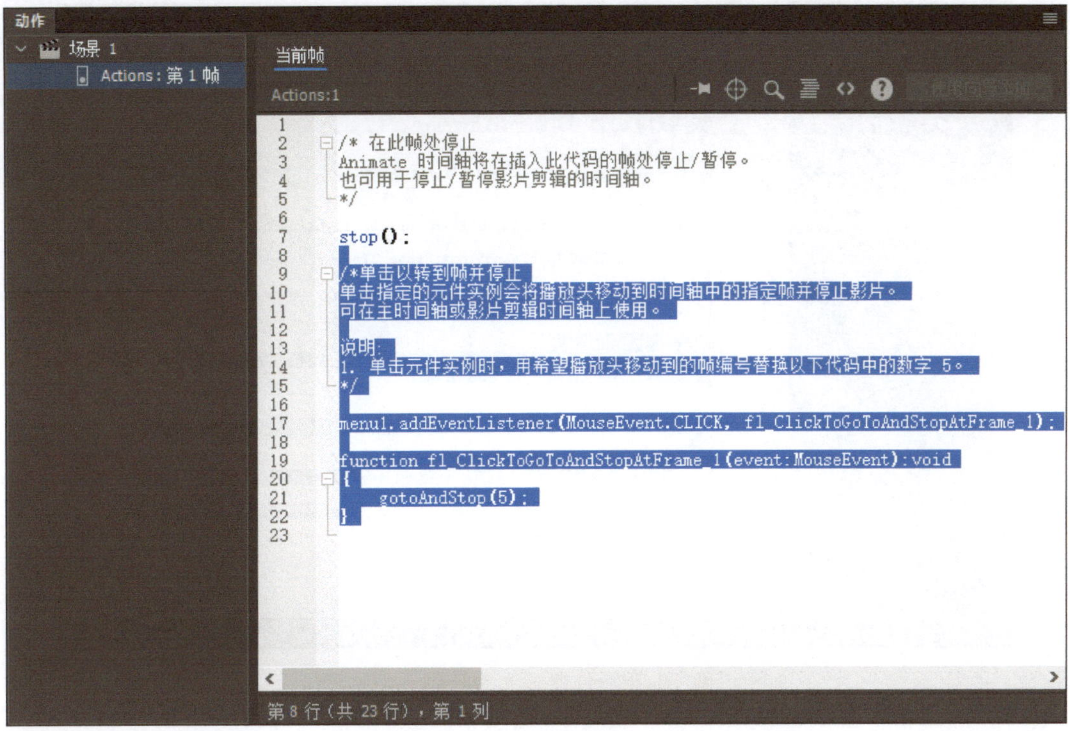

动作
场景 1
Actions：第 1 帧
当前帧
Actions:1

```
1
2  /* 在此帧处停止
3  Animate 时间轴将在插入此代码的帧处停止/暂停。
4  也可用于停止/暂停影片剪辑的时间轴。
5  */
6
7  stop();
8
9  /*单击以转到帧并停止
10 单击指定的元件实例会将播放头移动到时间轴中的指定帧并停止影片。
11 可在主时间轴或影片剪辑时间轴上使用。
12
13 说明:
14 1. 单击元件实例时，用希望播放头移动到的帧编号替换以下代码中的数字 5。
15 */
16
17 menu1.addEventListener(MouseEvent.CLICK, fl_ClickToGoToAndStopAtFrame_1);
18
19 function fl_ClickToGoToAndStopAtFrame_1(event:MouseEvent):void
20 {
21     gotoAndStop(5);
22 }
23
```

第 8 行（共 23 行），第 1 列

图 10-18　快速添加的代码（2）

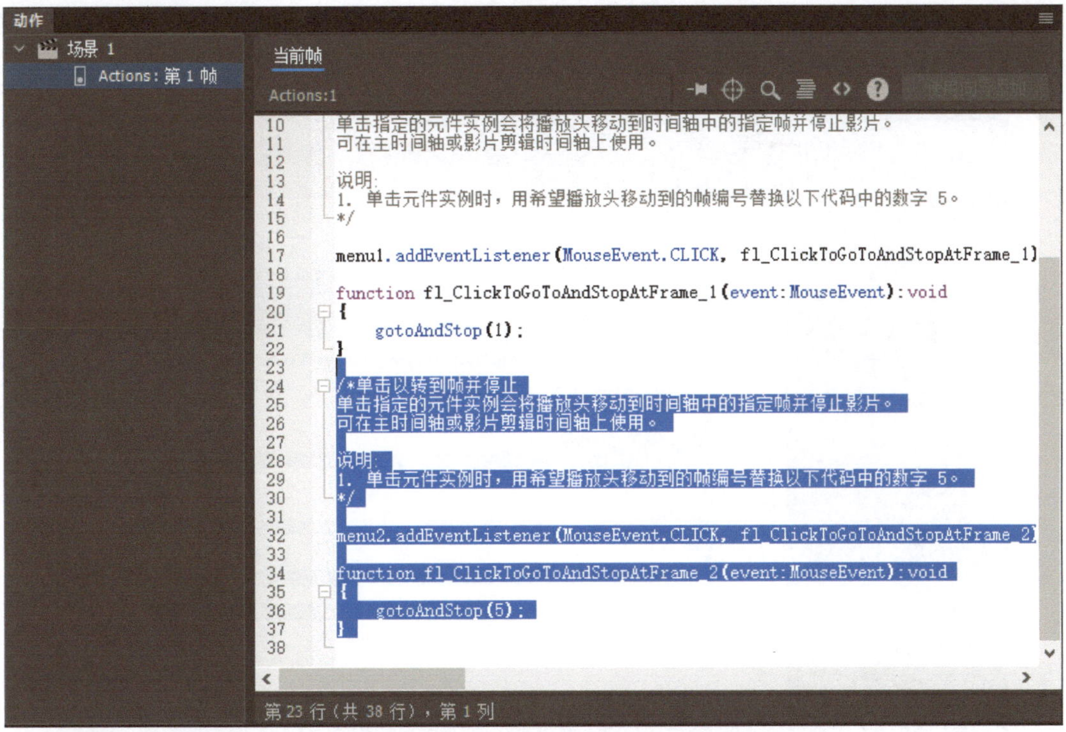

动作
场景 1
Actions：第 1 帧
当前帧
Actions:1

```
10 单击指定的元件实例会将播放头移动到时间轴中的指定帧并停止影片。
11 可在主时间轴或影片剪辑时间轴上使用。
12
13 说明:
14 1. 单击元件实例时，用希望播放头移动到的帧编号替换以下代码中的数字 5。
15 */
16
17 menu1.addEventListener(MouseEvent.CLICK, fl_ClickToGoToAndStopAtFrame_1)
18
19 function fl_ClickToGoToAndStopAtFrame_1(event:MouseEvent):void
20 {
21     gotoAndStop(1);
22 }
23
24 /*单击以转到帧并停止
25 单击指定的元件实例会将播放头移动到时间轴中的指定帧并停止影片。
26 可在主时间轴或影片剪辑时间轴上使用。
27
28 说明:
29 1. 单击元件实例时，用希望播放头移动到的帧编号替换以下代码中的数字 5。
30 */
31
32 menu2.addEventListener(MouseEvent.CLICK, fl_ClickToGoToAndStopAtFrame_2)
33
34 function fl_ClickToGoToAndStopAtFrame_2(event:MouseEvent):void
35 {
36     gotoAndStop(5);
37 }
38
```

第 23 行（共 38 行），第 1 列

图 10-19　快速添加的代码（3）

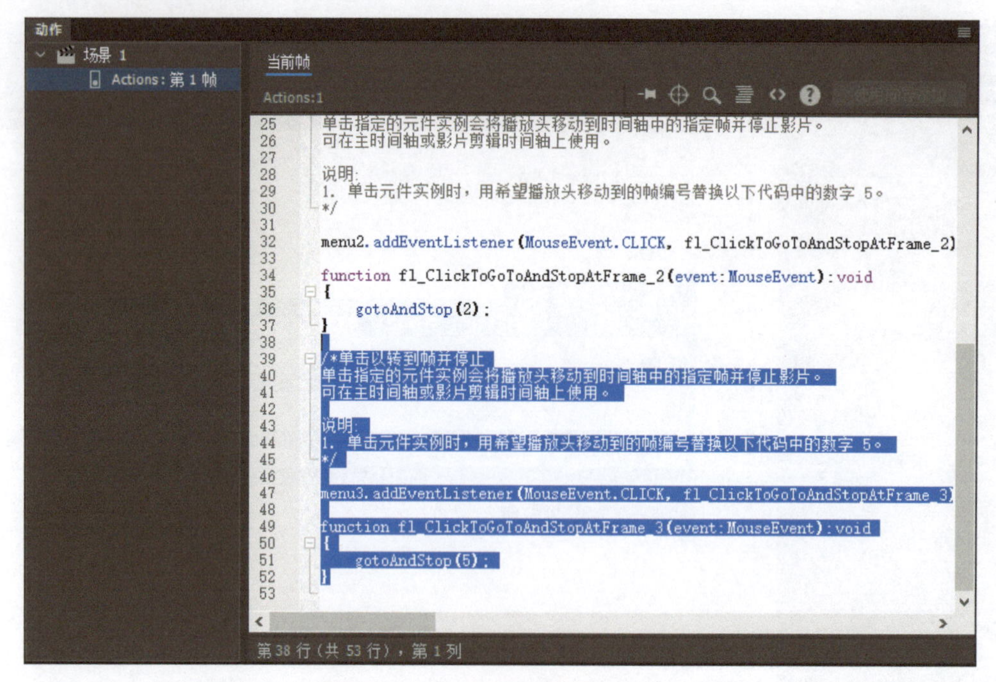

图 10-20　快速添加的代码（4）

20 选择“产品细节”按钮元件实例，双击“代码片断”窗口中的“单击以转到帧并停止”，在“动作”面板中快速添加了一段代码，如图 10-21 所示。将添加代码中的“gotoAndStop（5）;”修改为“gotoAndStop（4）;”，修改后的代码表示单击“产品细节”按钮元件实例会跳转到第 4 帧并停止播放。

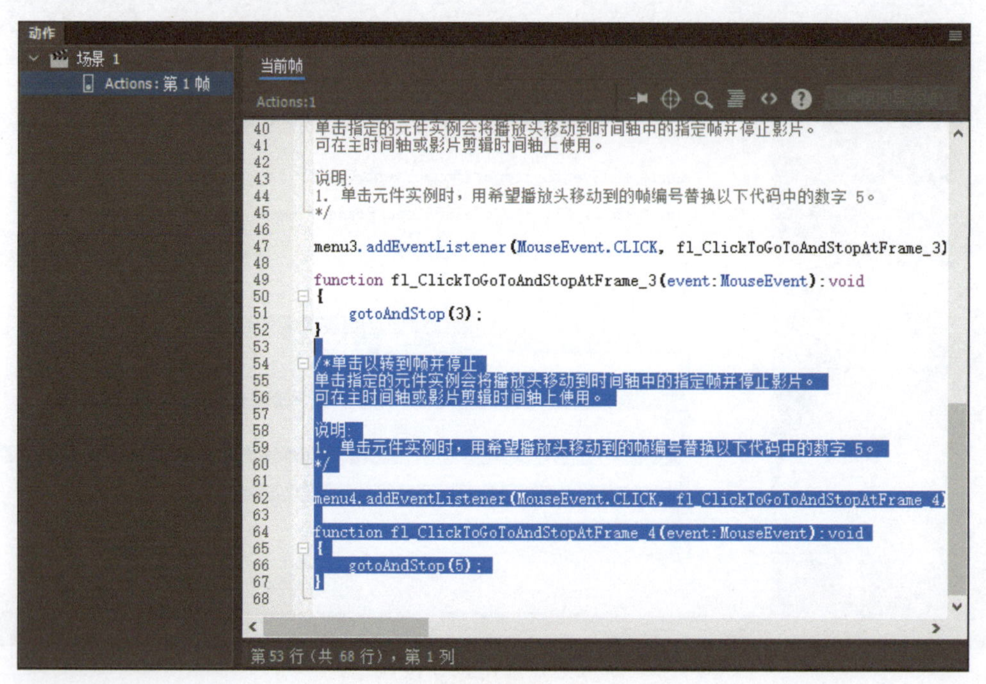

图 10-21　快速添加的代码（5）

21 可以先将快速添加代码中的注释代码删除，再单击“设置代码格式”按钮，自动规范化代码格式，如图 10-22 所示。

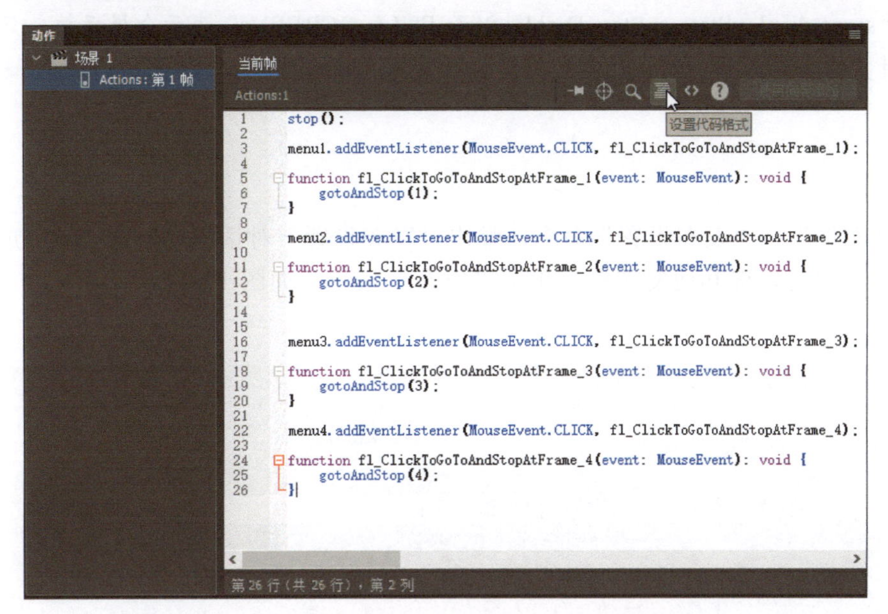

图 10-22　删除注释代码并规范化代码格式

删除注释代码并不会对程序的运行结果产生影响。

22 在“动作”面板中的第 1 行添加一行代码，这行代码表示全屏显示，如图 10-23 所示。

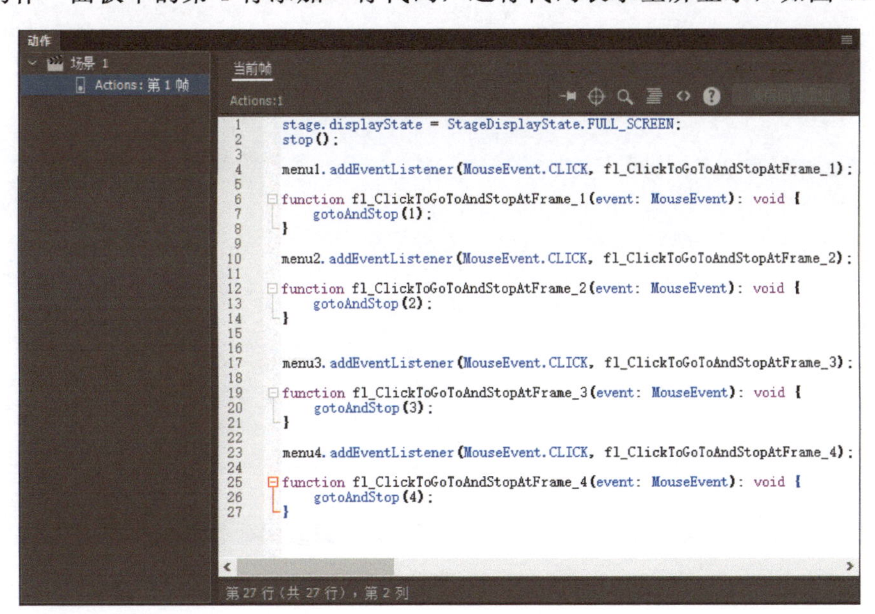

图 10-23　添加全屏显示代码

“stage.displayState = StageDisplayState.FULL_SCREEN;”表示全屏播放，只有单独运行时支持全屏显示，如运行发布的可执行文件（exe 文件）。

发布

23 选择“文件”→“发布设置”命令，弹出“发布设置”对话框，勾选“Win 放映文件”复选框并取消勾选其他复选框，单击“发布”按钮，如图 10-24 所示。

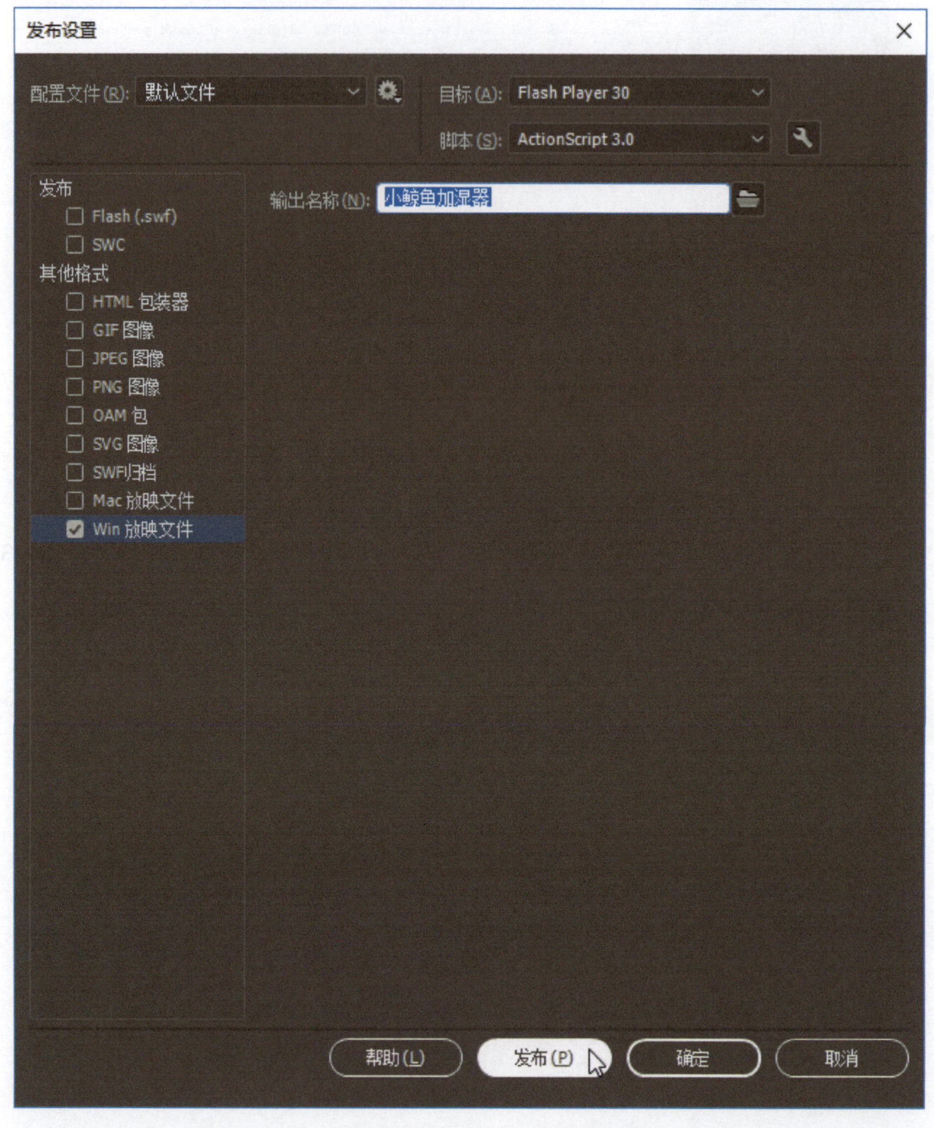

图 10-24　文件发布设置

拓展知识

1. 按钮元件

（1）功能帧

按钮元件内有 4 个具有功能的帧，分别是“弹起”、“指针经过”、“按下”和“点击”。“弹起”帧表示按钮默认的状态，“指针经过”帧表示鼠标指针在按钮上时的按钮状态，“按下”帧表示鼠标左键单击且并未松开鼠标左键时的状态，“点击”帧表示能够触发“指针经过”和“按下”事件的区域，如图 10-25 所示。

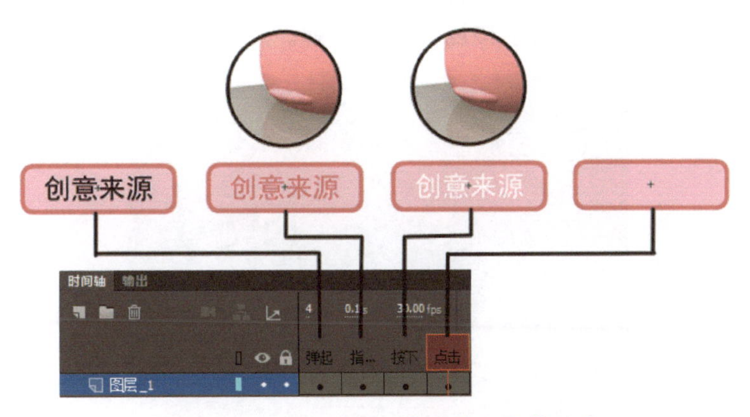

图 10-25 有“点击”帧的触发事件区域

提示

按钮元件的 4 个功能帧上可以是关键帧、空白关键帧或持续帧。但如果“点击”帧上是空白关键帧，按钮元件将不会触发任何事件，也就失去了按钮元件的作用。

当“点击”帧没有任何元素时，会将“弹起”帧、“指针经过”帧和“按下”帧叠加后的区域作为触发事件区域，如图 10-26 所示。

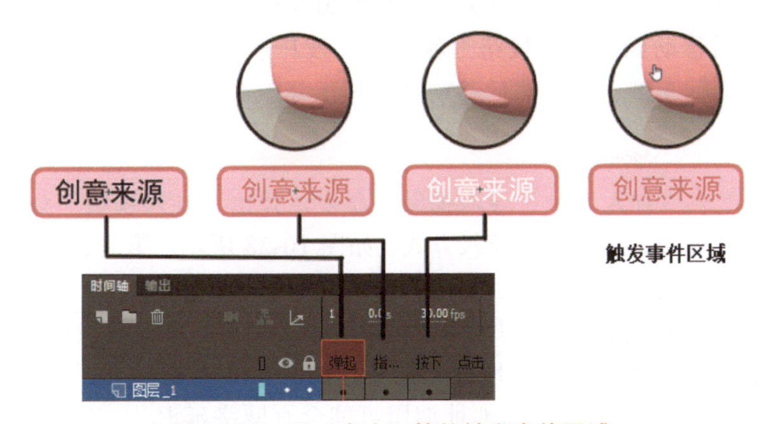

图 10-26 无“点击”帧的触发事件区域

通常情况下，“弹起”帧是绘制按钮的默认状态，帧上是要有元素的。如果要做一个隐形的按钮，可以将其设置为空白关键帧。

按钮元件的“指针经过”帧和“按下”帧可以设置声音作为事件触发时的音效，帧的“同步”属性建议设置为“事件”。

（2）字距调整

在“字距调整”选项卡中有两个选项：“音轨作为按钮”和“音轨作为菜单项”，如图 10-27 所示。以前将“字距调整”翻译为“音轨”，但字距调整的实际功能与字距和音轨都没有联系。由于翻译上的问题，造成了该属性不易理解。

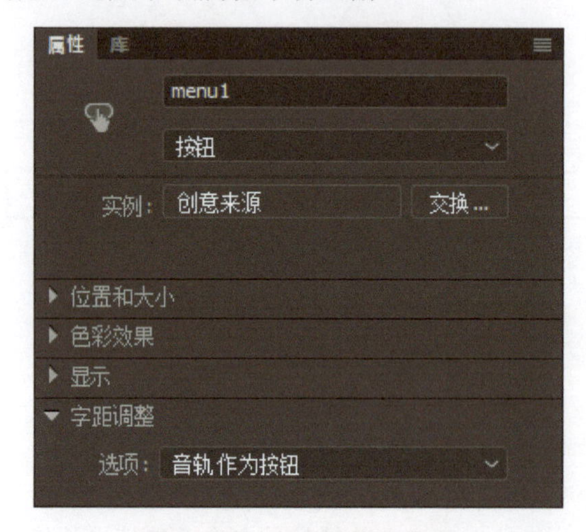

图 10-27　字距调整的选项

如果在场景中有多个按钮都设置为“音轨作为按钮”，那么当在一个按钮上按住鼠标左键不放，然后移动到另一个按钮上释放时，与两个按钮的相关事件都不会被执行。

如果在场景中有多个按钮都设置为“音轨作为菜单项”，那么当在一个按钮上按住鼠标左键不放，然后移动到另一个按钮上释放时，被释放的那个按钮上的事件会被执行；当在按钮外按住鼠标左键不放，然后移动到按钮上释放时，按钮上的事件会被执行。

2. 导入视频

选择“文件”→“导入”→“导入视频”命令，弹出“导入视频”对话框。

第一步是选择视频，共有两类导入方式，如图 10-28 所示。第一类是调用或导入本地的视频，共有三种形式：“使用播放组件加载外部视频”、“在 SWF 中嵌入 FLV 并在时间轴中播放”和“将 H.264 视频嵌入时间轴（仅用于设计时间，不能导出视频）”。其中，“使用播放组件加载外部视频”调用本地视频，其他两种形式将视频真正导入文档中。第二类是调用网络上的视频，通过 URL 地址调用可能会有网络延迟。

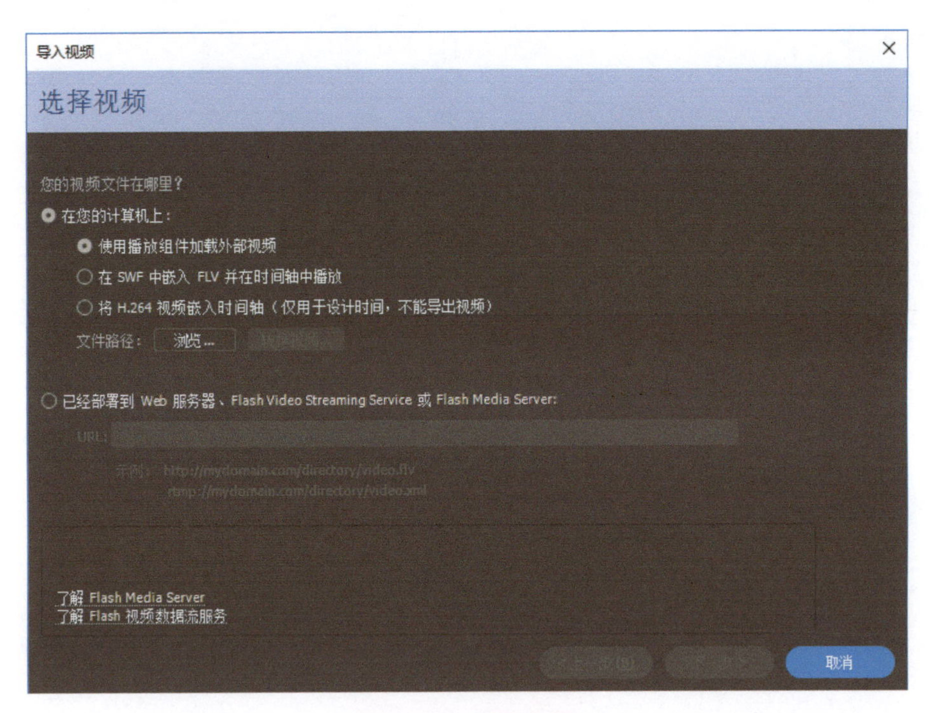

图 10-28　选择视频

当选择“使用播放组件加载外部视频”或调用网络上的视频时，第二步是设定外观，如图 10-29 所示；第三步是完成视频导入，如图 10-30 所示。

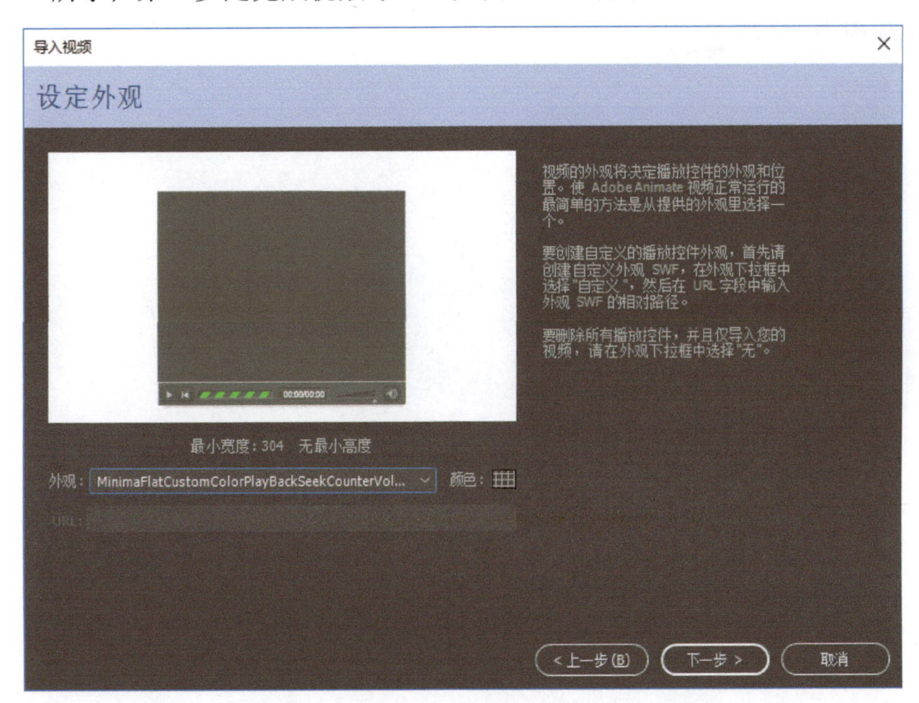

图 10-29　设定外观

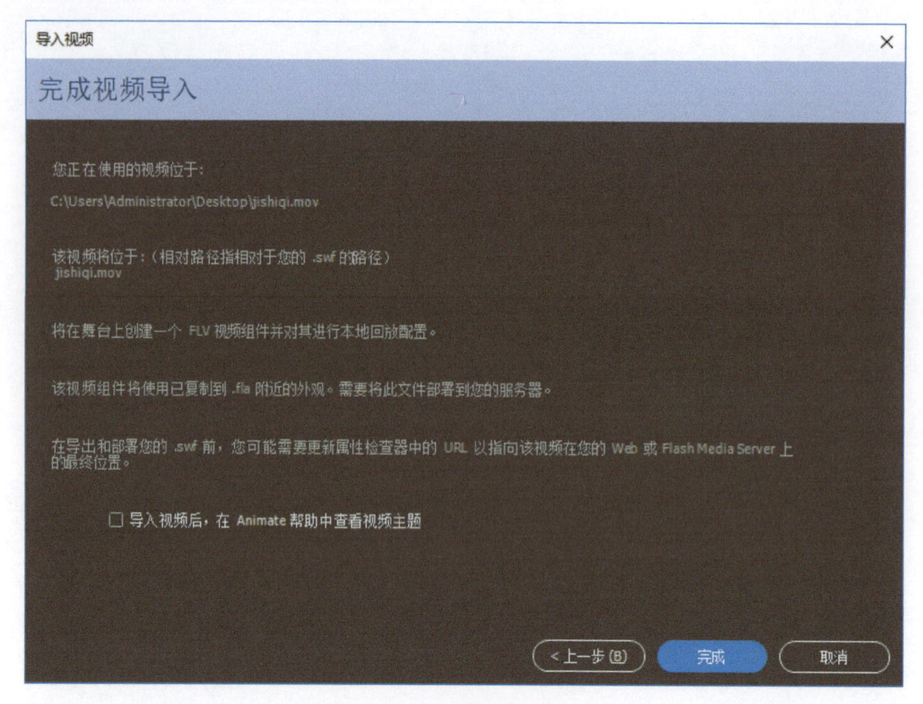

图 10-30　完成视频导入

当选择“在 SWF 中嵌入 FLV 并在时间轴中播放”或“将 H.264 视频嵌入时间轴（仅用于设计时间，不能导出视频）”时，第二步是嵌入，如图 10-31 所示；第三步是完成视频导入，如图 10-32 所示。

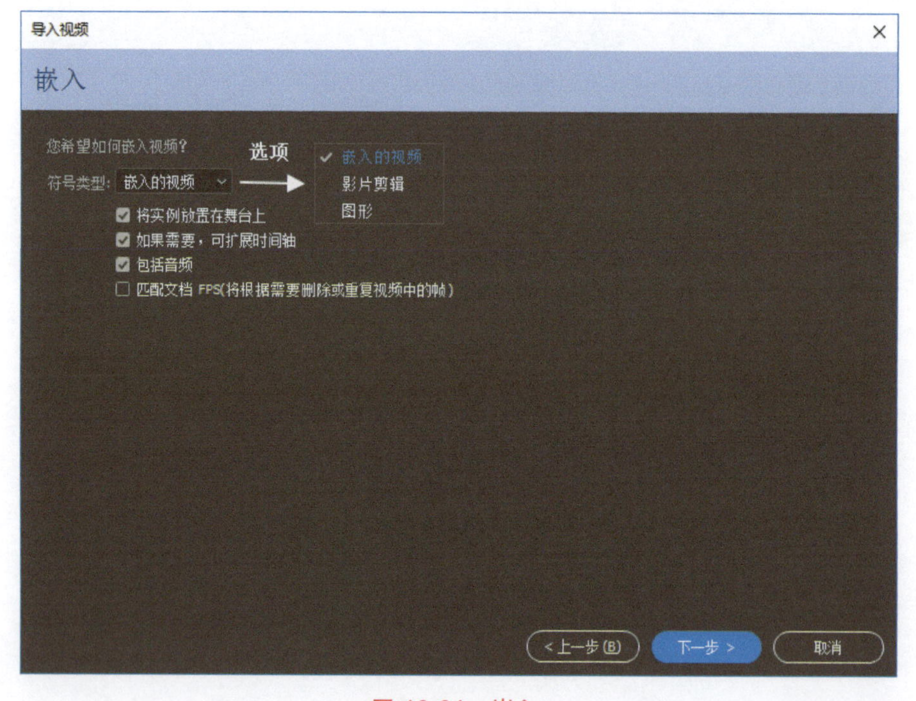

图 10-31　嵌入

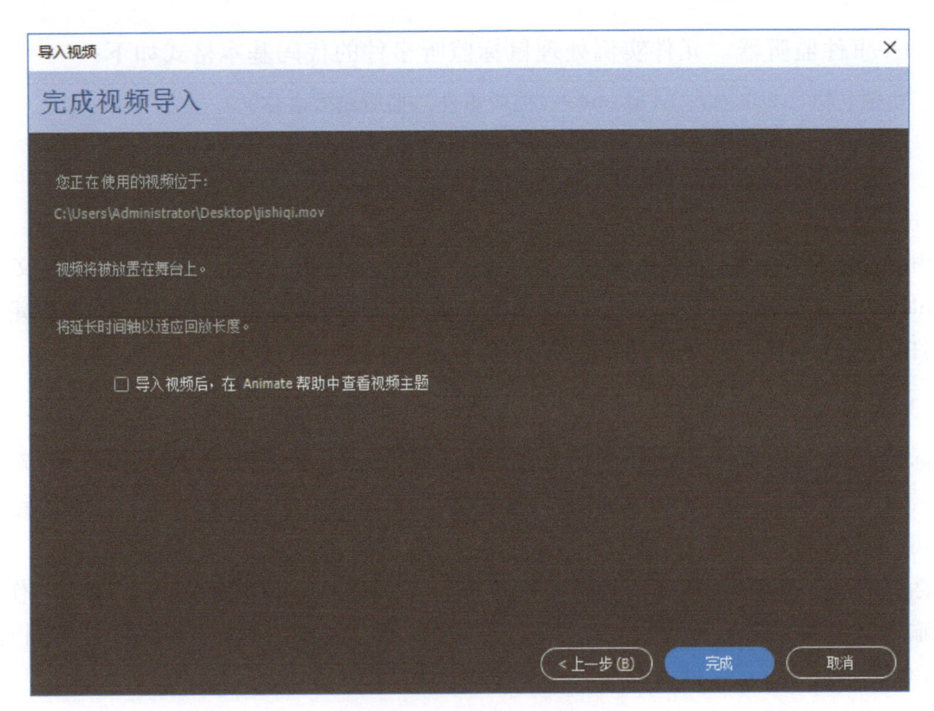

图 10-32　完成视频导入

3. 事件和监听

在 ActionScript 中，在按钮元件中的“指针经过”帧和“按下”帧显示时，是鼠标指针移动和鼠标左键按下所触发的。当鼠标指针放在按钮元件实例上时是一个鼠标事件，事件类型是 MouseEvent.MOUSE_OVER，事件发生时可以触发执行监听函数。

（1）鼠标事件

在元件实例上都可以使用鼠标事件，鼠标事件的类型共 10 种，如表 10-1 所示。

表 10-1 鼠标事件类型及其含义

鼠标事件类型	含　义
MouseEvent.CLICK	鼠标单击事件
MouseEvent.DOUBLE_CLICK	鼠标双击事件，对象的 doubleClickEnabled 为 true，在一定时间内双击才会触发
MouseEvent.MOUSE_DOWN	鼠标左键按下
MouseEvent.MOUSE_MOVE	鼠标指针在对象的区域内移动（每次移动都会触发）
MouseEvent.MOUSE_OUT	鼠标指针移出对象的区域（每次子对象发生鼠标指针移出的动作时都会触发）
MouseEvent.MOUSE_OVER	鼠标指针移入对象的区域（每次子对象发生鼠标指针移入的动作时都会触发）
MouseEvent.MOUSE_UP	鼠标左键弹起
MouseEvent.MOUSE_WHEEL	鼠标的滚轮指针在对象的区域内滚动
MouseEvent.ROLL_OUT	鼠标指针移出对象的区域（忽略子对象，只监听根）
MouseEvent.ROLL_OVER	鼠标指针移入对象的区域（忽略子对象，只监听根）

（2）事件监听

在各类事件触发后，都需要监听函数进行处理，因此需要将被监听对象与监听函数建立关联——事件监听器。元件实例处理鼠标监听事件的代码基本格式如下：

```
实例名称.addEventListener（监听事件，监听函数名称）；
function 监听函数名称（event: MouseEvent）: void {
    触发事件后执行的代码
}
```

实例名称在“属性”面板中进行设置，如图 10-33 所示，建议使用英文名称。addEventListener（监听事件，监听函数名称）是添加事件监听器的函数，用于指定元件实例某事件的监听函数。在该事件触发后，执行监听函数中的代码。

4. 目标路径

目标路径是元件实例在文档中所处的位置，通过目标路径 ActionScrpit 语言对目标实例进行控制。可以使用两种方式表示目标路径：相对路径和绝对路径，且两种路径的表示方式可以相互转化。

目标路径是以实例名称为前提的，在“属性”面板中设置实例名称，在“动作”面板中手动输入目标路径，也可以单击“插入实例路径和名称”按钮，弹出“插入目标路径”对话框，通过选择的方式插入目标路径，如图 10-34 所示。

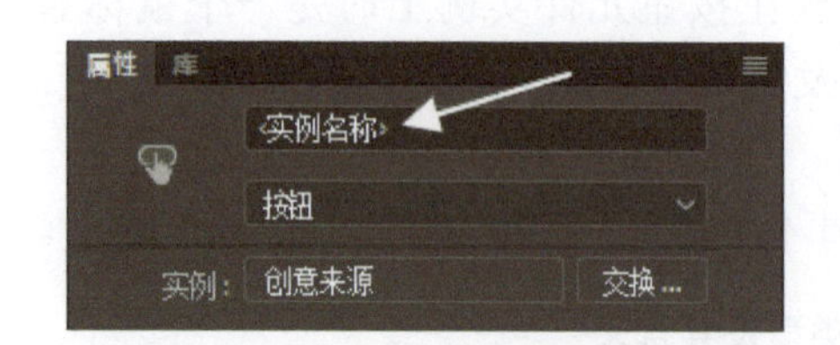

图 10-33 实例名称

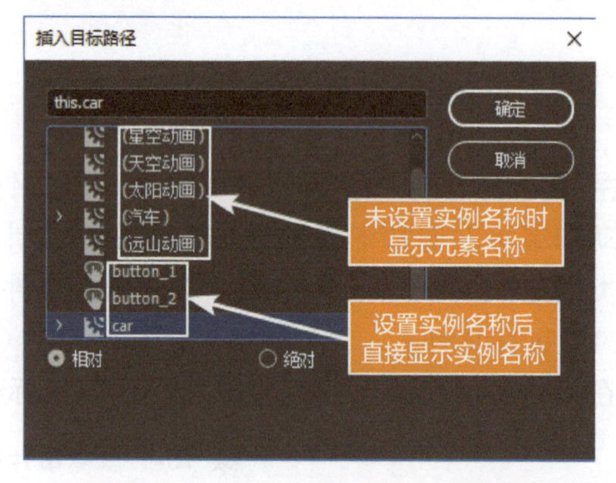

图 10-34 “插入目标路径”对话框

已设置实例名称的实例会直接显示实例名称，未设置实例名称的实例使用括号显示名称。选择未设置实例名称的实例时，会弹出“是否重命名？”对话框要求对该实例命名，如图 10-35 所示。单击“重命名”按钮，在弹出的“实例名称”对话框中输入实例名称，如图 10-36 所示。

（1）相对路径

相对路径是指从当前所在的路径计算要选择的实例路径，在不同路径下实例的相对路径会发生变化。

打开“源文件\模块 10\目标路径.fla”文档，在“动作”面板中单击“插入实例路径和名称”按钮。在弹出的“插入目标路径”对话框中，选择“wheel1”影片剪辑元件实例，默认显示相对路径，如图 10-37 所示。单击“确定”按钮，自动将相对路径插入“动作”面板的代码中。

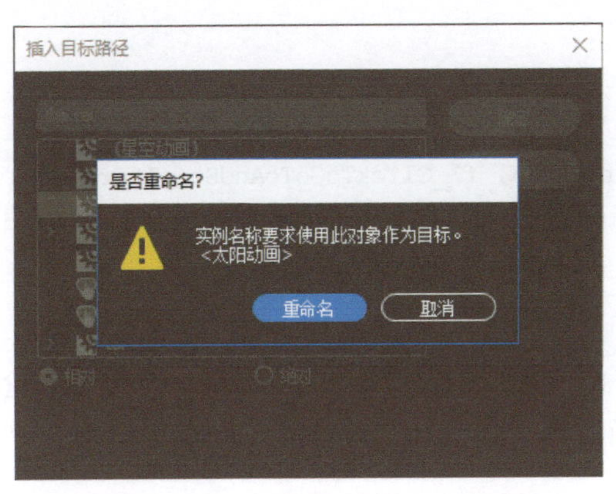

图 10-35　“是否重命名？”对话框

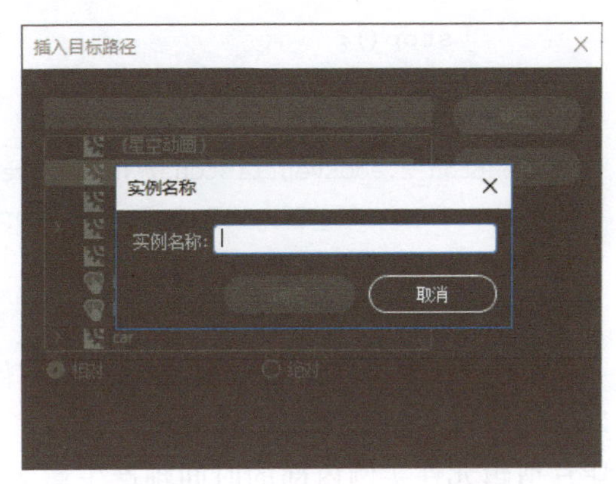

图 10-36　“实例名称”对话框

（2）绝对路径

绝对路径是指从场景开始计算要选择的实例路径，在不同的路径下实例的绝对路径都是相同的。

在“动作”面板中单击“插入实例路径和名称”按钮。在弹出的“插入目标路径”对话框中，选择“wheel1”影片剪辑元件实例，默认显示相对路径，如图 10-38 所示。选择“绝对”单选按钮，单击“确定”按钮后，自动将绝对路径插入“动作”面板的代码中。

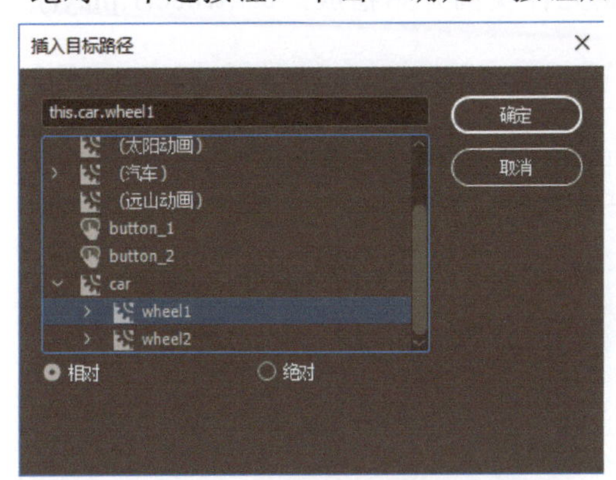

图 10-37　相对路径

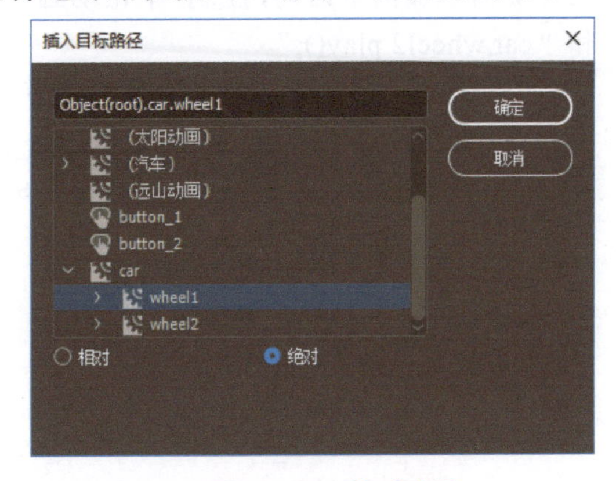

图 10-38　绝对路径

5. stop()语句和 play()语句

stop()语句和 play()语句通常是配合使用的。stop()语句表示当播放到当前帧时停止播放，但是该帧上影片剪辑内的动画播放不受该语句的影响。play()语句表示当停止播放时继续播放，若在播放状态则该语句无效。

（1）控制场景播放暂停

打开“源文件\模块 10\ stop 语句和 play 语句.fla”文件，在“Actions”图层第 1 帧上有按钮元件实例单击事件的代码，分别控制时间轴停止和播放。

“Actions”图层第 1 帧上的代码如下：

```
button_1.addEventListener(MouseEvent.CLICK, fl_ClickToGoToAndStopAtFrame_1);
function fl_ClickToGoToAndStopAtFrame_1(event: MouseEvent): void {
```

```
    stop();
}

button_2.addEventListener(MouseEvent.CLICK, fl_ClickToGoToAndStopAtFrame_2);
function fl_ClickToGoToAndStopAtFrame_2(event: MouseEvent): void {
    play();
}
```

当单击“暂停”按钮时，可以看到汽车停止前进，但是车轮继续旋转。因为“车轮动画”影片剪辑元件实例在影片剪辑元件内，当暂停“场景 1”场景的时间轴播放时，不会对影片剪辑元件实例内部的时间轴产生影响。

（2）控制影片剪辑元件实例播放暂停

如果要同时停止车轮的旋转，需要为汽车和车轮添加实例名称，然后通过语句进行控制。设置“汽车”影片剪辑元件实例的实例名称为“car”，“汽车”影片剪辑元件实例内的“车轮动画”影片剪辑元件实例的实例名称分别设置为“wheel1”和“wheel2”。

在原有代码的基础上，为“暂停”按钮元件实例添加两条语句，控制“车轮动画”影片剪辑元件实例停止播放：“car.wheel1.stop();”和“car.wheel2.stop();”；为“播放”按钮元件实例添加两条语句，控制“车轮动画”影片剪辑元件实例开始播放：“car.wheel1.play();”和“car.wheel2.play();”。

“Actions”图层第 1 帧上的代码如下：

```
button_1.addEventListener(MouseEvent.CLICK, fl_ClickToGoToAndStopAtFrame_1);
function fl_ClickToGoToAndStopAtFrame_1(event: MouseEvent): void {
    stop();
    car.wheel1.stop();
    car.wheel2.stop();
}

button_2.addEventListener(MouseEvent.CLICK, fl_ClickToGoToAndStopAtFrame_2);
function fl_ClickToGoToAndStopAtFrame_2(event: MouseEvent): void {
    play();
    car.wheel1.play();
    car.wheel2.play();
}
```

6. gotoAndStop()语句和 gotoAndPlay()语句

gotoAndStop()语句和 gotoAndPlay()语句用于时间轴的跳转。

（1）gotoAndStop()语句

gotoAndStop()语句表示跳转到指定帧后停止播放，与 stop()语句一样，当停止播放时该帧上影片剪辑内的动画播放不受该语句的影响。gotoAndStop()语句的语法格式如下：

```
gotoAndStop(scene,frame);
```

其中，scene 参数是场景名称，如果是当前场景该参数可以省略；frame 参数是播放初始要跳转的帧编号或帧标签。

（2）gotoAndPlay()语句

gotoAndPlay()语句表示跳转到指定帧后继续播放。gotoAndPlay()语句的语法格式如下：

```
gotoAndPlay(scene,frame);
```

其中，scene 参数是场景名称，如果是当前场景该参数可以省略；frame 参数是播放初始要跳转的帧编号或帧标签。

7. nextFrame()语句和 prevFrame()语句

nextFrame()语句和 prevFrame()语句用于下一帧和上一帧的跳转。

（1）nextFrame()语句

nextFrame()语句表示跳转到下一帧后停止播放，与 stop()语句一样，当停止播放时该帧上影片剪辑内的动画播放不受该语句的影响。如果当前帧是最后一帧，该语句执行后没有任何效果。

（2）prevFrame()语句

prevFrame()语句表示跳转到前一帧后停止播放，与 stop()语句一样，当停止播放时该帧上影片剪辑内的动画播放不受该语句的影响。如果当前帧是第一帧，该语句执行后没有任何效果。

8. “代码片断”窗口

“代码片断”窗口中预制了一些常用的代码，能够提高制作效率。代码片断分为三大类：“ActionScript”、“HTML5 Canvas”和“WebGL”，如图 10-39 所示。

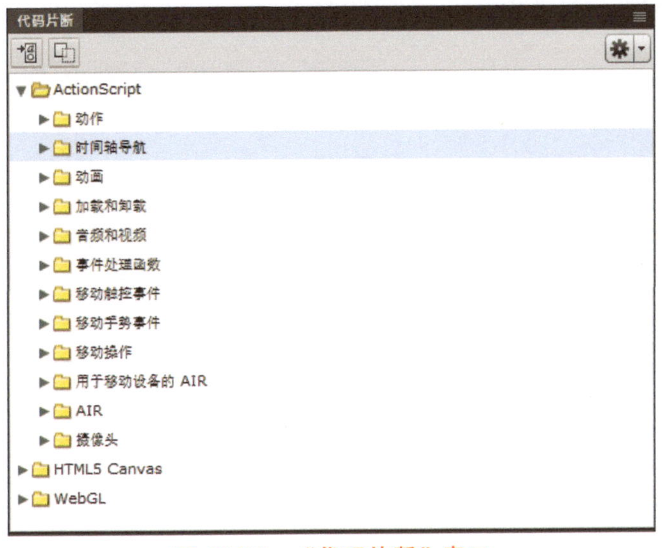

图 10-39　“代码片断”窗口

提示

使用代码片断并不能代替手写代码，基于对手写代码熟悉的前提下，合理使用代码片断功能可以提高制作效率。

双击代码片断的名称即可将自动生成的代码添加到“动作”面板中，有些代码片断要求选择舞台上的对象后才能添加代码片断，如图 10-40 所示。

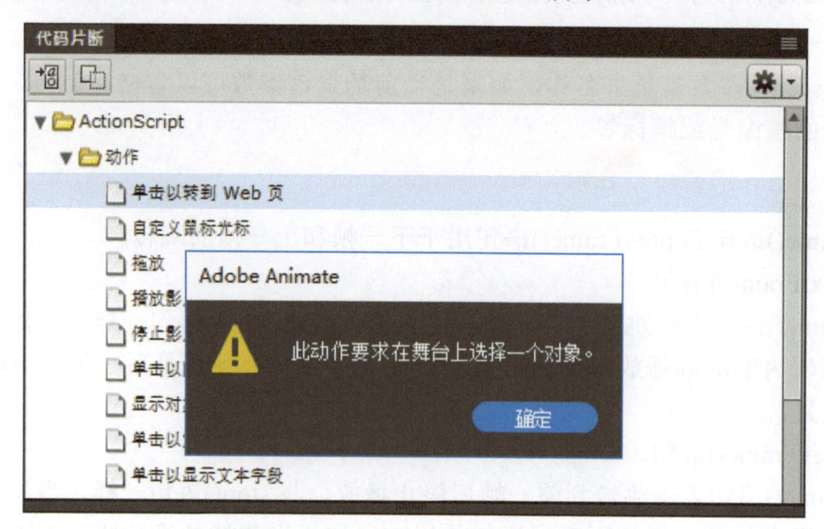

图 10-40　选择代码片断的提示

实践任务

任务 2　作品展示交互——我的学习成果

任务背景

暑假马上就要结束了，开学后要向全班同学展示假期的学习成果。

任务要求

文档尺寸为 1024 像素×768 像素，通过文字、图片和视频展示学习成果。根据学习内容的类型进行分类，为每个类别制作一个导航按钮。界面和导航设计合理，色彩协调。

技术要领

按钮元件，导入视频，使用 ActionScript 3.0 语句控制播放和跳转。

解决问题

使用按钮元件实例制作导航菜单，导入视频后使用播放控件播放视频，为按钮元件实例添加 ActionScript 3.0 语句控制导航。

任务分析

____

____

____

____

主要制作步骤

____

____

____

____

理论考核

1．单项选择题

（1）鼠标单击事件是 MouseEvent.（　　）。

A．MOUSE_WHEEL　　B．CLICK

C．MOUSE_CLICK　　D．MOUSE_ON

（2）gotoAndPlay()语句最多可以包含（　　）个参数。

A．0　　B．1　　C．2　　D．3

2．多项选择题

（1）按钮元件内包含（　　）等功能帧。

A．弹起　　B．指针经过　　C．按下　　D．点击

（2）目标路径分为（　　）。

A．根路径　　B．子路径　　C．绝对路径　　D．相对路径

3．判断题

（1）只能将本地视频导入文档，无法将网络上的视频导入文档。（　　）

（2）“this.car.wheel”是一个相对路径，也可以使用绝对路径的方式描述。（　　）